毛花猕猴桃种质资源

徐小彪　廖光联　黄春辉　钟　敏　等　编著

科学出版社

北京

内 容 简 介

本书是毛花猕猴桃种质资源研究领域的一部学术专著，以毛花猕猴桃种质资源高效利用为目标，介绍了我国毛花猕猴桃栽培历史与资源分布及主要经济价值、生物学性状与特异性状，以及毛花猕猴桃种质资源调查与搜集方法及保育策略；重点阐述了毛花猕猴桃种质资源核心种质库的构建；系统介绍了毛花猕猴桃果实中抗坏血酸、酚类物质、糖酸与果肉色泽等，以及毛花猕猴桃耐热性和雄性种质花器官与孢粉学评价；提出了系统、完整的毛花猕猴桃种质资源研究理论与技术；最后介绍了毛花猕猴桃雌雄种质创新与品种（系）选育的成果。

本书可供果树种质资源与遗传育种相关专业的高校师生或科研人员阅读，也可供从事猕猴桃生产管理等工作的人员参考。

图书在版编目（CIP）数据

毛花猕猴桃种质资源 / 徐小彪等编著. —北京：科学出版社，2021.3
ISBN 978-7-03-066358-0

Ⅰ.①毛…　Ⅱ.①徐…　Ⅲ.①猕猴桃-种质资源　Ⅳ.①S663.402.4

中国版本图书馆CIP数据核字（2020）第197169号

责任编辑：陈　新　付　聪　尚　册 / 责任校对：严　娜
责任印制：肖　兴 / 封面设计：无极书装

科 学 出 版 社 出版
北京东黄城根北街16号
邮政编码：100717
http://www.sciencep.com

北京九天鸿程印刷有限责任公司 印刷
科学出版社发行　各地新华书店经销

*

2021年3月第 一 版　开本：720×1000 1/16
2021年3月第一次印刷　印张：14 1/4
字数：287 000

定价：**218.00元**
（如有印装质量问题，我社负责调换）

《毛花猕猴桃种质资源》编著者名单

主要编著者：

徐小彪　廖光联　黄春辉　钟　敏

其他编著者（以姓氏笔画为序）：

王斯妤	曲雪艳	吕正鑫	朱　博	朱　壹
刘　青	刘科鹏	汤佳乐	李西时	李亦淇
李章云	肖委明	吴　寒	邹梁峰	张文标
张晓慧	陈　明	陈　璐	陈双双	陈楚佳
易淑瑶	郎彬彬	姜志强	姜春芽	贺艳群
贾东峰	高　洁	涂贵庆	陶俊杰	黄　清
葛翠莲	辜青青	焦旭东	谢　敏	廖　娇
魏清江				

前　　言

毛花猕猴桃（*Actinidia eriantha*）是隶属于猕猴桃科（Actinidiaceae）猕猴桃属（*Actinidia*）的多年生落叶藤本。毛花猕猴桃果实中的维生素C（抗坏血酸，AsA）含量极高（为中华猕猴桃的5～10倍），并具有酚类物质含量高、抗病、耐热、果皮易剥离、耐贮藏、货架期长等优良特性；另外，其花序外观别致，花瓣呈粉红色至玫瑰红色，极具观赏价值，可用于观赏栽培，在休闲观光农业方面具有重要的应用价值。毛花猕猴桃作为我国特有的猕猴桃属中的一个重要种类，广泛分布于江西、浙江、福建、湖南、广西、广东和贵州等地，是继中华猕猴桃（*Actinidia chinensis*）和美味猕猴桃（*Actinidia deliciosa*）之后极具开发潜力的特色植物，其野生种质资源十分丰富。毛花猕猴桃是猕猴桃特异种质创新与定向育种的宝贵材料，合理开发利用其野生种质资源对猕猴桃新品种选育及种质改良具有重要意义。自20世纪80年代以来，我国开始对毛花猕猴桃开展资源调查与品种选育工作，目前已经选育出多个优良品种和品系，如'安章毛花2号''沙农18号''华特''玉玲珑''赣猕6号''赣绿1号''赣绿2号'，以及观赏授粉兼用型品种'赣雄1号'。以毛花猕猴桃为试验材料进行基因组学、转录组学、代谢组学、分子生物学及发育生理学等方面的研究，已成为猕猴桃研究领域的热点。

本书为首次对我国毛花猕猴桃种质资源进行全面、系统的调查研究与品种选育的总结。本书从毛花猕猴桃种质资源概述，调查与搜集方法及保育策略，毛花猕猴桃种质资源核心种质库的构建，果实中抗坏血酸、酚类物质、糖酸、果肉色泽，耐热性，雄性种质花器官与孢粉学评价及种质创新与品种（系）选育等方面，对国内毛花猕猴桃相关研究进展及研究内容进行了汇总、整理。本书重点阐述了毛花猕猴桃种质资源的综合评价及分子生物学与组学技术在其上的应用，包括形态学、孢粉学及生理生化评价，核心种质库的构建，果实中糖酸组分、果肉色泽形成、抗坏血酸代谢与积累机制研究。

本书由江西农业大学徐小彪教授组织完成并统稿。全书共十章，其中毛花猕猴桃种质资源概述、核心种质库的构建、糖酸的研究、耐热性的研究、雄性种质花器官与孢粉学评价由廖光联、钟敏等撰写；调查与搜集方法及保育策略、抗坏血酸的研究由徐小彪、贾东峰等撰写；酚类物质的研究、果肉色泽的研究由黄春辉、曲雪艳等撰写；雌雄种质创新与品种（系）选育由徐小彪、廖光联等撰写。希望本书的出版能为毛花猕猴桃种质资源的评价、保育与合理利用等提供较为全面、系统的资料，促进毛花猕猴桃科研与生产的发展。

本书在搜集、整理毛花猕猴桃种质资源及进行相关研究的过程中，得到国家自然科学基金（31360472、31760559、31760567）、国家级星火计划（2012GA730001）、江西省科学技术厅重点研发计划（20143ACF60015、20161ACF60007、20192ACB60002）、江西省猕猴桃产业技术体系建设专项（JXARS-05）及江西农业大学猕猴桃研究所的大力支持和资助。在此，一并致以深深的谢意！

　　限于编著者研究水平和所掌握的资料，本书恐难避免不足，敬请读者批评指正，以便日后修订、完善。

编著者
2020年1月

目　　录

第一章 毛花猕猴桃种质资源概述

第一节 毛花猕猴桃栽培历史与资源分布及主要经济价值

一、栽培历史

毛花猕猴桃（*Actinidia eriantha*）隶属于猕猴桃科猕猴桃属，是多年生落叶藤本果树。毛花猕猴桃种质资源指的是毛花猕猴桃所有植物的总和。早在公元前，《诗经·桧风》中就有关于猕猴桃的记载："隰有苌楚，猗傩其枝"，其中"苌楚"指的就是我们现在所说的猕猴桃。《尔雅》记载的"长楚""铫芅"，亦指猕猴桃。《山海经》记载："又东四十里，曰丰山，其上多封石，其木多桑，多羊桃，状如桃而方茎，可以为皮张"，书中提到的"羊桃"即猕猴桃。唐《本草拾遗》载曰："猕猴桃味咸温无毒，可供药用，主治骨节风，瘫痪不遂，长年白发，痔病，等等。"唐慎微在《证类本草》上说："味酸，甘，寒……生山谷。藤生着树，叶圆有毛，其形似鸡卵大，其皮褐色，经霜始甘美可食。"唐代诗人岑参在诗中也曾写道"中庭井阑上，一架猕猴桃"。明代李时珍在《本草纲目》中对猕猴桃的记载："其形如梨，其色如桃，而猕猴喜食，故有诸名。闽人呼为阳桃。"历史记载说明，早在1200多年前我国已经在庭院中搭架栽植猕猴桃了，历代古书中多处提到猕猴桃的药用、食用、工业用途及形态特征。但从总体上讲，猕猴桃在我国基本上处于野生状态，时过千年人们对猕猴桃才有了更进一步的了解和开发利用。

二、资源分布

我国是猕猴桃的起源和分布中心，种质资源极其丰富（黄宏文，2013），全世界猕猴桃属植物共有54种21变种，共75个分类单位，其中仅我国就有52种。据目前报道，仅有尼泊尔猕猴桃（*Actinidia strigosa*）和白背叶猕猴桃（*Actinidia hypoleuca*）这两个种在我国没有分布。猕猴桃属植物的自然分布以我国为中心，位于南起赤道，北至北纬50°的亚洲东部。我国的野生猕猴桃种质资源储量丰富，其大量分布于我国山区，根据生物地理学意义上的分布格局，目前我国猕猴桃自然分布地域主要分为西南地区、华南地区、华中地区、华东地区、华北地区和东北地区6个地理区域。猕猴桃作为野生果树驯化栽培成功的果树之一，现中华猕猴桃（*Actinidia chinensis*）、美味猕猴桃（*Actinidia chinensis* var. *deliciosa*）及相关杂交种已有广泛栽培，而绝大部分毛花猕猴桃仍处于野生状态，应用于实际生产的毛花猕猴桃品种极少。我国具有独特而丰富的野生毛花猕猴桃种质资源，有巨大的选择利用潜力，有些具有商业价值的野生种质资源可直接利用，且毛花猕猴桃是目前对溃疡病具有较强免疫作用的猕猴桃新品种，进一步调查研究对合理保护和利用这一天然财富具有重大意义。

　　刘磊等（2015）对贵州野生猕猴桃进行了调查，在雷山县雷公山国家级自然保护区内采集到6种猕猴桃共123份野生种质资源，其中毛花猕猴桃41份；在石阡县采集到4种猕猴桃共74份野生种质资源，其中毛花猕猴桃31份。卢开椿等（1994）在福建进行野生猕猴桃种质资源调查时发现，野生毛花猕猴桃种质资源遍及全省55个县（市），生于海拔200~600m的溪边或山坡灌木丛中，还发现毛花猕猴桃有紧毛型和脱毛型两种，且两种类型的维生素C（抗坏血酸）含量存在明显差异，紧毛型的毛花猕猴桃维生素C含量达587.1mg/100g，而脱毛型的维生素C含量远高于紧毛型，达1337.6mg/100g。龙成良（2000）在调查湖南猕猴桃种质资源时发现，湖南毛花猕猴桃成年株数在10万株左右，年产量在10t以上。胡忠荣等（2003）在调查云南猕猴桃种质资源时发现，毛花猕猴桃在楚雄彝族自治州、昆明市均有分布，主要集中在海拔1800~2100m处。徐小彪（2008）在对江西省境内猕猴桃种质资源进行调查时发现毛花猕猴桃分布较为广泛，主要集中在海拔450~1850m处，武夷山、井冈山、幕阜山、庐山、黄岗山、万龙山一带为分布密集区，其中赣东武夷山区分布最为集中。从整体而言，由北向南毛花猕猴桃分布有渐多的趋势，但分布不均匀，主要分布在赣东、赣西南地区。朱波等（2015）对浙西南部地区毛花猕猴桃种质资源进行调查时发现，浙西南部地区野生毛花猕猴桃主要分布在海拔150~1600m处，多生长于上层林木较疏、半阴半阳的灌木丛中，分布区的土壤多数为由页岩或砂岩发育而成的红壤和黄壤，土壤质地较疏松，表土层有较厚的腐殖质土，有机质含量较丰富，pH为4.5~5.5；毛花猕猴桃对温度的适应范围较广，一般在年平均气温9.2~17.4℃，极端最高气温42.6℃和极端最低气温-27.4℃的条件下都能正常生长发育，伴生植物主要有马尾松、杉、山胡椒、盐肤木、葛藤、木通、青冈栎、油茶、见风消、鸭脚木等，这些植物给猕猴桃创造了适宜的荫蔽环境，构成猕猴桃的天然棚架。对广西猕猴桃种质资源的调查研究发现，毛花猕猴桃广泛分布于广西的龙胜、资源、临桂、灵川、永福等16个县（区），在海拔250~1100m的地方发现了很多野生毛花猕猴桃种质资源，但分布不均匀，年产量达400t。

　　简而言之，毛花猕猴桃在我国广泛分布于浙江、福建、江西、湖南、广西、广东和贵州等地，是继中华猕猴桃和美味猕猴桃之后极具开发潜力的特色浆果。毛花猕猴桃野生种质资源十分丰富，常见于年平均气温14.6~21.3℃，海拔200~1000m的广阔丘陵地带，海拔200m以下、1000m以上也有少量分布，一般生长在背风阴湿、荫蔽较温暖的山坳、溪谷等地。果实维生素C含量极高，并具有高酚类物质、抗病、耐热、果皮易剥离、货架期长等优良性状，且外观别致，花冠粉红色，极具观赏价值。由此可见，毛花猕猴桃具有良好的营养价值和经济价值及广阔的开发利用前景。我国自20世纪80年代前后开始对毛花猕猴桃开展选育工作，目前已经选育出多个优良品种和品系，如品种'赣猕6号''华特''沙农18号''安章毛花2号''玉玲珑'和品系6113等（郎彬彬，2016）。

三、主要经济价值

（一）营养价值

毛花猕猴桃果实果肉绿色、风味浓厚、酸甜可口、汁液多、具芳香、营养丰富、品质上乘。毛花猕猴桃维生素C含量极其丰富，在水果中名列前茅，鲜果中可达500～1379mg/100g，是中华猕猴桃的3～4倍（钟彩虹等，2011），一个毛花猕猴桃能提供一个人一天维生素C需求量的两倍多，被誉为"水果之王"。同时其含有大量的糖、氨基酸等多种有机化合物及钙、镁、铁、锌等多种人体必需的矿物质，此外，毛花猕猴桃中抗氧化性物质（如多酚类物质、抗坏血酸、超氧化物歧化酶等）和膳食纤维含量丰富，如毛花猕猴桃中抗坏血酸与多酚类物质含量丰富，比苹果、脐橙等水果高几倍甚至几十倍。其果肉可鲜食，也可加工成猕猴桃果酒、果醋、果脯、罐头、天然维生素C片等产品。

（二）药用价值

毛花猕猴桃的药用价值和医疗保健作用在水果中也是名列前茅。毛花猕猴桃干燥的根为道地畲药白山毛桃根，具有抗肿瘤、抗氧化、降酶保肝、免疫调节、解热镇痛等功效，是《浙江省中药炮制规范》（2005年版）首次收录的11种畲族习用药材之一（朱波等，2015）。其根入药，对治疗乳腺癌、鼻咽癌均有很好的疗效，同时也有抑制和治疗心血管疾病、糖尿病、肝炎等功效。林少琴等（1987）以毛花猕猴桃根的粗提取物为原料，对其对小鼠免疫功能影响的研究发现，其根有活血化瘀、抗肝炎、抗癌等功效。郑燕枝（2013）的研究表明，毛花猕猴桃根具有良好的抗胃癌活性，抗胃癌的作用是通过抑制肿瘤细胞的增殖和诱导其凋亡而实现的。毛花猕猴桃果实性甘、寒，在医疗保健方面对消化不良、高血压、高血脂和高血糖等也具有一定的防治与辅助治疗作用，且内含的丰富的抗氧化物质具有增强人体免疫力、阻碍致癌性物质合成、延缓衰老等作用（Tavarini et al.，2008）。

（三）其他经济价值

1. 作为砧木

毛花猕猴桃生长势较强、抗逆性也较强、抗病虫害能力强、适应性广、分布广，对溃疡病具有较高的抗性。猕猴桃经济寿命长，选用毛花猕猴桃作为砧木（或高接换种），成活率高，可达到生长迅速、树冠形成快、结果早、投产快、增强抗病性和抗逆性等效果（林智忠，1987）。

2. 观赏价值

毛花猕猴桃花色鲜艳，是美化城乡的园艺树种，极具观赏价值。其适于阳台栽植，春可赏花，夏可乘凉，秋可尝果。叶背密被白色星状毛和绒毛，在阳光的照耀下闪烁着银白色光，具观赏价值。4～5月，正值花期，小花盛开，花瓣呈粉红色至玫瑰红色，密挂枝条，隐于叶片之下，灵动而多姿。部分枝条6月底二次开花，为炎炎夏日增添了风采。9～10月，富含维生素C、酸甜可口的果实就成熟了。毛花猕猴桃是既可观花又可观叶，还可观果的不可多得的藤本植物，也是庭院、山石、墙垣、棚架等地方的绿化良材（吴大荣，1993）。中国科学院武汉植物园利用毛花猕猴桃花瓣颜色为粉红色至玫瑰红色这一特性，通过与中华猕猴桃进行杂交，育得猕猴桃雄性观赏新品种'超红'和雌性观赏新品种'江山娇''重瓣''满天星'（钟彩虹等，2009；武显维等，1995）。其中，'超红'花量大，花粉活力高，花期长；'江山娇'5～10月能持续多次开花，在同一棵树上不断现蕾、开花、结果，形成花果同赏的景观，也是食用和观赏兼备的品种；'重瓣'花大而娇艳，花瓣轮排，节间短而紧凑，是理想的盆栽材料；'满天星'花开时繁茂而艳丽夺目，是庭院垂直绿化的好材料。钟敏等（2017）在江西省抚州市野生毛花猕猴桃群体中选育出的观赏授粉兼用型毛花猕猴桃优株'MG-15'，花瓣和花丝桃红色，花药黄色，单花序中花朵甚多，观赏价值高。

第二节　毛花猕猴桃生物学性状与特异性状

一、生物学性状

（一）枝条特性

　　毛花猕猴桃为多年生藤本植物，野生状态下常攀附于高大乔木；一年生枝蔓浅绿色或灰白绿色，密被白色短绒毛，新梢先端部分绒毛更加明显；多年生枝红褐色至褐色，皮孔不明显；结果母枝褐色，背阴面深灰色，髓白色，片层状，节间长6～10cm、粗6～8mm。

（二）叶片特性

　　单叶互生；叶厚、纸质、无光泽，椭圆形或锥体形，基部圆形，先端钝尖或渐尖；叶面深绿色、无毛，叶背密被白色星状毛和绒毛；叶缘锯齿不明显，有浅绿色向外伸展的小刺尖；新梢基部及先端部分叶片较小，位于新梢先端的小叶颜色较浅，白色绒毛多而密；雌雄株叶片无明显差别；叶柄灰白色。

（三）花器官特性

　　毛花猕猴桃属于雌雄异株植物，从植物学上看，其花可认定为两性花，但从生理上看，是单性花，因为在发育过程中雌花的雄蕊退化（黄宏文，2013）；单歧、双歧聚伞花序或假双歧聚伞花序；顶花先开，花冠粉红色，花大小中等；花药黄色，长椭圆形；花丝绿色或粉红色；雌花子房球形，密被白色绒毛；花柱白色；花期一般在5月。

（四）果实特性

毛花猕猴桃果实属于浆果，果实形状多样，有圆柱形、椭圆形、长圆柱形及卵圆形，果顶稍有突出；果面密被白色绒毛，宿存萼片反折，成熟时果面绒毛脱落有难有易，有脱毛型及紧毛型；果肉碧绿色，果实风味浓厚、口感偏酸偏涩，富含抗坏血酸；野生状态下单果重5～25g，栽培条件下可达70～80g；果实成熟期为10月中旬至11月下旬；较耐贮藏，果实常温下可存放50天左右（郎彬彬，2016）。

（五）根系分布特性

毛花猕猴桃根为肉质根，由骨干根和须根组成，以须根为主，根系大多分布在20～40cm土层中；根的皮层较厚，含水量较高，分布浅，导管和髓射线发达，根压极强；其生长土壤要求通透性强、排水良好，湿度要充足，不可过干也不可过湿，砂壤土最好，地下水位要求在1～1.5m。毛花猕猴桃的根能产生不定芽，形成不定根，在野生状态下毛花猕猴桃的根系都是呈簇状或片状分布。

二、特异性状

（一）酚类物质含量高

酚类物质是植物中含量仅次于纤维素、半纤维素和木质素的天然次生代谢产物，具有抗氧化、与生物大分子物质（生物碱、蛋白质、多糖）反应、与金属离子络合等方面的功能特性，被称为第七类营养元素（凌关庭，2000）。目前，关于猕猴桃酚类物质的研究较少，仅有的报道主要集中于探讨酚类物质的抗氧化活性和清除自由基的能力。而且相关研究也大多集中于美味猕猴桃和中华猕猴桃，像毛花猕猴桃等其他猕猴桃种质资源的系统研究则有待进一步扩展。目前，已有少量毛花猕猴桃酚类物质的研究报道，黄春辉等（2019）以毛花猕猴桃新品种'赣猕6号'（徐小彪等，2015）为试材，利用商业化栽培的美味猕猴桃'金魁'和中华猕猴桃'红阳'作对照试验，研究3个猕猴桃品种的果实在不同的生长发育过程中总酚、类黄酮及其他相关抗氧化活性物质含量的动态变化。在总酚含量方面，'赣猕6号'的总酚含量在盛花期后45天达到最高，在整个果实发育阶段，'赣猕6号'总酚含量极显著高于'红阳'和'金魁'，'赣猕6号'总酚含量最低值为568.20mg/100g，而'红阳'总酚含量最高值为214.33mg/100g，'金魁'总酚含量最高值为245.76mg/100g，'赣猕6号'总酚的最低含量都比其他两种猕猴桃的最高含量高，说明'赣猕6号'酚类物质含量丰富。在类黄酮含量方面，3个猕猴桃品种在果实生长发育过程中存在一定的差异，'赣猕6号'类黄酮含量在整体发育过程中高于其他两个品种，在成熟期'赣猕6号'类黄酮含量为23.57mg/100g，'金魁'类黄酮含量为19.00mg/100g，'红阳'类黄酮含量为17.31mg/100g。此外，有研究表明，猕猴桃中酚类物质含量与其对溃疡病的抗性呈正相关，酚类物质含量越高，对溃疡病的抗性就越强。因此，叶片和果实中酚类物质的含量可以作为猕猴桃抗溃疡病的生理生化指标（李聪，2016）。

（二）维生素C含量高

维生素C即抗坏血酸（AsA），可以作为一种高效的抗氧化剂在人体内和高等植物代谢中起重要的作用。自然界中的植物、微生物和大多数动物均可在体内自行合成维生素C，但人类只能从食物中获取。因此，植物中高含量的维生素C对于自身不能合成、依靠食物提供维生素C的人类非常重要。此外，很多的研究发现，维生素C是植物体内重要的抗氧化剂，在预防氧化胁迫中起重要作用，同时还参与细胞分裂，它不仅能作为维持光合作用的电子供体，还能保护光合器官（Ivanov，2014），也作为酶的辅因子在植物体内对酶促反应起重要的调控作用等。根据钟彩虹等（2011）的研究，毛花猕猴桃的维生素C含量极高，达500～1379mg/100g，是中华猕猴桃的3～4倍。张佳佳等（2011）研究的毛花猕猴桃'华特'在采后贮藏过程中维生素C含量达500～729.86mg/100g，而且在整个贮藏期间果实的维生素C含量变化不大。毛花猕猴桃'赣猕6号'维生素C含量高达723mg/100g（徐小彪等，2015）。福建省沙县农业局选育的'沙农18号'的果实维生素C含量也高达813mg/100g。通常美味猕猴桃和中华猕猴桃果实的维生素C含量分别约为130mg/100g与100mg/100g（巩文红等，2005）。由此可见，毛花猕猴桃维生素C的含量是很高的，可为选育高维生素C含量的猕猴桃新品种作砧木之用。

（三）易剥皮

目前，商业栽培的猕猴桃普遍不易剥皮，果实后熟后常被削皮后食用或对半切开后用勺子取食，食用不是很方便。因此，猕猴桃果实易剥皮成为猕猴桃选育新品种的一个重要性状。选育易剥皮型的毛花猕猴桃特异品种对优化猕猴桃品种结构和推进猕猴桃产业可持续发展有着重要的意义。毛花猕猴桃新品种'赣猕6号'为首个被报道的易剥皮猕猴桃品种（徐小彪等，2015），发现于江西省宜黄县，是从野生毛花猕猴桃自然群体里采集接穗，进行无性繁殖选育出来的。果实肉质细腻清香，酸甜可口，品质上乘，丰产稳产性良好。其最大的一个特点是果实易剥皮，填补了猕猴桃诸多重要性状中的一个空白，为今后选育易剥皮猕猴桃新品种提供了新的材料。

（四）抗性强

我国有丰富的野生毛花猕猴桃种质资源，对其抗性的研究可以为选育有抗性的新品种，为人工栽培的砧木和园地选择及栽培管理技术改良提供科学依据。经过多年的田间观察，发现毛花猕猴桃'赣猕6号'与猕猴桃品种'红阳'和'金魁'相比，'赣猕6号'耐热性较强，且田间未发现猕猴桃溃疡病。此外，其耐储性强，常温下可贮藏60天左右。由谢鸣等（2008）选育的毛花猕猴桃品种'华特'，有耐储、抗病、耐高温的特点。张慧琴（2014）研究发现，毛花猕猴桃品种'华特'和'迷你华特'相比美味猕猴桃与中华猕猴桃对猕猴桃溃疡病的抗性更强。石志军等（2014）研究也发现，毛花猕猴桃对溃疡病的抗性最好，抗性评价等级为抗病，而美味猕猴桃为耐病，中华猕猴桃抗性最差，容易感染溃疡病。根据王在明等（1996）的研究，毛花猕猴桃和中华猕猴桃的叶片在50℃高温的相同条件处理后的结果表明，毛花猕猴桃比中华猕猴桃更耐高温；而且研究表明，毛花猕猴桃比中华猕猴桃更耐旱、耐涝。诸多研究表明，毛花猕猴桃具有抗病、耐热、耐旱等特点，用作砧木可以大大提高植株抗性，扩大品种的种植面积，提高产量和品质。野生毛花猕猴桃的特异性状或许远不止这些，未来还需要进行更加深入的研究。

第三节　毛花猕猴桃种质资源研究意义与目标

一、研究意义

　　毛花猕猴桃种质资源研究是为了了解野生毛花猕猴桃种质资源的分布和利用情况，发现目前野生毛花猕猴桃种质资源开发利用中存在的问题，发掘具有经济价值的毛花猕猴桃种质资源，并为今后的研究指引方向。

　　首先，毛花猕猴桃种质资源是发现和利用优良基因的基础。种质资源作基因的载体，可能含有很多的已知或未知的有利基因，如与抗病、耐热、易剥皮、高酚、高维生素C等优良性状相关或控制其合成代谢途径的基因。毛花猕猴桃种质资源遗传多样性的研究可以为评估基因资源的开发前景提供重要的信息。绝大多数毛花猕猴桃长期处在复杂的野生状态下，随着天然杂交、自然实生、芽变和自然选择等因素的影响，形成了一个变异性大、遗传多样性高的群体。利用分子标记对野生猕猴桃特异种质资源遗传多样性进行分析，探究野生毛花猕猴桃分子遗传水平多样性和种质资源间的差异与亲缘关系，可以引导我们更深刻地认识毛花猕猴桃，同时为毛花猕猴桃种质资源保护和合理开发利用提供理论依据。

　　其次，毛花猕猴桃种质资源是猕猴桃育种方面的重要材料。毛花猕猴桃的特异种质资源对猕猴桃产业的发展有着重要意义。毛花猕猴桃所具备的耐热、抗溃疡病、高维生素C、高酚、易剥皮等优良性状，为选育具有对应性状的新品种提供了材料和研究基础。江西省境内毛花猕猴桃的种质资源极为丰富，主要分布在境内的广袤山区，而且不同地区的不同植株之间在生物学性状、抗性、品质等方面都存在较大的差异，有着丰富的野生基因型，大大增加了毛花猕猴桃植株群体的物种多样性和遗传多样性,同时为进行种质资源的收集、鉴定评价、管理保护及创新品种选育等工作提供了良好的条件和基础。

　　最后,毛花猕猴桃种质资源研究是建立毛花猕猴桃核心种质库的基础。核心种质库是利用科学的方法筛选出最少的种质资源,能最大限度地代表整个资源群体的遗传多样性信息。建立核心种质库的目的是更有效地利用资源,核心种质库的构建对毛花猕猴桃种质资源的保护管理、评价鉴定和创新利用有着重要意义。利用DNA分子标记进行遗传多样性研究、性别鉴定、系谱分析和品种鉴定、分子遗传图谱与指纹图谱构建及胞质遗传研究,为构建毛花猕猴桃核心种质库提供了材料和有力的理论依据。

二、研究目标

(一)开发和利用

　　毛花猕猴桃果实较小,但营养丰富,果实肉质细腻,清香怡人,可鲜食,也可加工,根可入药、消肿解毒,果实可鲜食、加工蜜饯及作为提取维生素C的良好材料,具有较大的经济价值。

　　随着毛花猕猴桃产业的发展,开发利用、种质品种优化和深加工问题也随之而来。在毛花猕猴桃果实的贮藏加工研究方面,目标是既要提高产品品质,延长销售货架期,也要发展更多的加工企业,开发毛花猕猴桃的加工产品。同时加强对野生毛花猕猴桃的经济价值和营养价值的宣传,让人们对它有一个全面的、正确的认识。一方面,对于鲜食口感良好的毛花猕猴桃品种,可以多方面研制毛花猕猴桃果干、果酱、蜜饯、果酒、果汁、果醋及罐头等多种加工产品,同时加强猕猴桃科研及有关部门密切配合、共同协作,把科研、加工、贮藏保鲜和销售等各个环节相互联合起来,做到产、供、加工、销售一条龙,开拓市场,引导消费,为猕猴桃产业顺利发展提供保证。另一方面,对于鲜食口感略差的毛花猕猴桃品种,可以用来提取有经济价值的内含物质。毛花猕猴桃的根可入药,有清热解毒、活血祛湿功效,根中含有具抗肿瘤活性的三萜类物质,可以用来研制开发抗肿瘤药物。其果实亦可入药。毛花猕猴桃果实中含有很多的抗氧化性物质,如高含量的维生素C和酚类物质,从果实中提取这些物质,应用于医疗保健行业研制抗氧化类药物、高档的营养保健食品及生产护肤产品等。当然抗氧化性物质等也可以从猕猴桃的叶片中进行提取研究,叶片也可以用来生产饲料。毛花猕猴桃茎皮和髓内有丰富的汁液,易溶于水,其水溶液有较强的黏性,能够抵御外界物理风化作用,可用来开发工业建筑用材和印刷纸及印染液的相关产品等。

(二)资源保护

　　我国野生种质资源丰富,但真正用于开发的只有很少一部分。由于我们对野生种质资源还没有一个全面系统的了解，随着经济利益的驱使及不合理的开发利用，森林遭到不同程度的破坏，生态平衡失调，越来越多的植物逐渐减少甚至灭绝，再加上人们缺乏对野生种质资源保护的意识，利用野生种质资源的方式往往是掠夺式的甚至整株砍伐。此外，由于山区道路的修建，猕猴桃生境遭到了不同程度的破坏。因此，对种质资源的收集和保护工作已刻不容缓。可通过建立自然保护区、就地保护、迁地保护、建立种质资源圃等途径，加强野生猕猴桃种质资源的保护。对在调查过程中发现的优株进行人工驯化或高接换种，便于研究和保护野生种质资源。

（三）繁殖利用和育种研究

野生猕猴桃优良单株的筛选和品种选育推广是开发利用种质资源的关键。目前，毛花猕猴桃多处于野生状态，生产上推广利用的品种较少。由于野生毛花猕猴桃在自然状态下进行了长期的自然选择，产生了许多的优良变异，具有很高的抗逆性和适应性，因此可以作为抗性选育的优良材料，将其优异的园艺性状应用到今后的猕猴桃育种计划当中。以猕猴桃种间杂交遗传规律为依据，用已知的优良品种和毛花猕猴桃进行种间杂交，培育出具有多个优良性状的新品种，从经济价值较高的猕猴桃品种中，筛选出丰产稳产、果实品质好的优良品种，将毛花猕猴桃的潜力发挥到最大。

毛花猕猴桃对猕猴桃毁灭性溃疡病有一定的抗性，我们可以将这一抗性特征作为育种目标之一，选育出能够抵抗溃疡病并且适合商业化栽培的猕猴桃新品种。毛花猕猴桃高含量的维生素C和酚类物质是绝对应重视的优良特性，今后可将高酚、高维生素C作为研究目标。一直以来含有抗氧化性物质的护肤品都很受广大女性朋友的青睐，我们可以用从毛花猕猴桃果实中提取的抗氧化物质来研制和开发美容养颜、延缓衰老等方面的产品。我们也可以从毛花猕猴桃易剥皮性状入手进行选育研究，解决商业栽培的猕猴桃不易剥皮、取食不易的缺点。当然利用毛花猕猴桃选育出集耐热、抗溃疡、易剥皮、高酚、高维生素C等优良性状于一体的适合大面积推广的猕猴桃新品种是我们选育食用性猕猴桃的研究目标。只有品种具备优良特性，才有可能在良好的栽培条件下获得高产优质的产品。

在猕猴桃的不同用途方面，可以以鲜食品种、加工品种和观赏品种或鲜食观赏兼备的品种为目标进行选育研究。若鲜食口感不佳则可以用来加工或提取有用物质。毛花猕猴桃的花与其他猕猴桃有所不同，毛花猕猴桃的花色彩更艳丽，而且毛花猕猴桃的生长对土壤条件要求不高，可用于选育一些观赏价值高、适合栽种在城乡庭院或工厂等的具有园林绿化作用的猕猴桃新品种，并进行积极推广。

随着社会经济的不断发展，目前商业化栽培的猕猴桃基本上是引进品种或高产品种，很少有人关注其他自然种的选育和推广，造成野生种质资源的日益没落。加强野生种质资源的保护是为了更好地开发利用该种质资源，将野生种质资源的综合价值发挥到更好。同时，可利用野生毛花猕猴桃种质资源进行育种研究，选育出综合性状优良的新品种。

主要参考文献

巩文红, 李志强, 李汉友. 2005. 我国猕猴桃优异资源的评价. 山西果树, (5): 23-24.

胡忠荣, 袁媛, 易苟文, 等. 2003. 云南野生猕猴桃资源及分布概况. 西南农业学报, 16(4): 47-52.

黄春辉, 廖光联, 谢敏, 等. 2019. 不同猕猴桃品种果实发育过程中总酚和类黄酮含量及抗氧化活性的动态变化. 果树学报, 36(2): 174-184.

黄宏文. 2013. 猕猴桃属: 分类 资源 驯化 栽培. 园艺学报, 40(2): 388.

郎彬彬. 2016. 江西野生毛花猕猴桃初级核心种质构建及ISSR遗传多样性分析. 江西农业大学硕士学位论文.

李聪. 2016. 猕猴桃枝叶组织结构及内含物与溃疡病的相关性研究. 西北农林科技大学硕士学位论文.

林少琴, 余萍, 朱苏闽, 等. 1987. 毛花猕猴桃根粗提物抗癌效应及对小鼠免疫功能影响的初步研究. 福建师大学报(自然科学版), 3(2): 110-112.

林智忠. 1987. 闽北猕猴桃资源开发和利用. 福建果树, (4): 19-22.

凌关庭. 2000. 有"第七类营养素"之称的多酚类物质. 中国食品添加剂, (1): 28-37.

刘磊, 李作洲, 刘春燕, 等. 2015. 贵州东部地区猕猴桃野生种质资源调查. 中国野生植物资源, 34(4): 55-58.

龙成良. 2000. 湖南猕猴桃资源及其开发利用途径. 经济林研究, 18(2): 60-61.

卢开椿, 金光, 郭祖绳. 1994. 福建猕猴桃的系统研究与开发利用. 福建果树, (4): 38-43.

石志军, 张慧琴, 肖金平, 等. 2014. 不同猕猴桃品种对溃疡病抗性的评价. 浙江农业学报, 26(3): 752-759.

王在明, 张琼英, 刘小明. 1996. 中华和毛花猕猴桃抗性观察. 果树科学, 13(1): 29-30.

吴大荣. 1993. 阳台绿化的好材料——毛花猕猴桃. 中国花卉盆景, (8): 14.

武显维, 康宁, 黄仁煌, 等. 1995. 猕猴桃种质资源保存及育种研究. 武汉植物学研究, (3): 263-268.

谢鸣, 吴延军, 蒋桂华, 等. 2008. 大果毛花猕猴桃新品种'华特'. 园艺学报, 35(10): 1555, 1561.

徐小彪. 2008. 江西猕猴桃资源的分布与评价//中国园艺学会. 2008园艺进展(第八辑)——中国园艺学会第八届青年学术讨论会暨现代园艺论坛论文集. 上海: 中国园艺学会第八届青年学术讨论会暨现代园艺论坛.

徐小彪, 黄春辉, 曲雪艳, 等. 2015. 毛花猕猴桃新品种'赣猕6号'. 园艺学报, 42(12): 2539-2540.

张慧琴, 谢鸣, 张琛, 等. 2014. 猕猴桃果实发育过程中淀粉积累差异及其糖代谢特性. 中国农业科学, 47(17): 3453-3464.

张佳佳, 郑小林, 励建荣. 2011. 毛花猕猴桃'华特'果实采后生理和品质变化. 食品科学, 32(8): 309-312.

郑燕枝. 2013. 毛花猕猴桃根化学组分提取工艺及抗胃癌活性研究. 福建中医药大学硕士学位论文.

钟彩虹, 龚俊杰, 姜正旺, 等. 2009. 2个猕猴桃观赏新品种选育和生物学特性. 中国果树, (3): 5-7, 77.

钟彩虹, 张鹏, 姜正旺, 等. 2011. 中华猕猴桃和毛花猕猴桃果实碳水化合物及维生素C的动态变化研究. 植物科学学报, 29(3): 370-376.

钟敏, 黄春辉, 朱博, 等. 2017. 毛花猕猴桃观赏授粉兼用型优株MG-15. 中国果树, (2): 71, 83, 101.

朱波, 华金渭, 程文亮, 等. 2015. 药食两用植物毛花猕猴桃高效优质栽培技术. 内蒙古农业科技, 43(4): 84-87.

Ivanov B N. 2014. Role of ascorbic acid in photosynthesis. Biochemistry, 79(3): 282-289.

Tavarini S, Degl'Innocenti E, Remorini D, et al. 2008. Antioxidant capacity, ascorbic acid, total phenols and carotenoids changes during harvest and after storage of Hayward kiwifruit. Food Chemistry, 107(1): 282-288.

第二章 毛花猕猴桃种质资源调查与搜集方法及保育策略

第一节 毛花猕猴桃种质资源调查与搜集

一、目的和意义

毛花猕猴桃又名毛花杨桃、白藤梨、白毛桃，是我国独有的猕猴桃种质资源。毛花猕猴桃果肉碧绿色，维生素C含量高，果实易剥皮。目前毛花猕猴桃大部分处于野生状态，生产上推广利用的品种较少。近年来，随着山区的不断开发，野生毛花猕猴桃分布面积不断减少，造成大量的种质资源流失。有的种质资源已濒危，因此急需搜集与保存。毛花猕猴桃种质资源可为生产提供优良的品种（类型）。优良品种是农业生产中极为重要的生产资料，人们在生产和消费上对果品有不同的要求，不同地区也需要不同特性的品种。科研人员掌握的种质资源越多，选择优良品种的可能性就越大，对生产所起的作用就越大（朱波等，2015；汪若海等，2003）。毛花猕猴桃种质资源是毛花猕猴桃育种的物质基础，如杂交育种时选配亲本用的种质资源越丰富，也就越有可能获得符合期望的基因型的杂交种（周凤琴等，2006）。种质资源是人类宝贵的财富，是人类赖以生存的物质基础，在种质资源匮乏的现今，种质资源越加显得重要。

二、研究现状

毛花猕猴桃主要分布在我国长江以南的广大丘陵地区，果实营养丰富，抗坏血酸含量很高，并且毛花猕猴桃的根具有抗肿瘤和抗氧化的功效（陈永瑞，1991）。此外，毛花猕猴桃的耐热性、抗病性和耐湿性强（汤佳乐等，2013），具有广阔的开发利用前景。

近年来，随着物种保护意识的提升和基因研究的深入，有关植物种质资源的研究也越来越为各科技大国所重视。我国有着丰富的野生毛花猕猴桃种质资源，对其加强研究，对合理保护和利用这一资源至关重要（司海平，2011）。科研人员也在不断探索科学地进行猕猴桃种质资源调查的方法（李成茂等，2010）。国内有20多个省份对野生猕猴桃种质资源进行了调查，但还没有对毛花猕猴桃进行系统全面的调查与搜集，只在对猕猴桃种质资源进行调查的时候涉及毛花猕猴桃种质资源。例如，广西猕猴桃种质资源调查表明，广西猕猴桃种类繁多，具有较高的天然产量，其中毛花猕猴桃产量较高，有80万斤[①]左右。毛花猕猴桃的地理分布范

---

① 1斤=0.5kg。

围为北纬24°0′~26°16′，东经108°33′~111°35′。在福建野生猕猴桃种质资源调查时也发现了维生素C含量很高的、有着丰富的蕴藏量的毛花猕猴桃，每100g果肉中含565~1100mg维生素C。在湖南猕猴桃种质资源调查时发现，毛花猕猴桃成年株在10万株左右，年均产量在10t以上。

三、调查与搜集简述

毛花猕猴桃种质资源调查与搜集是一项非常重要的基础性工作。良好的调查与搜集可以为后续保护、管理工作提供可靠的物质和信息基础；反之，会使得整个工作陷入混乱无序状态，甚至需要花费更多的时间，做更多的工作去修正。同时，因其工作烦琐、过程漫长、内容零散、无法集中进行，所以对工作条件、工作人员的热情和专业水平都有一定的挑战。

毛花猕猴桃生于海拔450~800m山地上的高草灌木丛中，在全国范围内广泛分布，有巨大的选择利用潜力，有些已具有商业价值，可被直接利用，更是目前唯一对猕猴桃毁灭性溃疡病具有免疫作用的新品种，有进一步调查的必要。种质资源调查十分重要，这是搜集、研究和利用的前提与基础。

尽管我国野生毛花猕猴桃种质资源极为丰富，但是大部分仍处于未开发状态，随着一些野生毛花猕猴桃原产地附近旅游开发、道路建设等人类活动的加剧，一些珍贵的野生毛花猕猴桃种质资源受到不同程度的破坏，有必要对野生毛花猕猴桃种质资源进行调查，并且对一些特异的野生毛花猕猴桃种质资源及时进行搜集和保护，为后续猕猴桃科研与育种工作奠定基础。

四、调查与搜集方法

植物资源调查与搜集可以分为野外调查和室内鉴定两部分。野外调查要根据不同地区和山体的生态条件、植被特征及自然环境等状况，采用路线踏查、典型样地调查和抽样调查相结合的方法。室内鉴定则要对采集样本进行整理，采用编目结合、点面结合等方式进行鉴定。

（一）种质资源调查与搜集的原则

种质资源的搜集必须根据调查与搜集的目的和要求，单位具体的条件与任务，确定搜集的类别和数量，应事先经过调查研究，有计划、有步骤地进行；通过多种途径，如野外调查、专业考察及向当地群众了解访问；搜集范围应根据毛花猕猴桃的适宜生长区域来选择；搜集工作必须细致周到，分门别类地做好登记核对，避免错误、重复和遗漏；猕猴桃种质资源调查要同时搜集雌株和雄株。

（二）调查与搜集的地点

全世界只有我国有毛花猕猴桃野生群落，且分布广泛，主要分布于长江以南的广大丘陵地区，以江西、湖南、福建、广西等地的野生种质资源最为丰富（鲁松和李策宏，2012；徐小彪和张秋明，2003）。生于海拔450～800m山地上的高草灌木丛或灌木丛中，有的生于阴坡的针阔混交林和杂木林中土质肥沃处，有的生于阳坡水分充足的地方。喜凉爽、湿润的气候，多攀缘在阔叶树上，枝蔓多集中分布于树冠上部。

根据毛花猕猴桃的生长习性，可以大概确定调查与搜集的地点。

（三）调查与搜集的工具

种质资源调查与搜集最离不开的是记录。记录能够长久保存。调查与搜集是后期研究的前提。

相机　图片采集是调查与搜集工作中非常重要的一环，随身携带相机绝对是一个良好的习惯。这样做的好处是可以随时获取野生毛花猕猴桃的图像资料。如果是较连续地关注某个地方的野生毛花猕猴桃优良单株，借着图片属性中显示的拍摄时间，还可以大致计算出它的盛花期或果实成熟期。有些拍出生境的，可为再次回访提供依据；图片还能够快速地将一些性状记录下来，节省户外搜集的时间。

手机　智能手机可为调查与搜集人员提供良好的信息录入平台。借助QQ、微信等应用，在直接拍摄并上传照片的同时保存文字信息。要注意的是，手机像素要足够高，以免后期因图片不清而影响使用。

记录本、笔、尺子　对很多人来说，可能更习惯于用纸或笔记本等传统工具记录。游标卡尺主要用于测量毛花猕猴桃花、叶或果实的长度、宽度等，以体型小且实用为佳。

自封袋、标签纸　用来装花、叶（春季）、果实（秋季）。自封袋上贴好标签纸，并注明品种编号、采样日期等。根据所要采的样品的大小、多少来确定需要的自封袋的规格，如嫩叶采摘，只需采摘几片叶子，就可以用5号自封袋；老叶采摘量比较大时就需要大一点的9号自封袋。根据所要采的样品，提前做好准备。

高枝剪、冰盒　毛花猕猴桃属于藤本植物，多攀缘在阔叶树上，枝蔓多集中分布于树冠上部，所以采集样品时需要用高枝剪。采样时间基本在5～6月和10～11月，温度偏高，叶片易萎蔫，果实易失水，而冰盒能保证样品的新鲜度。

（四）调查与搜集的技巧

练就"鹰眼"。调查与搜集工作没有捷径，需要靠踏踏实实去做，要说有诀窍，就是不断地观察、学习，练就一双"鹰眼"。调查与搜集人员的素质决定了工作的效率，有专业基础又有经验的调查与搜集人员可以一眼发现目标。

聊天艺术。时常与农户及各相关方面人士聊天，获取有价值的信息。要以老农户为重点走访对象，因为他们比年轻人更注重传统、更怀旧，也不容易随风潮而改变。即使找不到种质实物，这样的聊天也很有意义。因为种质资源与其他东西不同，它往往需要"故事"来支撑，要有可追溯性，否则无法判断是当地老品种还是新近引入的品种。聊天时应像朋友般对待调查对象，拉近距离，打消陌生感。

巧借外力。近年来，通过与当地政府、企业或群众合作等方式进行种质资源的调查与搜集的例子数不胜数。这种合作模式让双方都受益，一方面调查与搜集人员搜集了大量的野生种质资源，另一方面当地政府也会对优异种质进行保护和开发。

细心核实。认真观察品种特征，考察其特性（包括适应性和抗逆性等）。品种的特征特性往往是通过比较品种间的差异总结出来的。要仔细加以区分，才能分析出品种间的差异。例如，调查与搜集人员近几年才发现毛花猕猴桃品种类型众多，但有些差异并非显而易见，都是通过不断比较才得出结论。

（五）调查与搜集的专业基础

野生毛花猕猴桃种质资源调查对人员的业务素质要求相当高。它要求调查与搜集人员不仅要对毛花猕猴桃的基本特征特性和品种间的差异性有所了解，还应熟悉适合猕猴桃生长的环境，并具备细致的观察能力。

不断学习、积累经验的主要途径有以下几点。①出版物，包括专业书籍和报刊，如《中国猕猴桃种质资源》《猕猴桃》《果树育种实验技术》等。②专业网站，如中国猕猴桃网、周至猕猴桃信息网等。③在实践中学习，实践是最好的学习方法。

（六）调查与搜集的动力

种质资源调查与搜集是利于千秋万代的事情，我们必须谨记物种灭绝带给社会的危害，在种质资源调查与搜集过程中不断总结方法，积累经验，为以后的调查与搜集工作提供参考。

五、种质资源调查与搜集步骤

为了使调查搜集的资料、材料能够更好地被研究和利用，在搜集时必须了解其来源，产地的自然条件、栽培特点、适应性和抗逆性，以便搜集到更多的毛花猕猴桃野生种质资源。

（一）准备阶段

制定方案、准备装备：搜集相关资料，制定调查实施方案（试点、内容、时间安排），准备所需技术资料、仪器、工具及生活用品等。

了解采样地点的自然条件：海拔、经纬度、温度（年平均温度、月平均温度、最高温度、最低温度）、降雨量（年降雨量、各月降雨量）、无霜期（初霜期、终霜期）、土壤、地势。

样本采集所需的仪器、工具及生活用品：高枝剪、冰盒、采样记录表、记录本、铅笔、标签纸、自封袋、报纸、GPS、相机、手机、尺子、车辆等。

（二）搜集阶段

搜集区域的选择：根据野生毛花猕猴桃适合生长的环境，先大概选择野生毛花猕猴桃可能生长的区域范围，然后通过实地考察和向当地群众了解进行种质资源搜集。

1. 野外采样阶段

春季花期：主要是针对雄株采样。记录生境、GPS定位、拍照留档。采取雄花、嫩叶、老叶、一年生枝条（选择优株的搜集，用异地砧木嫁接繁殖的方法进行种质资源保护），对所采的雄花及老叶进行纵横径测量，以及叶柄长度的测量。记录雄花的花药颜色、着生方式，一年生枝条的皮孔数及枝条阳面的颜色等。

秋季果期：主要是针对雌株采样。记录生境、GPS定位、拍照留档。采摘果实、嫩叶、老叶、一年生枝条（选择优株的搜集，用异地砧木嫁接繁殖的方法进行种质资源保护）。

2. 室内整理阶段

春季花期：整理照片，统计雄花的花药数，进行花粉活力、花青苷含量等指标的测定，以及对优株进行更深入的分子生物水平研究。

秋季果期：整理照片，进行果实的纵横径、单果重及果实的一些外观指标的测定，以及可溶性糖、可滴定酸、维生素C等内在指标的测定。

第二节 毛花猕猴桃种质资源保育策略

一、保护现状

全世界仅我国有毛花猕猴桃野生群落分布，且分布范围广泛，主要分布于长江以南的广大丘陵地区，以江西、湖南、福建、广西等地的野生种质资源最为丰富（曲雪艳等，2016）。毛花猕猴桃果实大多数为长圆柱形，被白色的长绒毛，果实大小仅次于美味猕猴桃和中华猕猴桃，果皮为绿色，果实味甜酸、多汁、质细。毛花猕猴桃的花为粉红色至玫瑰红色，色泽艳丽，香气浓郁，嫩枝姿态婀娜，具有较高的观赏利用价值，适用于园林绿化或盆栽观赏。根及叶具有极高的药用价值，能起到清热利湿、消肿解毒的功效。中医用其根入药，对治疗乳腺癌、鼻咽癌、胃癌等多种疾病具有很好的疗效，同时也可以起到抑制和治疗心血管疾病、肾炎、糖尿病、尿路结石、肝炎的作用。此外，毛花猕猴桃作为我国特有的资源，果肉呈翠绿色，果实风味较浓，易剥皮，抗病性、耐湿性和耐热性均较强。

　　大多数种质资源研究是以现有的野生毛花猕猴桃种质资源为基础，经过充分调查和搜集试验材料，对其进行科学系统的综合评价之后，选取具有优异特性的种质资源进行就地（迁地）保育或人工选育。

　　江西省猕猴桃蕴藏量约1.1万t，开发利用潜力大（黄演濂，1994）。经调查发现，江西省有猕猴桃属植物20种及11个变种或变型（姚小洪等，2005），比较常见而且分布广泛的种类有中华猕猴桃、毛花猕猴桃、阔叶猕猴桃、异色猕猴桃、小叶猕猴桃、京梨猕猴桃（黄演濂，1994）。另外，葛枣猕猴桃、灰毛猕猴桃、楔叶猕猴桃和簇花猕猴桃为江西新分布（姚小洪等，2005）。其中毛花猕猴桃广泛分布于江西中南部，产量高，维生素C含量极为丰富（高达5.00～13.79mg/g FW，是中华猕猴桃的3～4倍）（钟彩虹等，2011）。毛花猕猴桃主要分布在井冈山、萍乡、宜黄、安远、遂川、安福、吉安、铅山、玉山、上饶、黎川、广丰、南丰、泰和、永新、莲花、宁都、兴国、瑞金、会昌、石城、庐山、大余、南康、龙南、寻乌等地。

　　毛花猕猴桃是我国珍贵的种质资源，分布于我国长江以南的丘陵地带，以浙江、福建、江西、湖南、贵州、广西、广东等省区分布最为广泛，产量最多。陈永瑞（1991）认为毛花猕猴桃果实营养丰富，鲜果不但可以生食，而且可以加工成果汁、果酒、果酱、罐头等保健食品，这些食品是老人、小孩、孕妇和手术后患者的营养补品。除此之外，毛花猕猴桃的根、茎、叶还有清热、止渴、防癌、抗癌、降血脂、降血压等多种防病抗病作用。同时，毛花猕猴桃叶片美丽，花色鲜艳，是美化城乡的园艺树种，具有观赏价值，是一种有开发利用价值的植物种类。

　　毛花猕猴桃在野生状态下常常是依附于伴生植物上，其伴生植物主要有马尾松、杉、冬青、青冈栎、盐肤木、见风消、葛藤、鸭脚木、金樱子、樱桃、油茶、茅栗、木通、山胡椒等。这些植物给猕猴桃创造了适宜的荫蔽环境，构成猕猴桃的天然棚架，由于光照良好、空间面积大，猕猴桃植株长势好、结果多（黄正福等，1985）。目前，由于社会活动频繁及不合理地开发植物资源情况严重，毛花猕猴桃及其伴生植物遭到破坏，生态失调，毛花猕猴桃种质资源情况不容乐观，保护工作刻不容缓。而植物种质资源保存不仅是植物育种的需要，也是有效的作物改良的基础（张宇和和盛诚桂，1983）。近十几年来，国内外不少单位已相继建成一些专门的植物科属数据库。然而猕猴桃种质资源圃数据管理基本上采用传统方式，已不适应猕猴桃科研与普及和开展国内外交流及合作的需要。根据武汉植物园猕猴桃种质资源圃收集保存的资源现状和已有的资源评价的大量科研资料，运用Visual Basic 5.0编程语言及Access 97数据库软件，我国已初步建立了一个猕猴桃信息系统（雷一东等，2000），毛花猕猴桃也收录其中。

　　果树栽培种的野生近缘种是重要的种质资源，许多果树的栽培种来自野生种的杂交种或者由野生种进化而来，如苹果、梨、草莓等。毛花猕猴桃野生种、近缘种种质资源也极其丰富。野生种祖先和它们的近缘种能提供给栽培种许多有价值的基因，是遗传多样性的源泉，是果树品种改良的基础材料，是抗性和其他某些经济特性的主要种质来源。苹果属、梨属、李属、葡萄属、柑橘属植物的近缘种也可以作为该树种栽培种的砧木，如山荆子作为苹果的抗寒砧木，湖北海棠作为苹果的耐湿砧木，锡金海棠作为苹果的矮化砧木。同时，毛花猕猴桃的野生近缘种是毛花猕猴桃栽培种的嫁接砧木，同时也能作为中华猕猴桃的砧木（黄仁煌，1986）。但毛花猕猴桃野生近缘种和野生种并没有得到过多地开发利用，大部分野生近缘种还在深山老林中，处于初级开发阶段。

二、保护方法

毛花猕猴桃野生种质资源分布广泛，我国非常重视这种具有开发利用价值的园艺植物种质资源的搜集与保护工作，园艺植物种质资源保存的目的是防止其基因遗失（周介雄和代正福，1999）。现在毛花猕猴桃种质资源的保护以就地保护、迁地保护为主。在猕猴桃保护方面，很多猕猴桃使用传统的栽培引种技术，没有充分考虑猕猴桃属植物非常容易出现杂交的情况，因此，在广泛搜集猕猴桃属植物物种种群资料的基础上，还应当完善种质资源的保存规范，防止遭受近缘类群的基因干扰。毛花猕猴桃作为我国原产的珍贵种质资源，大多处于野生或半野生状态，由于很多地区生态条件日益恶化，很多野生毛花猕猴桃种质资源已经处于濒危状态，因而急需搜集和保存。传统的保存方法是搜集种子、枝条和建立苗木种质资源圃。在我国，中国科学院武汉植物研究所种质资源圃共搜集保存了猕猴桃55个种（变种）、155个品种（系）和6个濒危物种，是世界上最大的猕猴桃种质资源基因库。

（一）就地保护

就地保护是指以各种类型的自然保护区和风景名胜区的方式，对有价值的野生生物及其栖息地予以保护，以保持生态系统内生物的繁衍与进化，维持系统内的物质循环、能量流动等生态过程。建立自然保护区和各种类型的风景名胜区是实现这种保护目标的重要措施。就地保护可以最大限度地节省人力物力，有利于人与自然的和谐发展。就地保护是一种最有效的保护方式，可以更好地利用原始的环境条件来保护生物，有利于保护动物和植物原有的特性（于砚溪，2016）。就地保护不仅能够保护相应的生物种群，还能保护生物所赖以生存的生态环境，进而可以保证生物种群的持续进化。就地保护形式多样，可以设置保护区，也可以设置保护长廊等，兰科植物（秦卫华等，2012）、山茶（王献溥和张春静，1992）、野生五味子（邵明昌等，2006）已有相应的就地保护区。

在野生毛花猕猴桃种质资源丰富的地区，可以在原生境建立保护点，并且出台相应的法律法规，对野生毛花猕猴桃种质资源进行保护。目前，采取就地保护的方法来对野生毛花猕猴桃进行保护，可以作为一种野生毛花猕猴桃保护的尝试手段。当然，在实际应用中，还有很多理论和实践问题有待进一步研究与解决。如能实施，预计可以有效保护一些重要的野生毛花猕猴桃种质资源，也能够保护其赖以生存的环境条件，还可以使野生毛花猕猴桃种质资源逐渐通过自然繁殖而增加数量。野生毛花猕猴桃种质资源在长期的自然选择和竞争过程中会形成较为杂合的遗传物质，具有在不良环境下长期生存的适应潜力，并且在抗逆性、抗病性等方面表现出优良性状，是我们今后对猕猴桃栽培品种进行改良的重要基础。所以，对野生毛花猕猴桃种质资源进行就地保护，是猕猴桃产业持续发展、猕猴桃产量和质量提高的重要基础。

（二）迁地保护

迁地保护又称易地保护。迁地保护指为了保护生物多样性，把因生存条件不复存在、物种数量极少，且生存和繁衍受到严重威胁的物种迁出原地，移入植物园、濒危植物繁殖中心，进行特殊的保护和管理，是对就地保护的补充。迁地保护包括活体保存和离体保存两种方式。活体保存是指保存植物的完整个体，如将植物通过移栽至种质资源圃加以保存；离体保存是采用各种技术保存植物的某些离体组织或器官，如通过组织培养法来保存珍稀植物。迁地保护虽然不能维持植物的野生状态和原始生境，但是作为一种补救措施，可以在短时间内有针对性地保存植物物种的遗传基因，可为之后的科学研究提供支撑。并且迁地保护成本较低、效率较高，可以节约资金。此外，如在集中的地点扩繁多种植物种类，也有利于进行科普教育，增强人们对自然资源的关注和保护意识。

迁地保护通常通过种质资源圃的作物品系、基因库中的试管苗、保护站中的树种、植物园或种子库（常规和超低温）中的种子等方式对植物加以保存，作为备份。大量的实例和数据表明，种子库作为植物多样性保护的重要手段之一，在资金投入、保存时间和保存效率方面远远高于就地保护与其他的迁地保护方法（李德铢等，2010）。周介雄和代正福（1999）研究发现，在园艺植物保存部位中种子和外植体保存最具潜力。但在植物园迁地保护过程中存在的一系列遗传风险，将严重影响稀有濒危物种的回归和恢复，迁地保护应当重视濒危植物的遗传管理，以降低或避免迁地保护中的遗传风险（康明等，2005）。

活体保存也是一种重要的迁地保护方法，可将保护对象从遭受破坏的自然环境中移植到植物园或种质资源圃，对其进行管理和研究。例如，在植物种质资源圃，可对活体保存对象进行生态学和生物学特性调查，通过研究其繁殖机理，对保护对象进行扩繁，为其重返自然进行探索。值得注意的是，植物迁地保护只是一种临时的种质资源保存方法，是对保护对象进行急救的保存措施。为了减少原生种质在迁入地的变异，迁入地的环境应该尽可能与原生环境保持一致，并且保证迁入对象的成活。

　　由于一些野生毛花猕猴桃种质资源丰富的地区较为偏远，并且交通不便，可以通过建立相应的种质资源保存圃，对一些专业人员进行培训，尽可能多地保护一些有特色的毛花猕猴桃野生种质资源。需要注意的是，从种质资源角度而言，任何一种具有稳定遗传特性的毛花猕猴桃种质资源都应加以保存，因为多样性的遗传种质资源是毛花猕猴桃育种工作的物质基础，越丰富的种质资源，就越有可能培育出优异的毛花猕猴桃新品种。此外，毛花猕猴桃的迁地保护可以应对因自然条件变化或人为破坏引起的野生种质资源的灭绝。

　　离体保存是指对离体培养的植株、器官、组织、细胞或原生质等材料，采用限制、延缓或停止其生长的处理使之保存，在需要时可重新恢复其生长的方法。其主要的方法有种子贮藏保存、枝条贮藏保存、花粉贮藏保存和组织贮藏保存等。

　　种子贮藏保存是采用种子贮藏来保存种质资源的，主要用于野生果树、砧木材料、无融合生殖类型和种子繁殖的果树，毛花猕猴桃在传统种质资源的保存方式上也是利用种子贮藏方式来保存种质资源（蓝金珠等，2014）。

　　通常将木质化的枝条置于低温-2～2℃和相对湿度96%～98%条件下能暂时保存种质资源供嫁接繁殖用。近年来，用液氮冻结保存枝条也取得了良好效果，将枝条先通过预冷，再逐渐降至-40℃，而后置于液氮（-90～-70℃）中冻结保存，经解冻后，嫁接成活率达80%，并且接芽生长良好（刘月学等，2001）。在野外采集需短时间保存时，则可以利用花泥保鲜、吸水材料保鲜等方式保存5～7天（罗朝光和王兴华，2010）。

　　花粉贮藏保存比较简单方便，并能在较小范围内保存大量的花粉，其环境因素主要是温度、水分和气压。多数果树的花粉，在-20～0℃的低温黑暗条件下，以及相对湿度10%～30%时，能较长期地保持生活力。毛花猕猴桃的花粉可以参考桃花粉保存的方式进行有效的保存，桃的花粉采用冷冻干燥和液氮等超低温相结合的方法能长期保存，如在-20℃下贮藏9年用于授粉与新鲜花粉效果相同（王会良等，2015）。梨、桃、柿等的花粉保存于玻璃瓶中，冷却至-20℃，经真空干燥30min后真空密封，再放在液氮或者超低温槽中，在使用前要在相对湿度90%、5℃条件下经过6h的吸湿处理。苹果花粉在-196℃液氮中经过两年仍可保持新鲜状态（陈霜莹等，1993）。梨花粉在冰冻干燥后真空贮藏，可保存长达10年之久。

　　离体保存还包括组织培养保存和超低温保存等方法，试管苗保存是种质资源保存的良好途径。组织培养保存主要用茎尖或者其他组织在一定培养基和培养条件下保存，以后能够重新生长分化成新的组织，生长成小植株，它的繁殖速度快，繁殖系数高，能在较小的场所保存大量的材料。此外，也可用茎段、叶片的愈伤组织和胚状体保存。有报道指出，猕猴桃试管苗在常温条件下可在培养基中保存11个月，并且组培苗成活率为90%（郭延平和李嘉瑞，1994，1995）。超低温保存是种质资源的一种长期保存方法，它是指在-80℃以下的低温下保存种质资源的技术，通常指在液氮（-196℃）中保存。一般认为，在液氮超低温保存过程中，植物种质资源不会受到伤害，只需要不断补充液氮，便能长期保存冷冻材料。而李嘉瑞等（1996）报道认为，猕猴桃愈伤组织在液氮中保存时间的长短与其存活率间没有相关关系。简令成和孙龙华（1989）以'中猕36号'为试材，发现经过120天的液氮贮存后，其在培养过程中表现出很高的存活率，在新培养基上培养25天左右即可观察到愈伤组织，并产生大量新植株。

随着科学技术的发展，以后也有可能利用细胞和原生质体培养保存种质资源。在毛花猕猴桃组织培养方面目前并没有进行大量研究，这一部分较为欠缺，在研究层面可以投入更多的精力，为丰富的毛花猕猴桃种质资源的充分利用提供依据。不过在毛花猕猴桃的组织培养研究中，应该注意植株遗传性状的稳定性，及时关注非分生组织发生的遗传变异。

三、保护策略

为了更好地保护毛花猕猴桃种质资源，以便科学地应用资源，不能只重视眼前的利益，而应该建立毛花猕猴桃的长效保护机制。应该加大宣传和科普力度，提高全民的生态保护意识。毛花猕猴桃野生种质资源丰富，尤其是在闽、浙、赣等山区，地形复杂，气候条件多样，孕育了独特多样的生物种群，不同种群均有其赖以生存的自然条件和分布范围，有的多分布在山边林缘及河谷两岸，易受人类活动的影响。因此，要结合保护区建设加强对环境保护、资源保护的宣传，加大执法力度，把热爱家乡、热爱自然、保护资源变成每个公民的自觉行动。

建立种质资源圃，对濒危种进行迁地保护。近几年，随着人们生产、生活的影响，毛花猕猴桃种群分布的范围越来越小，有些种尚未开发就已处于濒危期。选择野生毛花猕猴桃优株进行栽培试验的结果表明，嫁接成活率高，完全可以人工栽培（罗明，1994）。同样硬枝扦插试验表明，硬枝扦插成活率较高，并且主要取决于插穗的性质、扦插技术、扦插环境及扦插后的管理（杨佳木和李垦艺，1982）。所以，建议有关部门与科研院所合作，在保护区内建立专门的猕猴桃种质资源圃，收集保存现有的品种，并继续开展资源调查，不断完善、补充新发现的品种，可以用嫁接及硬枝扦插等方式，切实做好对毛花猕猴桃种质资源的保护工作。

可持续开发利用资源。毛花猕猴桃野生种质资源丰富，许多性状表现各异，部分种类还有一些特殊的性状，如雌雄同株、叶片狭长、果实短圆形等。这些种质资源或可直接人工驯化栽培，或作为育种的亲本材料，或用作园林绿化植物。合理开发利用种质资源，具有重大的经济和现实意义。

广泛开展科技合作与交流，加大科技对猕猴桃种质资源保护支撑的力度。猕猴桃种质资源的研究、开发、利用是一项浩大的系统工程，既要有较强的科技力量，又要有较好的研究设施，这两项对我们来说都是欠缺的。在合作交流时，应本着资源共享、互惠互利的原则共同做好毛花猕猴桃种质资源的保护工作。

随着城乡土地资源的不断开发建设，很多野生毛花猕猴桃原生地区的生态环境不断恶化，严重影响到野生毛花猕猴桃种质资源的保护，因此，政府在做好城乡开发建设的同时，应该对土地资源、野生毛花猕猴桃种质资源的保护做到统筹兼顾。对于一些连片的野生毛花猕猴桃分布区域，可以建立保护区，根据保护区内野生毛花猕猴桃的生长情况制订监测方案，如建立动态监测点，将保护区不同地域划分成试验区、核心区等，并且对一些珍贵的特色植物建立保存苗圃；对动态检测保护区内野生毛花猕猴桃的生长数据及时进行分析上报，完善保护区内野生毛花猕猴桃的保护和管理规程。由于毛花猕猴桃具有耐热、耐涝、果实富含抗坏血酸等优良性状，应该充分利用现有的毛花猕猴桃野生种质资源，加强猕猴桃的育种工作，提高猕猴桃的产量、抗性和果实品质，来满足猕猴桃生产和猕猴桃消费市场的需求。同时，也应该加强对相关科研单位的资金投入和政策扶持，使其负担起毛花猕猴桃种质资源的挖掘、保护和利用的工作，激励其选育出一些特色鲜明、品质优良的猕猴桃新品种。

野生毛花猕猴桃具有丰富的营养价值，也具有重要的经济和药用价值。而目前我国毛花猕猴桃相关品种产量相对较低，人均消费较低，因而可以适当地进行一些市场推广，适度地提高毛花猕猴桃产量，拓宽毛花猕猴桃的销售渠道，以发挥其潜在的经济价值。对于毛花猕猴桃的药用价值，也应该进行深入研究，积极拓展毛花猕猴桃的应用前景。这些措施可以反过来增强人们对野生毛花猕猴桃种质资源的关注和保护意识，对野生毛花猕猴桃种质资源进行合理、可持续的利用，为我国猕猴桃产业的可持续发展提供助力。

四、展望

加强野生种质资源的收集与保存，构建毛花猕猴桃种质资源圃和野生毛花猕猴桃自然保护区。毛花猕猴桃野生于山林之中，通常在引种时，引种地的生态环境及气候与野生状态下的条件有着较大的差异。通过建立种质资源圃可以利用不同的育种手段选育对不同气候条件适应性广的品种，将使栽培措施简化，获得高产优质的果实。加上野生种质资源和半野生近缘种极具遗传多样性，是非常丰富的种质资源，对于可以迁地保护的野生种质资源可以利用嫁接、采集果实（收集其种子）等方式进行种质资源的保存。而对于不能以迁地保护形式进行保护的种质资源可以采用建立毛花猕猴桃自然保护区的形式进行种质资源保护和保存，在自然保护区内禁止一切对毛花猕猴桃及其伴生植物生长环境的破坏。

加强资源交流，促进毛花猕猴桃良种的繁育。毛花猕猴桃种质资源丰富，维生素C含量极高，外被白色绒毛，果实及花均具有较高的观赏价值。但目前在生产上推广的毛花猕猴桃品种并不是很多，正因如此，要加强与外界毛花猕猴桃种质资源的交流，适当引种，在不断发掘优异野生种质资源的同时还需不断加快已有的毛花猕猴桃良种的繁育，将毛花猕猴桃推广出去。对于一些优异品种，可以通过多地区进行栽培，观察其表现，从而推广出去。

广泛而有目的地进行适量引种。在生产实践中，我们可以看到很多种类和品种的果树分布远远超过其原产地区。许多文献资料记录了果树引种工作成功的大量实例和失败教训。所以，在毛花猕猴桃引种的时候一定要借鉴前人的成功的经验及失败的总结，务必按照广泛性、目的性、先适量后大量的原则，同时也要注意各个生态因子（如温度、光照、水、氮等）都是重要并且无法代替的。尽管我国为猕猴桃的原产地，但对于毛花猕猴桃的引种也不仅限于国内，也可以对国外的毛花猕猴桃进行引种试验，如果在国内表现较好，也可以作为良种进行繁育。对国内外的果树品种进行广泛的引种和科学的利用是果树育种事业兴旺发达的重要标志之一。

开展资源调查、评价与利用工作，完善毛花猕猴桃种质资源评价标准，做到保育和开发利用并重，实现资源的可持续利用。种质资源的调查、评价工作为育种单位特定的育种目标服务，除了为生产直接提供良种、砧木以外，更重要的是为育种任务筛选比较适合的亲本，通常限于栽培类型或与育种目标有关的野生类型。此外，在收集好毛花猕猴桃种质资源后，需要对每一份种质资源进行抗性分级，并且对不同来源的毛花猕猴桃材料进行亲缘关系分析，有效区分野生近缘种和栽培种的遗传差别，为新品种选育及栽培品种和适配授粉雄株品种选育提供理论依据。此外，应该加强对果实耐贮性与品质、丰产性、果实加工性及植株抗逆性等方面进行评价，从而不断完善毛花猕猴桃种质资源数据库，使毛花猕猴桃种质资源电子化，以便于应用和国际交流。

主要参考文献

陈霜莹, 常永健, 赵艳华, 等. 1993. 果树花粉的超低温保存. 烟台果树, 8(S1): 60-64.

陈永瑞. 1991. 一种值得开发利用的新资源——毛花猕猴桃. 中国野生植物, 10(4): 38-39.

陈兆凤. 1998. 梅花山自然保护区猕猴桃种质资源及其分布. 华东森林经理, (3): 61-63.

丁建. 2006. 四川猕猴桃种质资源研究. 四川农业大学博士学位论文.

郭延平, 李嘉瑞. 1994. 多效唑对猕猴桃离体试管苗生长与内源激素的影响. 园艺学报, 21(1): 26-30.

郭延平, 李嘉瑞. 1995. 猕猴桃种质的离体保存研究. 果树科学, 12(2): 84-87.

黄仁煌. 1986. 毛花猕猴桃. 植物杂志, (5): 17.

黄演濂. 1994. 江西野生猕猴桃资源. 植物杂志, (4): 17.

黄正福, 李瑞高, 黄陈光, 等. 1985. 毛花猕猴桃资源及其生态学特性. 中国种业, (3): 2-3.

简令成, 孙龙华. 1989. 猕猴桃茎段的超低温保存. 植物学报, 31(1): 66-68.

康明, 叶其刚, 黄宏文, 等. 2005. 植物迁地保护中的遗传风险. 遗传, 27(1): 160-166.

蓝金珠, 杜一新, 梅明聪. 2014. 毛花猕猴桃种苗繁育技术. 现代农业科技, 14(6): 122, 125.

郎彬彬. 2016. 江西野生毛花猕猴桃初级核心种质构建及ISSR遗传多样性分析. 江西农业大学硕士学位论文.

雷一东, 黄宏文, 张忠慧. 2000. 一个猕猴桃种质资源管理信息系统的初步建立. 武汉植物学研究, 18(3): 217-223.

李成茂, 张勇, 田子珩. 2010. 北京植物种质资源调查内容与方法探究. 北京林业大学学报, 32(S1): 210-214.

李德铢, 杨湘云, Pritchard H W, 等. 2010. 种质资源保护中的问题与挑战. 中国科学院院刊, 25(5): 533-540.

李嘉瑞, 郭延平, 王民柱. 1996. 猕猴桃愈伤组织的超低温保存. 果树科学, 13(2): 88-91.

刘月学, 王家福, 林顺权. 2001. 超低温保存技术在果树种质资源保存中的应用. 东南园艺, (3): 25-27.

鲁松, 李策宏. 2012. 峨眉山野生猕猴桃种质资源调查. 亚热带植物科学, 41(3): 47-50.

罗朝光, 王兴华. 2010. 野外采集茶树种质资源枝条保鲜方法. 中国茶叶, 32(4): 24.

罗明. 1994. 毛花猕猴桃优选单株的栽培表现. 果树科学, 11(3): 193-194.

秦卫华, 蒋明康, 徐网谷, 等. 2012. 中国1334种兰科植物就地保护状况评价. 生物多样性, 20(2): 177-183.

曲雪艳, 郎彬彬, 钟敏, 等. 2016. 野生毛花猕猴桃果实品质主成分分析及综合评价. 中国农学通报, 32(1): 92-96.

邵明昌, 李晓庆, 付爽. 2006. 野生五味子就地保护抚育与栽培技术. 防护林科技, (4): 106-107.

司海平. 2011. 农作物种质资源调查信息系统研究. 中国农业科学院博士学位论文.

汤佳乐, 黄春辉, 刘科鹏, 等. 2013. 野生毛花猕猴桃叶片与果实AsA含量变异分析. 江西农业大学学报, 35(5): 982-987.

汪若海, 胡绍安, 杜君, 等. 2003. 云南棉花种质资源考察与收集总结报告. 中国棉花, 30(6): 10-13.

王会良, 潘家宜, 何华平, 等. 2015. 不同贮藏条件对桃花粉生活力的影响. 湖北农业科学, 54(20): 5046-5049.

王献溥, 张春静. 1992. 山东青岛沿海岛屿耐冬山茶濒临灭绝的原因及其就地保护问题. 广西植物, 12(3): 272-278.

徐小彪, 张秋明. 2003. 中国猕猴桃种质资源的研究与利用. 植物学报, 20(6): 648-655.

杨佳木, 李垦艺. 1982. 毛花猕猴桃硬枝扦插试验. 东南园艺, (2): 24-25.

姚小洪, 徐小彪, 高浦新, 等. 2005. 江西猕猴桃属(Actinidia)植物的分布及其区系特征. 武汉植物学研究, (3): 257-261.

于砚溪. 2016. 生物多样性的就地保护研究. 中国林业产业, (3): 180.

张宇和, 盛诚桂. 1983. 植物的种质保存. 北京: 科学技术出版社.

张忠慧, 王圣梅, 黄宏文. 1999. 中国猕猴桃濒危种质现状及迁地保护对策. 中国果树, (2): 3-5.

钟彩虹, 张鹏, 姜正旺, 等. 2011. 中华猕猴桃和毛花猕猴桃果实碳水化合物与维生素C的动态变化研究. 植物科学学报, 29(3): 370-376.

周凤琴, 张永清, 张芳, 等. 2006. 山东金银花种质资源的调查研究. 山东中医杂志, 25(4): 268-271.

周介雄, 代正福. 1999. 园艺植物种质资源保存方法. 种子, (1): 26-28.

朱波, 华金渭, 程文亮, 等. 2015. 药食两用植物毛花猕猴桃高效优质栽培技术. 内蒙古农业科技, 43(4): 84-87.

第三章　毛花猕猴桃核心种质库的构建

核心种质库即通过一定的方法，从某一种植物总的收集资源中选取能够最大限度地代表原始种质遗传信息且数量尽可能少的种质材料作为核心材料，以便管理、收集及进一步研究。江西省是我国野生毛花猕猴桃的主要分布区之一，境内丰富的毛花猕猴桃种质资源为猕猴桃的育种和遗传多样性研究提供了很好的基础。近年来随着山区的不断开发，野生毛花猕猴桃分布面积不断减少，造成大量的种质资源流失，而且较大的野生种质资源数量，为种质资源的收集、保存及利用带来很大的困难，因此加强对江西野生毛花猕猴桃遗传多样性及核心种质的研究具有重要意义。

利用野生毛花猕猴桃果实的相关性状数据，采用逐步聚类的方法，从取样比例、取样方法及聚类方法等方面研究毛花猕猴桃初级核心种质库的构建策略，并利用主成分分析法对核心种质库进行检验。通过以上研究，以期获得毛花猕猴桃初级核心种质库构建的最佳方法，为下一步毛花猕猴桃种质资源的保存、利用奠定基础。

第一节　基于果实相关性状的野生毛花猕猴桃初级核心种质库的构建

一、数量性状赋值

试验材料采取分期采收（11月1～10日），采收标准为可溶性固形物含量达到6.5%，于实验室常温下自然后熟软化，参照《植物新品种特异性、一致性和稳定性测试指南　猕猴桃属》（NY/T 2351—2013），选取20个性状（表3-1，表3-2），所有性状均在果实可食状态（果肉硬度达1.0kg/cm^2）下测定。质量性状按照表3-1赋值，数量性状参照表3-2进行标准化。

其中，果肉颜色采用色差计测定；果肉黏度和果皮硬度采用质构仪测定；剥离度采用赋值分数进行评价；赋值分数根据果皮从果肉剥离过程中果肉受损程度分为以下5个等级。

（1）果皮完全不能从果肉剥离，剥皮过程中果肉碎裂，完全黏皮，赋值0分。

（2）果皮剥离困难，剥皮过程中80%以上果肉受损，表现较黏皮，赋值1～2分。

（3）果皮剥离较困难，剥皮过程中40%～80%果肉受损，表现较黏皮，赋值3～4分。

（4）果皮较易剥离，剥皮过程中5%～40%果肉受损，表现较离皮，赋值5～6分。

（5）果皮易剥离，剥皮过程中小于5%果肉受损，表现离皮，赋值7～8分。

其余性状参照《植物新品种特异性、一致性和稳定性测试指南　猕猴桃属》（NY/T 2351—2013）测定。

表3-1　野生毛花猕猴桃果实质量性状赋值

质量性状	赋值（样品数量）
果心颜色	浅绿色=1（8），浅黄色=2（42），绿色=3（10），黄色=4（58）
果实横切面形状	圆形=1（66），椭圆形=2（52）
果心横切面形状	圆形=1（83），椭圆形=2（35）
果实形状	短圆柱形=1（44），长圆柱形=2（35），长椭圆形=3（9），梯形=4（0），倒梯形=5（7），卵形=6（8），倒卵形=7（4），近球形=8（11）
果喙端形状	微尖凸=1（21），微钝凸=2（16），尖凸=3（47），钝凸=4（34）
果肩形状	方形=1（62），斜=2（5），圆=3（51）
果实绒毛密度	稀=1（9），中等=2（36），密=3（73）

表3-2　野生毛花猕猴桃果实数量性状分级及赋值

数量性状	赋值（样品数量）				
	1级	2级	3级	4级	5级
单果重（g）	<8.41（13）	8.41~11.27（37）	>11.27~14.13（26）	>14.13~16.95（24）	>16.95（18）
果形指数	<1.26（11）	1.26~1.50（32）	>1.50~1.74（42）	>1.74~1.98（21）	>1.98（12）
可食率（%）	<82.00（15）	82.00~85.57（13）	>85.57~89.14（36）	>89.14~92.65（44）	>92.65（10）
相对果心大小	<0.24（12）	0.24~0.28（35）	>0.28~0.31（21）	>0.31~0.34（26）	>0.34（24）
剥离度	<2.92（16）	2.92~3.96（22）	>3.96~5.00（34）	>5.00~6.02（30）	>6.02（16）
干物质含量（%）	<13.90（11）	13.90~15.92（33）	>15.92~17.94（44）	>17.94~19.92（19）	>19.92（11）
果肉颜色色差值[*]	<-7.71（14）	-7.71~-6.61（31）	>-6.61~-5.51（33）	>-5.51~-4.42（19）	>-4.42（21）
果肉黏度（g/s）	<11.18（11）	11.18~17.88（41）	>17.88~24.59（39）	>24.59~31.19（9）	>31.19（18）
果皮硬度（kg/cm²）	<2.15（14）	2.15~2.87（39）	>2.87~3.58（31）	>3.58~4.29（19）	>4.29（15）
维生素C含量（mg/g）	<3.95（16）	3.95~4.56（32）	>4.56~5.17（30）	>5.17~5.66（17）	>5.66（23）
可滴定酸含量（%）	<1.28（16）	1.28~1.45（27）	>1.45~1.61（30）	>1.61~1.77（27）	>1.77（18）
可溶性糖含量（%）	<5.35（16）	5.35~6.56（29）	>6.56~7.78（34）	>7.78~8.98（17）	>8.98（22）
可溶性固形物含量（%）	<11.33（15）	11.33~12.35（34）	>12.35~13.39（26）	>13.39~14.39（26）	>14.39（17）

*表示红绿色值，正值表示偏红，值越大说明越红；负值表示偏绿，值越小说明越绿，下文同

二、取样方法

（一）取样比例的筛选

设定6个规模（15%、20%、25%、30%、35%、40%），用于筛选合适的取样比例。

（二）聚类方法的筛选

参照刘遵春等（2012）的逐步聚类方法，以欧氏距离为遗传距离，结合类平均法、离差平方和法、最长距离法和最短距离法4种系统聚类方法进行聚类分析。

（三）取样方法的筛选

本试验对聚类图最低分类水平的各组遗传材料分别按照以下三种方法进行取样。

随机取样法：随机从每组中选取一个样品进入下一轮聚类。

偏离度取样法：从每组中选取具有较大偏离度的样品进入下一轮聚类。偏离度计算公式如下

$$S_j^2 = \sum_{j=1}^{n} \frac{g_{ij}^2}{\sigma_j^2}$$

式中，S_j 表示第 j 个性状的偏离度；σ_j^2 表示第 j 个性状的方差；g_{ij} 表示第 j 个性状第 i 个样品的表型值。

优先取样法：从每组中选取具有极大或极小性状表型值的样品进入下一轮聚类。

三、参数计算

选用极差符合率（CR）、变异系数变化率（VR）、表型保留比例（RPR）、Shannon多样性指数（H）作为评价参数，用于评价核心种质库的代表性，计算公式参考张洪亮（2003）、刘遵春等（2010），如下

$$CR = \frac{1}{n} \sum_{i=1}^{n} \frac{R_{C(i)}}{R_{I(i)}} \times 100\%$$

式中，$R_{I(i)}$ 是原始种质第 i 个性状的极差；$R_{C(i)}$ 是核心种质库第 i 个性状的极差；n 表示性状数。

$$VR = \frac{1}{n} \sum_{i=1}^{n} \frac{CV_{C(i)}}{CV_{I(i)}} \times 100\%$$

式中，$CV_{I(i)}$ 是原始种质第 i 个性状的变异系数；$CV_{C(i)}$ 是核心种质库第 i 个性状的变异系数；n 表示性状数。

$$RPR = \frac{\sum\limits_{i}^{i} M_i}{\sum\limits_{i}^{i} M_{i0}} \times 100\%$$

式中，M_{i0} 是原始种质第 i 个性状表型的个数；M_i 是核心种质库第 i 个性状表型的个数；i 表示性状表型数。

$$H = \frac{-\sum\limits_{i}\sum\limits_{j} P_{ij} \ln P_{ij}}{n}$$

式中，P_{ij} 是第 i 个性状第 j 个表现型的频率；n 表示性状数；i 表示性状表型数；j 表示性状指标数。

以上参数值越大则核心种质库越能代表原群体的遗传多样性（Hu，2000）。用 SPSS 20.0 软件进行聚类方法筛选，用 Excel 计算参数。

四、果实性状变异分析

供试野生毛花猕猴桃种质资源果实性状变异系数及 Shannon 多样性指数见表3-3。由表3-3可知，各性状均发生了较大程度的变异，有50%性状变异系数达到30%以上，其中变异系数最大的是果实形状，为81.70%；最小的是可食率，为6.09%，平均变异系数为30.58%。野生毛花猕猴桃种质资源果实性状的 Shannon 多样性指数平均为1.636，80%以上性状的多样性指数大于1，其中最大的是果实横切面形状，为1.953；最小的为果实绒毛密度，为0.711。因此，综合各性状的变异系数及 Shannon 多样性指数可见，该群体遗传变异丰富，生物多样性丰富，适于进行核心种质库的构建研究。

表3-3　118个野生毛花猕猴桃种质资源果实性状的遗传变异

性状	最大赋值	最小赋值	平均值（变异系数，H）
单果重（g）	24.96	5.02	12.68（33.65%，1.923）
果形指数	4.05	1.08	1.62（22.04%，1.841）
可食率（%）	94.47	66.94	87.33（6.09%，1.781）
相对果心大小	0.45	0.20	0.29（16.76%，1.934）
剥离度	7.67	0.00	4.47（34.73%，1.929）
干物质含量（%）	33.83	10.49	16.91（17.79%，1.813）
果肉颜色色差值	−1.89	−11.59	−6.07（27.13%，1.934）
果肉黏度（g/s）	61.29	5.97	21.18（47.23%，1.783）
果皮硬度（kg/cm²）	7.97	1.57	3.22（33.16%，1.888）
维生素C含量（mg/g）	7.88	3.31	4.86（18.77%，1.680）
可滴定酸含量（%）	2.22	0.97	1.53（15.88%，1.587）
可溶性糖含量（%）	12.31	2.51	7.16（25.39%，0.976）

续表

性状	最大赋值	最小赋值	平均值（变异系数，H）
可溶性固形物含量（%）	17.10	8.90	12.86（11.91%，1.043）
果心颜色	4	1	3.00（35.41%，1.941）
果实横切面形状	2	1	1.44（34.61%，1.953）
果心横切面形状	2	1	1.30（35.38%，1.913）
果实形状	8	1	2.88（81.70%，1.937）
果喙端形状	4	1	2.80（37.56%，1.372）
果肩形状	3	1	1.91（51.31%，0.789）
果实绒毛密度	3	1	2.54（25.01%，0.711）

五、核心种质库构建

以麻姑山核心分布区103份资源为材料，对20个表型性状数据进行标准化，研究野生毛花猕猴桃核心种质库的构建策略。

（一）取样策略的筛选

在30%取样比例下，以欧氏距离为遗传距离，对3种取样方法、4种聚类方法进行比较（表3-4）。从取样方法角度看，总体上每种聚类方法内都是优先取样法构建的核心种质库的4个评价参数高于其他取样方法。从聚类方法角度看，利用优先取样法结合4种聚类方法构建的4个核心种质库中，采用类平均法构建的核心种质库4个评价参数最高。因此在采用欧氏距离逐步聚类构建核心种质库时，取样方法中优先取样法优于其他方法，聚类方法中类平均法优于其他方法。

表3-4　4种聚类方法及3种取样方法的综合比较

聚类方法	取样方法	CR（%）	VR（%）	RPR（%）	H
类平均法	随机取样法	81.31	99.37	96.70	1.298
	偏离度取样法	90.25	105.54	97.80	1.323
	优先取样法	88.41	108.95	98.90	1.342
离差平方和法	随机取样法	84.17	100.87	96.70	1.272
	偏离度取样法	84.41	98.63	94.51	1.265
	优先取样法	87.26	105.88	98.90	1.297
最长距离法	随机取样法	77.82	97.31	94.51	1.247
	偏离度取样法	85.03	100.30	96.70	1.281
	优先取样法	87.10	106.40	97.80	1.321

续表

聚类方法	取样方法	CR（%）	VR（%）	RPR（%）	H
	随机取样法	84.24	104.45	94.51	1.274
最短距离法	偏离度取样法	78.89	97.81	95.60	1.278
	优先取样法	85.88	107.13	95.60	1.285

（二）取样比例的筛选

采用欧氏距离，利用类平均法进行聚类，结合优先取样法取样，按照15%、20%、25%、30%、35%及40%取样比例，构建6个核心种质库，分别命名为U-P-15、U-P-20、U-P-25、U-P-30、U-P-35及U-P-40。由图3-1可以看出，表型保留比例（RPR）、Shannon多样性指数（H）在取样比例15%～30%呈现快速增大，此后基本保持不变。随着取样比例逐渐增加，极差符合率（CR）在取样比例15%～20%呈现快速增大，此后增大趋势减缓；变异系数变化率（VR）呈现先快速减小后缓慢减小的趋势。构建核心种质库的基本原则是具有较大的遗传代表性，因此要优先选取具有较高Shannon多样性指数的取样比例；考虑到毛花猕猴桃为多年生藤本植物，杂交育种周期长，一个表型获得至少需要一个周期，因此也要优先考虑表型保留比例。鉴于以上因素，构建核心种质库选取30%取样比例最为合适。

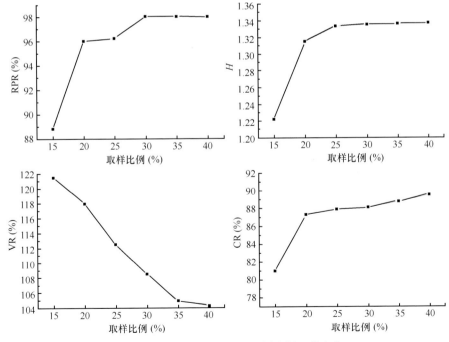

图3-1 4种评价参数在不同取样比例下的变化

综上所述，在30%取样比例下，采取欧氏距离，利用类平均法进行逐步聚类，结合优先取样法构建的核心种质库具有代表性，该结合策略是野生毛花猕猴桃核心种质库构建的最适方案。利用筛选得到的最适方案，对麻姑山核心分布区及南城县株良镇睦安村毛花猕猴桃种质资源进行分组筛选，由于宜黄县区域和南城县浔溪乡材料较少，为保留更多的表型，因此将全部材料均选入初级核心种质库。得到由44份材料组成的野生毛花猕猴桃初级核心种质库（U-P-30）。

六、雄性初级核心种质库评价

利用主成分分析法对所构建的初级核心种质库进行确认。对初级核心种质库与原始种质库进行主成分分析比较（表3-5）发现，二者特征值及贡献率比较接近。其中比较各自前9个主成分发现，第9个主成分的特征值分别为0.893和1.014，累积贡献率分别为79.182%和71.448%，即均能解释原群体70%以上的遗传信息，且通过去除冗余株系，初级核心种质库前9个主成分的特征值总和及贡献率均有所提高。为进一步检验初级核心种质的代表性，构建基于主成分分析的样品分布图。首先对原始种质进行主成分分析，前2个主成分的累积贡献率为25.523%，因此前2个主成分的二维分布图可以近似地描绘出样品材料在几何平面上的分布模式和特征。由初级核心种质库的二维分布图（图3-2）可以发现，核心种质和冗余种质均匀分布，表明这些样品具有较高的遗传相似性，且反映出群体具有较高的遗传冗余。另外，比较样品的几何分布特征发现，初级核心种质库的分布样品保留了原始种质分布的几何形状及特征，且有较多外围个体被保留。由此可推断，初级核心种质库（U-P-30）很好地保留了原始群体的遗传结构和多样性。

表3-5　原始种质和初级核心种质主成分分析的特征值与累积贡献率

主成分	原始种质			初级核心种质		
	特征值	贡献率（%）	累积贡献率（%）	特征值	贡献率（%）	累积贡献率（%）
1	2.957	14.784	14.784	3.288	16.439	16.439
2	2.148	10.739	25.523	2.646	13.228	29.667
3	1.726	8.629	34.152	2.145	10.724	40.391
4	1.648	8.239	42.391	1.644	8.222	48.613
5	1.373	6.864	49.255	1.528	7.638	56.251
6	1.253	6.267	55.522	1.338	6.690	62.941
7	1.119	5.596	61.118	1.249	6.244	69.185
8	1.052	5.259	66.377	1.106	5.532	74.717
9	1.014	5.072	71.449	0.893	4.465	79.182

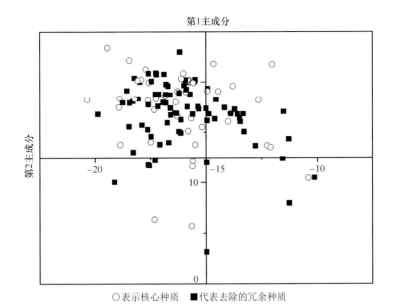

○表示核心种质　■代表去除的冗余种质

图3-2　多次聚类优先取样法结合类平均法所得初级核心种质库（U-P-30）的株系分布图

采用聚类方法构建核心种质库，首先要选取合适的方法来计算样品间的遗传距离。目前，主要采用欧氏距离和马氏距离，其中欧氏距离易受性状量纲不一致的影响，而马氏距离则不受量纲影响。研究表明，对性状数据进行标准化，消除材料不同性状量纲的影响，欧氏距离构建的棉花（徐海明等，2004）、枣（Wang et al.，2007）等核心种质库优于马氏距离。核心种质采用不同的聚类方法会产生不同的分组，进而导致不同的构建结果。沈志军等（2013）在桃核心种质库构建中发现，采用类平均法优于其他聚类方法。刘遵春等（2010）研究发现，采用最短距离法最适宜新疆野生苹果核心种质库的构建。董玉慧（2008）在核心种质库构建中应用了4种聚类方法，发现Ward's法和可变类平均法聚类效果最好。本研究对各性状数据进行标准化，消除数据量纲对结果的影响，利用欧氏距离为遗传距离，比较4种聚类方法发现，采用类平均法构建的核心种质库具有最高表型保留比例、Shannon多样性指数、极差符合率和变异系数变化率，因此认为类平均法是野生毛花猕猴桃核心种质库构建的最好聚类方法。

取样方法是核心种质库构建研究中的另一个重要方面，它决定着哪份材料能够进入核心种质库。沈志军等（2013）采用高均偏优先取样方法进行初级核心种质库构建，具有较高的表型保留比例及Shannon多样性指数。徐海明等（2004）以棉花为材料的研究表明，偏离度取样法和优先取样法均能提高核心种质库的方差，但是优先取样法抽取具有最大值或最小值的样品，有利于保留优异种质，能保存原始种质的极差符合率，优于前者。本研究比较了随机取样法、偏离度取样法及优先取样法，表明采用优先取样法构建的核心种质库能够保留更多的表型性状和具有较高的Shannon多样性指数，因此认为优先取样法是野生毛花猕猴桃核心种质库构建的最好取样方法。

关于总体取样比例，原始资源群体遗传结构及遗传多样性对核心种质库的构建有重要影响，一般认为群体遗传结构大或遗传多样性低的物种，其核心种质库所占比例小，反之则要适当提高取样比例。Brown（1989）提出样本总体规模大于3000时，核心种质库取样比例控制在10%左右就能代表原始种质70%的遗传信息。果树由于自身特性，种质资源规模不会达到大田作物那么大，因此在核心种质库构建时取样比例通常会高于其他作物。例如，刘遵春等（2010）利用300份野生苹果种质资源筛选出由60份材料组成的核心种质库，取样比例为20%。章秋平等（2011）利用447份普通杏种质资源获得由111份材料组成的初级核心种质库，取样比例接近25%。本研究利用118份野生毛花猕猴桃种质资源研究最佳取样比例，结果表明，随着取样比例不断增加，样本的表型保留比例和Shannon多样性指数不断增加，取样比例达到30%以后基本保持不变，说明样本取样比例达到一定程度以后会产生遗传冗余。因此，综合而言以30%为取样比例构建野生毛花猕猴桃初级核心种质库最为适宜，能够保留大部分表型性状及遗传多样性。

不同种质资源由于亲缘关系的不同，在植物学、农艺性状及品质等方面均存在差异。利用各性状间的差异来去除亲缘关系相近的材料，这是构建核心种质库的传统方法（马蔚红等，2006）。本研究利用野生毛花猕猴桃研究价值较高的果实性状进行核心种质库构建研究，但是关于其生长势、抗性及产量等性状缺少描述分析；加之某些表型性状易受外界因素的影响，特别是数量性状存在一定程度的波动，表现不稳定，而分子标记数据不受环境条件的影响，成为表型性状的有效补充（章秋平等，2009）。下一步结合分子标记数据对初级核心种质库进一步压缩，构建核心种质库。

第二节　基于花器官表型性状的毛花猕猴桃雄性核心种质库的构建

毛花猕猴桃雄性核心种质库的构建研究报道较少，这将不利于毛花猕猴桃雄性优异种质资源的保护和筛选。通过对毛花猕猴桃雄性核心种质库的构建，从而减少核心种质库的冗余，更加能代表原始种质，防止种质混杂、同物异名和同名异物现象。基于近年来对毛花猕猴桃种质资源的调查定位，以收集的207份毛花猕猴桃雄性种质为试验材料，从遗传距离、聚类方法、取样方法和取样比例4个层次构建基于花器官表型性状的毛花猕猴桃雄性初级核心种质库。毛花猕猴桃种质资源现在越来越受到重视，但是毛花猕猴桃分布广泛、数量众多，从中找出优良品种进行利用却很困难。而核心种质库的构建可以将大量的种质资源进行筛选，找出其中具有代表性的核心种质代替原始种质，对其进行重点保护和研究，这将大大降低资源搜集和品种保存的成本，从而有效提高育种效率。构建核心种质库可以很好地解决这个问题，所以必须对毛花猕猴桃的分布进行调查收集，并构建出核心种质库，有效地对毛花猕猴桃评价利用研究做出贡献。基于多年来对毛花猕猴桃种质资源的研究，我们对毛花猕猴桃的分布进行了大范围的调查，并对毛花猕猴桃的分布进行了记录与定位。我们对江西省各个主要毛花猕猴桃分布地区及广东省梅州市平远县仁居镇进行野外考察，对野生毛花猕猴桃雄性种质进行收集，将可以记录的数据及时记录，如生长环境、表型性状数据等，并拍一些相关照片进行留底备用；将一些不能当时记录的数据（花粉活力、花药数等）进行样品采集，并用冰盒保存，及时运回实验室进行测定。通过对野生毛花猕猴桃雄性种质的农艺性状等相关数据资料进行整理，采用逐步聚类的方法，就聚类方法、取样方法、取样比例等策略进行野生毛花猕猴桃雄性种质的初步筛选，找出构建野生毛花猕猴桃初级雄性核心种质库的最佳方法，并用主成分分析等方法对初级核心种质库的代表性进行检验，构建可靠、有效的野生毛花猕猴桃雄性初级核心种质库，为进一步构建核心种质库奠定基础。

一、取样方法

（一）取样策略的筛选

在15%取样比例下，以欧氏距离为遗传距离，对3种取样方法和4种聚类方法进行比较（表3-6）。从取样方法角度看，总体上每种聚类方法内都是以优先取样法的评价参数高，所以优先取样法在构建初级核心种质库时最好。在确定优先取样法的条件下，看4种聚类方法，发现类平均法中各参数值均比其余三种聚类方法（离差平方和法、最长距离法、最短距离法）高，所以采用类平均法聚类最好。因此，在采用欧氏距离逐步聚类构建核心种质库时，聚类方法和取样方法分别为类平均法与优先取样法最佳。

表3-6 4种聚类方法及3种取样方法的综合比较

聚类方法	取样方法	RPR（%）	H	CR（%）	VR（%）
类平均法	偏离度取样法	100.00	1.76	95.65	121.93
	随机取样法	95.83	1.76	89.87	124.74
	优先取样法	100.00	1.78	97.98	130.54
离差平方和法	偏离度取样法	93.75	1.62	103.82	105.93
	随机取样法	91.67	1.59	83.25	130.71
	优先取样法	97.92	1.77	96.01	129.50
最长距离法	偏离度取样法	89.58	1.52	74.91	96.34
	随机取样法	97.92	1.57	94.94	104.07
	优先取样法	95.83	1.71	93.10	123.69

续表

聚类方法	取样方法	RPR（%）	H	CR（%）	VR（%）
	偏离度取样法	87.50	1.47	84.48	94.37
最短距离法	随机取样法	91.67	1.57	86.54	105.78
	优先取样法	91.67	1.66	90.93	123.17

（二）取样比例的筛选

取样策略中确定在采用欧氏距离逐步聚类构建初级核心种质库时，用类平均法进行聚类，然后用优先取样法取样。在此基础上按照10%、15%、20%、25%、30%及35%取样比例，构建6个核心种质库，分别命名为U-P-10、U-P-15、U-P-20、U-P-25、U-P-30及U-P-35。从图3-3可以看出，Shannon多样性指数在取样比例10%～15%快速增大且达到最大值，在取样比例15%～35%逐渐减小最后趋于平稳；表型保留比例（RPR）在取样比例10%～15%逐渐增大到最大值，在取样比例15%～35%趋于平稳且为100%；变异系数变化率（VR）随着取样比例的增加而逐渐减小，且在取样比例15%～20%降低最快；极差符合率（CR）随着取样比例的增加而逐渐增大，且在取样比例10%～15%增加幅度最大。构建核心种质库的基本原则是核心种质具有较大的遗传代表性，因此要优先选取具有较高Shannon多样性指数的取样比例，然后表型保留比例要高，尽量选取最少的种质能代表原始种质，所以确定15%的取样比例最合适。

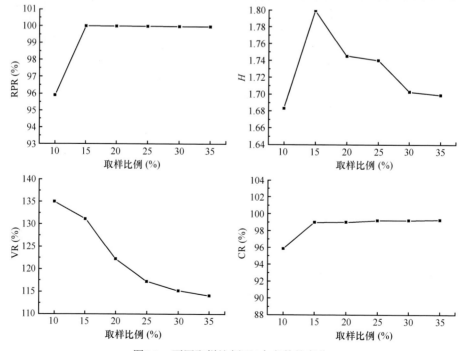

图3-3　不同取样比例下4个参数的变化

综上所述，在15%取样比例下，采取欧氏距离，结合类平均法，利用优先取样法进行逐步聚类构建的核心种质库具有遗传代表性，该结合策略是毛花猕猴桃雄性核心种质库构建的最适方案。

（三）对初级核心种质库的补充和完善

通过对初级核心种质库进一步的评价和验证，其结果能较好地代表原始种质，但是遗传多样性t检验显示初级核心种质与原始种质的花粉活力存在显著相关关系。其他性状的特征值均接近原始种质。花粉活力是毛花猕猴桃雄性种质极其重要的农艺性状，所以需要对构建的初级核心种质库中的花粉活力性状进行补充。由于在初级核心种质库构建过程中，优先选择极值最大或者优异种质，因此就会遗漏一些花粉活力较高或者较低的种质。所以这里增加遗落种质13份（分别为RJ-3、JGS-39、LS-4、LS-5、LS-6、LS-11、WF-20、WF-24、WF-29、WF-49、MGS-6、MGS-10和MGS-11），对初级核心种质库进行补充和完善，使基于花器官表型性状构建的毛花猕猴桃雄性种质初级核心种质库数量最终达到44份。

二、雄性初级核心种质库代表性检验

（一）Shannon多样性指数及其t检验

对江西省毛花猕猴桃雄性原始种质和初级核心种质11个性状的Shannon多样性指数进行计算并进行t检验，结果见表3-7。研究结果表明，毛花猕猴桃雄性初级核心种质Shannon多样性指数与原始种质样本较接近。经t检验，除花粉活力存在显著差异外，其他性状均差异不显著，说明初级核心种质对原始种质的表型变异特征代表性较好。

表3-7　原始种质和初级核心种质Shannon多样性指数的比较

性状	原始种质Shannon多样性指数	初级核心种质Shannon多样性指数	t值
单花药花粉量	1.93	1.90	−0.46
单花花粉量	1.72	1.97	−0.64
单花雄蕊数	1.68	1.94	−0.52
花粉活力	2.16	2.23	2.19*
花冠直径	1.79	1.77	0.17
花梗长度	1.67	1.91	−0.07
花瓣主色	1.55	1.49	0.83
花瓣次色	1.06	1.42	1.87
花瓣次色分布	1.15	1.15	0.33
花丝颜色	1.21	1.38	−0.18
花序上有效花数	1.36	1.41	0.23

*表示在0.05水平上差异显著

（二）主成分分析

利用主成分分析法对构建的毛花猕猴桃雄性初级核心种质库进行确认。对毛花猕猴桃雄性初级核心种质库与原始种质库进行主成分分析（表3-8）发现，二者特征值及贡献率比较接近。其中比较各自前5个主成分发现，第5个主成分的特征值分别为0.972和0.990，累积贡献率分别为79.291%和75.397%，即均能解释原群体70%以上的遗传信息，因此构建毛花猕猴桃雄性初级核心种质库可以有效地排除遗传冗余，提高原始种质的累积贡献率。由此可推断，毛花猕猴桃雄性初级核心种质库（U-P-15）很好地保留了原始种质的遗传结构和多样性。

表3-8　原始种质和初级核心种质主成分分析的特征值与累积贡献率

主成分	原始种质			初级核心种质		
	特征值	贡献率（%）	累积贡献率（%）	特征值	贡献率（%）	累积贡献率（%）
1	2.502	22.742	22.742	2.782	25.289	25.289
2	1.907	17.335	40.077	1.863	16.940	42.229
3	1.506	13.690	53.767	1.687	15.339	57.568
4	1.389	12.629	66.396	1.418	12.891	70.459
5	0.990	9.001	75.397	0.972	8.832	79.291

三、雄性初级核心种质库的构建

用表型性状来构建初级核心种质库是重要传统方法，具有构建时限短、简便、费用低等优点。在初级核心种质库构建中，首先是确定遗传距离。目前主要采用欧氏距离和马氏距离，两者各有优缺点。采用欧氏距离进行核心种质库构建在李（章秋平等，2011）、甜瓜（张永兵等，2013）等植物上得到应用。郎彬彬（2016）在毛花猕猴桃的核心种质库构建中发现，选取欧氏距离优于马氏距离，因此本实验采用欧氏距离进行核心种质库构建。其次是确定聚类方法。由于不同品种适合的聚类方法不同，而聚类方法不同决定样品分组不同，构建的核心种质库也不同。Wang等（2007）研究结果表明，采用最小距离逐步取样法（LDSS）策略构建的核心种质库具有良好的初始集合的代表性，与逐步随机取样的方法相比，LDSS策略可以构建更具代表性的核心集合。例如，通过比较各评价参数极差符合率、变异系数变化率、表型保留比例、Shannon多样性指数发现，总体上类平均法各参数值高于离差平方和法、最长距离法和最短距离法，最适合本实验核心种质库的构建。再次是选取取样方法。取样方法将决定所选样品在所处聚类分组中是否能更好地代表原始种质。李慧峰（2013）等在构建甘薯核心种质库中发现，最小距离逐步取样法优于随机取样法。徐海明等（2004）发现，随机取样法效果较差，而偏离度取样法和优先取样法都能显著地提高核心种质库的变异系数与方差，且后者略优于前者。本实验发现优先取样法明显好于离差平方和法和随机取样法。最后是确定取样比例。关于取样比例，原始种质遗传结构及遗传多样性对核心种质库的构建有重要影响，一般认为遗传多样性低的物种，其核心种质所占比例小，反之则要适当提高取样比例。取样比例的选取原则是在能代表原始种质的基础上选用最少的核心种质，以防止所选核心种质产生较高的遗传冗余，也为核心种质的栽培管理节省人力物力。不同品种在进行核心种质库构建中，最终所选的核心种质比例不同。郝晓鹏等（2016）在构建山西普通菜豆初级核心种质库中所选取样比例为20%。代攀虹（2016）等在构建陆地棉核心种质库中，以5963份陆地棉种质资源为材料，选取了281份陆地棉构建核心种质库，取样比例约为4.71%。本研究利用207份野生毛花猕猴桃雄性种质研究最佳取样比例，结果表明，随着取样比例的不断增加，样本的表型保留比例在达到15%时基本保持不变，Shannon多样性指数在取样比例15%时达到最大值，后面随着取样比例的增加而逐渐减小，说明样本规模达到一定程度以后会产生遗传冗余。因此，最终确定以15%为取样比例构建野生毛花猕猴桃初级核心种质库最为适宜，其能够保留大部分表型性状及遗传多样性。综上所述，采用"欧氏距离+逐步聚类类平均法+优先取样法+15%取样比例"构建毛花猕猴桃雄性初级核心种质库。

四、雄性初级核心种质库的评价参数及补充完善

在采用"欧氏距离+逐步聚类类平均法+优先取样法+15%取样比例"构建毛花猕猴桃雄性初级核心种质库时，其极差符合率、变异系数变化率、表型保留比例和Shannon多样性指数分别为97.98%、130.54%、100.00%和1.78，各评价参数较优。发现毛花猕猴桃雄性初级核心种质库Shannon多样性指数与原始种质样本较接近，有些性状（如单花花粉量、单花雄蕊数、花梗长度及花瓣次色）甚至明显高于原始种质样本，说明构建的核心种质库很好地保留了原始群体的遗传多样性和其中的特异种质，具有代表性、异质性和多样性的特征。主成分分析将11个表型指标简化为5个主成分，对总变异的累积贡献率高于75.00%。结合Shannon多样性指数t检验、主成分分析法等获得的毛花猕猴桃雄性初级核心种质库的各个参数较优，代表性较强，利用这些表型指标可以在早期对毛花猕猴桃雄性种质资源进行评价，为培育优异的毛花猕猴桃雄性种质资源提供便利。另外增加13份种质，使其代表性增强，更加全面，为下一步结合分子标记数据对初级核心种质库进一步压缩，提供数据更全面的初级核心种质资源。

主要参考文献

代攀虹, 孙君灵, 贾银华, 等. 2016. 利用表型数据构建陆地棉核心种质. 植物遗传资源学报, 17(6): 961-968.
董玉慧. 2008. 枣树农艺性状遗传多样性评价与核心种质构建. 河北农业大学博士学位论文.

郝晓鹏, 王燕, 田翔, 等. 2016. 基于农艺性状的山西普通菜豆初级核心种质构建. 植物遗传资源学报, 17(5): 815-823.

郎彬彬. 2016. 江西野生毛花猕猴桃初级核心种质构建及ISSR遗传多样性分析. 江西农业大学硕士学位论文.

李慧峰, 陈天渊, 黄咏梅, 等. 2013. 基于形态性状的甘薯核心种质取样策略研究. 植物遗传资源学报, 14(1): 91-96.

刘遵春, 刘大亮, 崔美, 等. 2012. 整合农艺性状和分子标记数据构建新疆野苹果核心种质. 园艺学报, 39(6): 1045-1054.

刘遵春, 张春雨, 张艳敏, 等. 2010. 利用数量性状构建新疆野苹果核心种质的方法. 中国农业科学, 43(2): 358-370.

马蔚红, 谢江辉, 武红霞, 等. 2006. 杧果种质资源果实数量性状评价指标探讨. 果树学报, 23(2): 218-222.

沈志军, 马瑞娟, 俞明亮, 等. 2013. 国家果树种质南京桃资源圃初级核心种质构建. 园艺学报, 40(1): 125-134.

徐海明, 邱英雄, 胡晋, 等. 2004. 不同遗传距离聚类和抽样方法构建作物核心种质的比较. 作物学报, (9): 932-936.

张洪亮, 李自超, 曹永生, 等. 2003. 表型水平上检验水稻核心种质的参数比较. 作物学报, 29(2): 252-257.

张永兵, 伊鸿平, 马新力, 等. 2013. 新疆甜瓜地方品种资源核心种质构建. 植物遗传资源学报, 14(1): 52-57.

章秋平, 刘威生, 刘宁, 等. 2009. 普通杏(*Prunus armeniaca*)初级核心种质资源的构建及评价. 果树学报, 26(6): 819-825.

章秋平, 刘威生, 郁香荷, 等. 2011. 基于优化LDSS法的中国李(*Prunus salicina*)初级核心种质构建. 果树学报, (4): 617-623.

Brown A H D. 1989. Core collection: a practical approach to genetic resources management. Genome, 31(2): 818-824.

Hu J, Zhu J, Xu H M. 2000. Methods of constructing core collection by step wise cluster with three sampling strategies based on genotypic values of crops. Theoretical and Applied Genetics, 101: 264-268.

Wang J C, Hu J, Xu H M, et al. 2007. A strategy on constructing core collections by least distance stepwise sampling. Theoretical and Applied Genetics, 115(1): 1-8.

第四章　毛花猕猴桃果实中AsA的研究

第一节　AsA的研究进展

猕猴桃果实营养丰富，以富含抗坏血酸（AsA）而著称，被誉为"水果之王"。一个中等大小的猕猴桃即可满足人体每天对维生素C的需要。毛花猕猴桃果实中AsA的含量是中华猕猴桃的3～4倍（钟彩虹等，2011）。因而，毛花猕猴桃是选育果实高AsA含量品种的重要种质资源。

抗坏血酸，又称维生素C，是一种水溶性维生素，在动植物体内具有许多重要的功能。在生物体内，AsA是一种抗氧化剂，保护机体免受自由基的威胁，同时AsA也是一种辅酶，参与生物体内多种代谢过程。在人类和其他高等动物中，其主要功能是作为抗氧化剂清除体内的活性氧对组织细胞的损伤，具有较强的抗癌能力，同时也具有延缓白内障发展及改善心血管等功能；然而人体并不能合成自身所必需的维生素C，只能从日常饮食特别是富含AsA的蔬菜或水果中获取维生素C。在植物组织内，AsA广泛存在，是一种多功能的代谢物，对植物生理的多个方面都有影响，如参与调节植物的光合作用和生长发育，调控种子萌发、开花时间、成熟与衰老，以及增强植物对逆境的抵抗能力等。其在植物中广泛调控光合作用、环境诱导的氧化胁迫、机械损伤响应和病原体诱导的氧化胁迫等生理生化过程（Lorence et al.，2004）。

一、动物和植物中AsA生物合成途径的差异

AsA的代谢途径在动物和植物中均有发现，不过AsA在植物和动物体内的合成、循环等途径存在一些差异。

动物AsA合成的关键过程是D-葡萄糖醛酸（D-glucuronic acid）途径，该途径由最初的底物葡萄糖依次转变为D-葡萄糖醛酸、L-古洛酸盐（L-gulorate）和L-古洛糖酸-1,4-内酯（L-gulosinate-1,4-lactone），最终被氧化成AsA（Larson，1988）。植物中，目前已有3种AsA合成途径被实验证实，即D-甘露糖/L-半乳糖（D-mannose/L-galactose）途径、L-古洛糖（L-gulonic）途径、D-半乳糖醛酸（D-glucuronic acid）途径。此外，有学者提出，植物中还可能存在AsA合成的第4种途径，即肌醇（myo-inositol）途径，并提出肌醇在肌醇加氧酶（MIOX）的催化下转变为D-葡萄糖醛酸，D-葡萄糖醛酸再转变为L-古洛糖酸-1,4-内酯，最终在酶的催化作用下转变为AsA（Maruta et al.，2010）。尽管一些转基因植株中AsA含量升高为这一假说提供了一些证据，但是植物中AsA肌醇途径是否存在仍然存在争议。另外，在单细胞藻类细小裸藻（*Euglena gracilis*）中发现了AsA合成的另一途径——L-半乳糖途径，即UDP-D-葡

萄糖醛酸（UDP-D-glucuronic acid）转变为UDP-D-半乳糖醛酸（UDP-D-galacturonic acid），再形成D-半乳糖醛酸后被还原成L-半乳糖，最终形成AsA（Shigeoka et al.，1979）。

二、植物中AsA的生物合成和循环途径

AsA是参与植物体内很多生理过程的一种重要的可溶性抗氧化物或酶的辅因子（Davey et al.，2000）。有研究指出，L-半乳糖途径是植物AsA从头合成的主要途径，并且该途径对AsA合成的重要性已被拟南芥相关基因突变体中因缺少该途径而使AsA含量降低所证实（Conklin et al.，2000）。此外，植物体内AsA合成还可能存在其他3个替代途径，即D-半乳糖醛酸途径、L-古洛糖途径和肌醇途径（Maruta et al.，2010）。Agius等（2003）研究指出，D-半乳糖醛酸途径中的D-半乳糖醛酸还原酶（D-GalUR）过量表达后提高了拟南芥植株中AsA的含量。然而，与L-半乳糖途径相比，我们对AsA合成的其他替代途径对AsA合成贡献率的影响的了解仍然有限。

在植物体中，AsA含量的高低不仅与其合成相关，也与其循环密切相关。在AsA循环系统中，氧化型AsA [单脱氢抗坏血酸（MDHA）和脱氢抗坏血酸（DHA）]可被两种还原酶[MDHA还原酶（MDHAR）和DHA还原酶（DHAR）]还原成AsA（Gallie，2013），由于AsA循环系统的存在，使植物体内AsA含量的调控网络非常复杂，很难被完全阐明。而且，不同植物物种、不同植物器官和生长阶段，内源AsA含量差异很大。同时，AsA含量易受外界环境因素的影响而发生变化，如光、干旱、盐和极端温度都能显著影响植物内源AsA的含量。

三、植物AsA代谢途径中基因功能的研究进展

由于人体缺乏AsA合成酶而自身不能合成AsA，只能从水果或蔬菜中补充AsA，因此，研究AsA合成的重要目标之一是通过遗传工程手段提高植物体内AsA的含量。植物AsA合成的L-半乳糖途径涉及9个连续反应，以及相对应的9个催化酶。其中，*PMM*基因过量表达后引起AsA含量升高（Badejo et al.，2009a）。而过量表达编码该途径中最后一个酶的*GalLDH*基因后并没有引起AsA含量的明显升高，说明植物体内部的L-半乳糖-1,4-内酯脱氢酶（GalLDH）酶活性足够将L-古洛糖酸-1,4-内酯转变为AsA（Zhang et al.，2016）。相反，L-半乳糖途径中的*GGP*、*GMP*、*GME*和*GPP*均能影响植物内源AsA的含量。所以，AsA合成的L-半乳糖途径必定受多个限速步骤控制。

除了L-半乳糖途径，关于AsA合成的其他替代途径也有少量研究。在D-半乳糖醛酸途径中，GalUR酶催化D-半乳糖醛酸转化成L-半乳糖醛酸，并且将草莓*GalUR*基因在拟南芥中异源表达后引起AsA含量提高2～3倍（Agius et al.，2003）。关于植物中AsA合成的L-古洛糖途径研究相对较少，不过，将鼠*ALO*基因在烟草和生菜中过量表达后提高了植株AsA的含量（Jain and Nessler，2000）。植物体中还可能存

在第4种AsA合成途径，即肌醇途径。肌醇加氧酶（MIOX）能够将肌醇氧化成D-葡萄糖醛酸，由于*MIOX*在拟南芥中过量表达后AsA含量提高了2～3倍，因此MIOX被认为是该途径的关键酶（Lorence et al.，2004）。与此结果相反，Endres和Tenhaken（2009）研究指出，*MIOX*过量表达后对拟南芥AsA含量没有影响，因而，植物中是否存在肌醇途径及其是否参与AsA的合成目前仍然存在争议。

综上所述，在植物中，L-半乳糖途径是将D-葡萄糖-6-磷酸（D-glucose-6-phosphate）转变为AsA的主要合成途径。而植物中AsA合成的其他替代途径也可能显著影响AsA的含量。AsA含量主要由其合成酶在转录水平调控；同时，AsA合成在转录水平、翻译水平和转录后水平的反馈调节中也有报道（Laing et al.，2015；Mieda et al.，2004；Tabata et al.，2002）。所以，植物中AsA合成的多种途径、多个限速步骤及反馈调节的存在，使其调控机理变得极为复杂。

四、植物中AsA的氧化还原及分解

AsA在植物体内与许多氧化还原反应有关，是重要的抗氧化剂。在抗坏血酸过氧化物酶（APX）的催化下AsA被氧化为MDHA，进而还原因光合作用或其他氧化应激而产生的H_2O_2；MDHA不仅通过MDHAR的作用被还原为AsA，还能通过非酶歧化反应生成DHA（Smirnoff，2000）。DHA在抗坏血酸-谷胱甘肽（AsA-GSH）循环过程中被还原回AsA，最终H_2O_2被清除（Noctor and Foyer，1998）。该循环过程中谷胱甘肽还原酶（GR）和DHAR也起到了一定作用。通过质膜运载体以易化扩散方式与DHA交换而得到细胞壁内的AsA，其被抗坏血酸氧化酶（AAO）氧化成MDHA。MDHA能通过质膜Cytb系统的还原而减少，细胞质AsA氧化成的MDHA可能会进入细胞质内的AsA-GSH循环或者被质膜内侧的MDAR催化还原成AsA（Horemans et al.，1998）。

总之，目前对AsA在植物体内分解代谢的过程了解很少。有研究表明，AsA碳架分解可形成酒石酸和草酸（Loewus，1999）。但是还不了解AsA碳架分解形成酒石酸和草酸的过程在AsA代谢中的必要性，也不了解该过程中的相关合成酶。草酸被氧化时生成的H_2O_2导致细胞氧化应激的增强，因此提高了AsA氧化分解的效率。AsA的分解可能对草酸积累型植物有其他的影响。

五、猕猴桃果实成熟过程中AsA的积累规律研究进展

在一些果树作物中，果实AsA含量和L-半乳糖途径中相关基因表达存在明显的正相关关系。例如，在甜橙果实成熟过程中，AsA含量和*GMP*、*GGP/VTC2*、*L-GalDH*和*L-GalLDH*的表达均显著高于温州蜜橘（Yang et al.，2011）。在猕猴桃果实成熟过程中，AsA含量的上升高峰与*GGP/VTC2*表达峰值出现的时间接近。果实是AsA积累的主要器官，也是人类饮食中AsA的主要来源。一般而言，果实AsA积累的模式主要

有两种类型：一种随果实成熟的进程，AsA含量增加，如番茄、葡萄和草莓；另一种是在果实成熟过程中AsA含量降低，如西印度樱桃、桃和猕猴桃。然而，果实中AsA积累机制的详情仍然不得而知。不过，在D-半乳糖醛酸途径中，D-半乳糖醛酸作为果实成熟过程中随细胞壁降解而释放的物质，会对果实AsA含量产生一定影响。利用外源L-半乳糖处理番茄会引起未成熟和成熟果实中AsA含量的升高，而利用外源D-半乳糖醛酸处理番茄后只增加了成熟果实中AsA的含量，而未成熟果实中AsA含量并未增加。这些结果暗示AsA合成的L-半乳糖途径贯穿于果实成熟过程，而D-半乳糖醛酸途径仅在果实成熟阶段起作用。所以，AsA在果实成熟过程中的积累规律较为复杂，并且涉及多种合成途径和多基因的调控。

关于猕猴桃AsA含量的研究越来越多。而AsA在猕猴桃中的研究主要集中在叶片与果实中AsA含量的动态变化、相关酶活性变化和AsA相关基因的克隆方面。对多个品种的中华猕猴桃AsA的研究发现，叶片和果实中的AsA含量具有相关性，这可能主要是由其遗传背景决定的，即遗传背景调控AsA合成的相关基因的组成，导致其叶片和果实中AsA含量接近（张蕾等，2010）。对猕猴桃AsA形成的生理机理的研究表明，在猕猴桃果实生长发育过程中可溶性糖、还原糖、淀粉、蔗糖及葡萄糖的含量与AsA的变化规律均不存在相关性（侯长明，2009）。而对美味猕猴桃'秦美'果实发育过程中AsA代谢产物积累及相关酶活性变化的研究中发现，AAO、APX、MDHAR、DHAR与GR活性及GSH水平并没有对AsA的积累量起到决定性作用，说明AsA含量主要取决于果实自身的合成调控（侯长明，2009）。钟彩虹等（2011）对中华猕猴桃黄肉品种'金桃'和毛花猕猴桃品系6113果实生长发育过程中AsA的动态变化进行了研究，两者果实AsA含量的变化趋势相似，均于7月上中旬达到一个高峰，以后随着果实的生长发育，含量下降；两者的AsA含量降到最低值后均缓慢上升，到果实完全成熟时回升到第二个峰值。潘德林等（2019）对中华猕猴桃'金阳'果实生长发育期相关指标进行了研究，结果发现，'金阳'果实AsA的含量呈现先上升后下降的趋势。'金阳'AsA的含量于花后20天达到峰值，含量为423.6mg/100g，随着果实发育，AsA含量逐渐降低，推测是由于果实发育过程中细胞生长和细胞伸长消耗了大量的AsA。'金阳'AsA含量的变化趋势与'红阳''金魁'一致，但'金阳'比'红阳''金魁'达到峰值的时间要早，并且'金阳'成熟果实中AsA的含量比'红阳'低，而与'金魁'相近。猕猴桃AsA含量因不同种内、间及外界环境条件的不同而有很大差异，中华猕猴桃品种幼果与成熟果实的果肉AsA含量之间存在显著正相关关系，因此可以通过测定猕猴桃幼果的AsA含量来预测成熟果实果肉的AsA含量（潘德林等，2019；张蕾等，2010）。对猕猴桃AsA生理机制方面的研究显示，猕猴桃高AsA含量的主要研究方向应该聚焦在其合成途径及积累机制上。

第二节　毛花猕猴桃叶片和果实中AsA的积累规律

一、叶片和幼果中AsA的积累规律

毛花猕猴桃为多年生落叶藤本果树,主要分布于长江以南的广大丘陵地区,以江西、湖南、福建、广西等地的野生种质资源最为丰富,是我国特有的极具开发潜力的野生浆果资源,其果实易剥皮,AsA含量极高,具有广阔的开发利用前景,是研究植物AsA分布特点及积累机制的理想材料。

武功山位于江西省西部,罗霄山脉北段。该地区毛花猕猴桃种质资源丰富,是江西省毛花猕猴桃分布最丰富的地区之一。汤佳乐等(2013)对武功山野生毛花猕猴桃种质资源进行了调查,以采集的70份野生毛花猕猴桃为试材,对其成熟叶片及幼嫩果实的AsA含量变异和高AsA含量优异种质进行了发掘,为野生毛花猕猴桃种质资源的合理开发与利用奠定了基础。结果表明,70份不同植株野生毛花猕猴桃样本中成熟叶片和幼嫩果实AsA含量的变化符合正态分布。根据不同部位,按照成熟叶片和幼嫩果实将野生毛花猕猴桃70份样本的AsA含量进行不同类的数据统计和描述统计分析,结果表明,供试成熟叶片中AsA含量的平均值为1.95mg/g FW,最低为0.30mg/g FW,最高达3.79mg/g FW,变异系数较大(41.30%);而幼嫩果实中AsA含量的平均值为13.52mg/g FW,幼嫩果实AsA含量较高,变幅为7.41~21.27mg/g FW,变异系数较小(21.88%),偏度系数较高(0.321),表明在幼嫩果实的AsA含量和正态分布比较中,AsA含量超过平均数的样本较多。从成熟叶片和幼嫩果实AsA含量的分布频率可以看出,成熟叶片AsA含量主要集中在1.00~2.75mg/g FW,分布频率为77%;幼嫩果实AsA含量集中在10.00~17.00mg/g FW,分布频率为80%。野生毛花猕猴桃幼嫩果实的AsA含量存在丰富的变异,为广泛开展野生毛花猕猴桃果实高AsA含量优异种质的选育提供了丰富的亲本材料。在对野生毛花猕猴桃幼嫩果实AsA含量进行准确测定的基础上,筛选出了8份果实高AsA含量的优异种质(9号、35号、15号、56号、57号、14号、7号、27号)。这些优异的高AsA含量种质的AsA含量均在17.00mg/g FW以上,其中9号种质最高(21.27mg/g FW),单果质量在6.35g以上,可溶性固形物在5.77%以上,可溶性糖最低为72%,可滴定酸在0.73%以上。70份野生状态下不同植株的毛花猕猴桃种质资源的成熟叶片和幼嫩果实AsA含量存在丰富的变异,变异系数分别为41.30%和21.88%,反映了野生毛花猕猴桃种质资源中存在较大的遗传差异,这为高AsA含量优异种质资源的开发利用提供了丰富的选择空间。此外,基于野生状态下的研究群体,对群体中的成熟叶片和幼嫩果实AsA含量进行了初步的分析,结果表明,毛花猕猴桃种内野生群体的成熟叶片和幼嫩果实的AsA含量无显著相关性。野生状态下的毛花猕猴桃群体无法通过成熟叶片的AsA含量预测其幼嫩果实的AsA含量,这可能是遗传背景的差异导致的。

二、果实生长发育期间AsA的积累规律

毛花猕猴桃是我国特有的极具开发潜力的野生浆果资源，果实易剥皮，AsA含量高，自然分布区域较窄，绝大部分处于野生状态。本实验所采用的毛花猕猴桃为江西省宜黄县境内发现的果实性状优良的野生毛花猕猴桃优株，多年试验结果表明，该品种生物学特性、果实主要经济性状等遗传性状稳定，耐热，抗旱，适应性强。2014年12月已通过江西省农作物品种审定委员会认定，定名为'赣猕6号'。'赣猕6号'是江西农业大学猕猴桃研究所从野生毛花猕猴桃自然变异群体中选育的新品种，其果实AsA含量高达656.9～2243mg/100g，远高于美味猕猴桃及中华猕猴桃，是研究猕猴桃AsA合成及积累机制的优异资源。

毛花猕猴桃AsA含量在猕猴桃中基本上属最高，而植物界中能与之匹敌的只有刺梨。研究者在毛花猕猴桃中克隆出的AsA合成的相关基因仅有*GGP*及*GalLDH*。汤佳乐等（2014）对毛花猕猴桃AsA含量与分子标记进行关联分析，分析了野生毛花猕猴桃AsA含量关联位点之中各个等位变异的表型效应，用特定的等位变异建立AsA含量的表型数据和利用分子标记检测得到的基因型数据的联系，发现优异标记SSR位点UDK96-040、UDK96-053、UDK97-408、UDK97-414和Ke227等与果实及叶片AsA含量相关联。而与毛花猕猴桃AsA合成相关的基因克隆及表达，对将来进一步研究基因功能验证、AsA合成途径及积累的分子机制都有一定意义。

吴寒（2015）对'赣猕6号'果实发育过程中AsA含量的动态变化及AsA合成途径中的相关酶基因表达情况的研究，对于了解毛花猕猴桃AsA合成机制及猕猴桃种质资源的合理开发利用和产业的可持续发展有重要意义。采集盛花后34～172天的果实，每隔10天左右随机采取15个果样，共采样15次，去除果皮及果心后，采用2,6-二氯靛酚滴定法测定果实发育期间AsA的含量。结果表明，'赣猕6号'果实中的AsA主要在果实发育前期快速积累，AsA含量在盛花后53天达到最高（22.43mg/g），之后AsA含量不断下降，到盛花后112天时下降至7.65mg/g，之后AsA的形成和降解达到平衡，积累量基本保持不变。成熟期的AsA含量稳定在6.56mg/g（图4-1）。通常美味猕猴桃和中华猕猴桃果实AsA含量分别约为1.3mg/g和1.0mg/g。本试验表明，'赣猕6号'果实AsA含量极为丰富，在成熟期高于美味猕猴桃和中华猕猴桃果实的5～6.6倍，因而具有很高的营养价值。

第三节　毛花猕猴桃'赣猕6号'果实AsA含量的变异分析及代谢机制研究

猕猴桃属植物种间及种内果实的AsA含量具有很大的差异。猕猴桃属植物种间果实AsA含量差异非常明显，如蒙自猕猴桃（*Actinidia henryi*）和糙叶猕猴桃（*Actinidia*

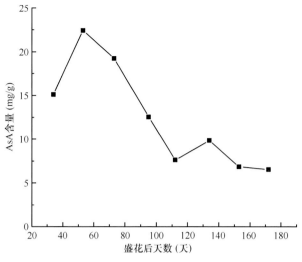

图4-1　'赣猕6号'果实发育过程中AsA含量的变化

rudis）AsA含量只有4～5mg/100g，而阔叶猕猴桃（*Actinidia latifolia*）则高达671～2140mg/100g。毛花猕猴桃果实中AsA含量（500～1379mg/100g）可高达其果实鲜重的1%以上，是中华猕猴桃的3～4倍。野生毛花猕猴桃叶片和果实中AsA含量也存在丰富的变异，叶片AsA含量变异系数为41.30%，果实AsA含量变异系数为21.88%。

一、AsA合成相关基因的生物信息学分析

D-半乳糖醛酸途径通常出现在处于发育期的果实中。有研究者提出，D-半乳糖醛酸是GalLDH的代谢前体物质（Davey et al.，1999）。在高等植物糖核苷化合物水平上，L-半乳糖途径中，GDP-D-甘露糖-3′,5′-表型异构酶（GME）催化底物生成反应物之后即开始AsA的合成过程（Wolucka and Van Montagu，2003）。GME可以催化高等植物中的两个差向异构反应，生成的物质为GDP-L-半乳糖或GDP-L-古洛糖，GME的分子构型似乎是决定植物体内发生哪种异构反应的主要因素（Wolucka and Van Montagu，2003；Wolucka et al.，2001）。GDP-D-甘露糖焦磷酸化酶（GMP）是AsA合成途径中的首个关键酶，在L-半乳糖途径中作为催化剂将D-甘露糖-1-磷酸催化为GDP-甘露糖。GDP-甘露糖可以在细胞壁的蛋白糖基化与碳水化合物的合成中发挥一定作用（Laing et al.，2004）。L-半乳糖-1-磷酸酶（GPP）在L-半乳糖途径中是一个比较关键的酶，可以通过去磷酸化将L-半乳糖-1-磷酸催化为L-半乳糖（Conklin et al.，2006）。也有实验证实，GPP同时能够参与肌醇的合成，植物AsA的合成中存在肌醇合成途径（Torabinejad et al.，2009）。由于以上AsA合成相关酶均可能对猕猴桃果实的AsA合成产生重要作用，因此，本实验对其编码基因（*GalUR*、*GME*、*GMP*和*GPP*）序列进行了克隆并对相应的核酸和蛋白质序列进行了生物信息学分析。

（一）GalUR生物信息学分析

GalUR基因cDNA全长1031bp，包括969bp可读框，共编码322个氨基酸。蛋白质分子量为37.04kDa，等电点为5.58，分子式为$C_{1645}H_{2621}N_{439}O_{487}S_{22}$。经美国国家生物技术信息中心（NCBI）的Blast同源性分析发现，该基因与美味猕猴桃（ADB85571.1）中GalUR1的同源性为95%，与GalUR基因在芝麻（XP011075741.1）和可可（XP007045415.1）中的同源性为71%，与葡萄（NP001268125.1）、中粒咖啡（CDP05463.1）和番茄（XP009618433.1）中的同源性为68%（图4-2）。

```
   1 atccctgaaa aatggaaatt aggaccacc aacaagattg tcagaagaaa atggggtttg
  61 ttccagaggt gacgttgggc tgctccggcc agactatgcc ggtgatcggc atggggaccg
 121 cctcgtaccc gatgccggac ctggaaactg ccaagtcagc caacatcgga gccatgagag
 181 cagggtaccg ccactttgac acggccttcg cataccggtc agagcagccc ctcgggggag
 241 ccatagctga ggctctccat ctcggcatca tcaagtcccg cgacgagctc ttcatcacca
 301 ccaagctctg gtgtagcttc gccgaacggg accagatcct tcctgccatc aaaaatcagcc
 361 tcctgaatct tcagctggac tacgtggata tgtatctgat tcattggcca gtcagattga
 421 cccaacacgt aactaaaacc ccaattccaa aagaacaagt agttcccatg gatatgaagg
 481 cagtctggga aggcatggag gagtgtcaga atctcggcct caccagaggc attggtgtca
 541 gtaatttctc ttgcaagaag cttgaagagc tcctctctct ttgcaaaatc ccaccagcca
 601 tcaatcaggt ggagatgaac ccactttgga aacaaaagga attgatggag ttgtgcaagg
 661 caaagggtgt tcacctctca gcttactctc ctttgggtgc aaatgggaca aatgggacta
 721 aatggggaga caatagaatt gtggagtgtg atgtccttga ggagattgcc aaggctggag
 781 gcaaatccac tgcccaggtg gctctggggt gggtgtatga gcaaggtgca agtataatat
 841 cgaagagctt caacaagcaa aggatgaggg aaaatcttga tatttgat tggtgtttga
 901 cagggaaga gtcaaacaag ataattcagc tccctgagca caaaggcgtt accttagctt
 961 ctattttggg gccccatgat ctggtgttgg agatagatgc agatctctaa atcacaaat
1021 gaaacgtcga a
```

图4-2　毛花猕猴桃GalUR基因PCR扩增产物的测序结果

在毛花猕猴桃GalUR基因所编码的322个氨基酸组成中，个数较多的是亮氨酸（Leu）、谷氨酸（Glu）、丙氨酸（Ala）、异亮氨酸（Ile）和甘氨酸（Gly），分别有35个、27个、24个、25个和24个。带正电荷的氨基酸有34个［赖氨酸（Lys）23个、精氨酸（Arg）11个］，带负电荷的氨基酸共42个［天冬氨酸（Asp）15个、谷氨酸（Glu）27个］（图4-3）。

```
MEIRTHQQDCQKKMGFVPEVTLGCSGQTMPVIGMGTASYPMPDL
ETAKSANIGAMRAGYRHFDTAFAYRSEQPLGEAIAEALHLGIIK
SRDELFITTKLWCSFAERDQILPAIKISLLNLQLDYVDMYLIHW
PVRLTQHVTKTPIPKEQVVPMDMKAVWEGMEECQNLGLTRGIGV
SNFSCKKLEELLSLCKIPPAINQVEMNPLWKQKELMELCKAKGV
HLSAYSPLGANGTNGTKWGDNRIVECDVLEEIAKAGGKSTAQVA
LGWVYEQGASIISKSFNKQRMRENLDIFDWCLTEEESNKIIQLP
EHKGVTLASILGPHDLVLEIDADL
```

图4-3　GalUR基因所编码的蛋白质序列

通过MEGA 6.0软件对毛花猕猴桃*GalUR*基因预测的编码蛋白与其他物种该基因编码蛋白进行运算，产生进化树。毛花猕猴桃的*GalUR*基因与美味猕猴桃的该基因亲缘关系最近。除此之外，与荷花（*Nelumbo nucifera*）、巨桉（*Eucalyptus grandis*）、葡萄（*Vitis vinifera*）、芝麻（*Sesamum indicum*）中的该基因差异都比较大（图4-4）。

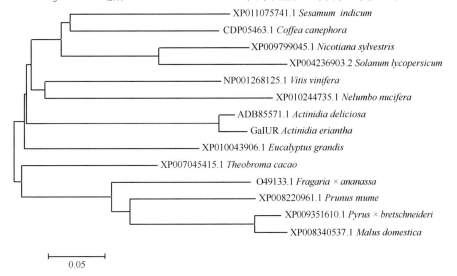

图4-4　不同物种的*GalUR*基因进化树

Sesamum indicum：芝麻；*Coffea canephora*：中粒咖啡；*Nicotiana sylvestris*：烟草；*Solanum lycopersicum*：番茄；*Vitis vinifera*：葡萄；*Nelumbo nucifera*：荷花；*Actinidia deliciosa*：美味猕猴桃；*Actinidia eriantha*：毛花猕猴桃；*Eucalyptus grandis*：巨桉；*Theobroma cacao*：可可；*Fragaria × ananassa*：草莓；*Prunus mume*：梅花；*Pyrus × bretschneideri*：白梨；*Malus domestica*：苹果

利用NCBI的保守区搜索功能找到*GalUR*基因的保守区，图4-5为Aldo_ket_red superfamily（醛酮还原酶超级家族）保守区。Aldo_ket_red的主要作用是消除醛酮、伯醇和仲醇，是一类可溶性NADPH的氧化还原酶，对所有类别的工业应用都存在重要影响。该超家族的成员都有独特的功能，如D-半乳糖醛酸还原酶和β-酮酯还原酶，真核细胞醛糖还原酶、醛还原酶、羟类固醇脱氢酶、类固醇5α-还原酶、钾通道β亚基和黄曲霉毒素醛还原酶。其中，D-半乳糖醛酸还原酶与*GalUR*基因在半乳糖醛酸途径中与D-半乳糖醛酸的还原功能对应。

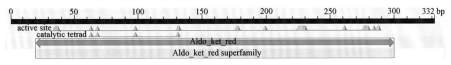

图4-5　毛花猕猴桃*GalUR*基因上的保守区

三角形代表保守；active site表示活化位点；catalytic tetrad表示催化位点

利用ExPASy中的GOR secondary structure prediction工具，输入*GalUR*基因cDNA所推导的氨基酸序列，预测该基因的二级结构，结果如图4-6所示。经分析发现，该基因二级结构的整个蛋白质内包含了大部分的无规则卷曲、少部分的α螺旋结构和少量的扩展链结构，其中无规则卷曲的有159个，占47.89%，而α螺旋和扩展链结构分别占30.12%和21.99%。

```
          10        20        30        40        50        60        70
          |         |         |         |         |         |         |
MEIRTHQQDCQKKMGFVPEVTLGCSGQTMPVIGMGTASYPMPDLETAKSANIGAMRAGYRHFDTAFAYRS
ccccchhhhccccceeccccceeeeecccccceeeeeccccccccchhhhhhhhhhhhhhhccccchhhhhh
EQPLGEAIAEALHLGIIKSRDELFITTKLWCSFAERDQILPAIKISLLNLQLDYVDMYLIHWPVRLTQHV
hchhhhhhhhhhhhhhhcccceeeeeeecccccccchhhhhhhhhcccccceeeeeeccccceeecccc
TKTPIPKEQVVPMDMKAVWEGMEECQNLGLTRGIGVSNFSCKKLEELLSLCKIPPAINQVEMNPLWKQKE
ccccccccceeeccceeeeechhhccccccccccccccccchhhhhcccccccceccccccchhh
LMELCKAKGVHLSAYSPLGANGTNGTKWGDNRIVECDVLEEIAKAGGKSTAQVALGWVYEQGASIISKSF
hhhhhhhcccceeeecccccccccccceeechhhhhhhhhcccceeeeeeccccccchhhhhc
NKQRMRENLDIFDWCLTEEESNKIIQLPEHKGVTLASILGPHDLVLEIDADL
chhhhheeeeeechhhhhhccccchhhhccccceeeecccccceeeecceec
```

图4-6　猕猴桃GalUR基因的蛋白质二级结构预测

h：α螺旋；e：扩展链；c：无规则卷曲

利用ExPASy中的Protscale分析<i>GalUR</i>基因的疏水性与亲水性，结果如图4-7所示。分值大于0的为基因的疏水区，小于0的为基因的亲水区，分析发现，该基因编码的蛋白质具有亲水性（图4-7）。

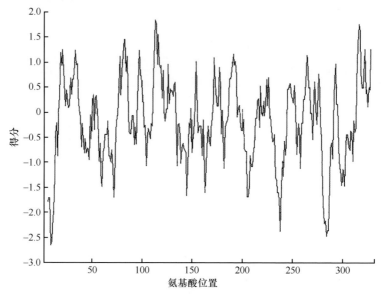

图4-7　GalUR基因疏水性分析

用TMpred Server软件预测<i>GalUR</i>基因的跨膜结构，如图4-8所示。可以看出有一个从膜内向膜外的跨膜螺旋结构存在于第16～37个氨基酸的位置，总分为509。在第20～39个氨基酸处还有一个由膜外向膜内的跨膜结构，总分只有312，说明该跨膜区没有意义。

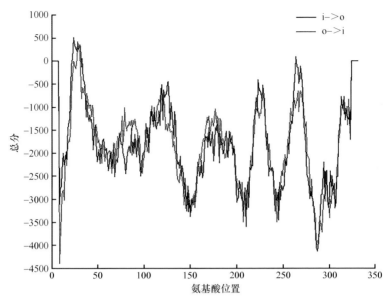

图4-8　*GalUR*基因跨膜结构预测

i：膜内；o：膜外，本章下同

（二）*GME*生物信息学分析

测序结果（图4-9）表明，克隆得到的*GME*基因cDNA全长为1131bp，全长在可读框内，编码了376个氨基酸。蛋白质分子量为42.48kDa，等电点为6.04，分子式为$C_{1889}H_{2907}N_{513}O_{563}S_{21}$。经Blast同源性分析发现，此扩增产物与美味猕猴桃（GU339037.1）、山梨猕猴桃（JN132110.1）*GME*基因cDNA序列的同源性均为

```
   1 atgggaagca ccagtgaatc taactacgga tcgtacacct atgagaaccc cgagagggaa
  61 ccctactggc cggaggcgaa gctccgcatc tccattactg gagccggtgg gttcattgcc
 121 tcgcacattg caaggcgact gaagggcgag gggcattaca tcattgcttc tgactggaag
 181 aaaaacgagc acatgaccga ggacatgttt tgtcacgagt tccatctcgt tgatctcagg
 241 gtgatggaca actgcttgaa agtcacgacc ggagtcgatc atgtgttcaa tcttgctgct
 301 gacatgggtg gcatgggatt cattcagtcc aaccactcgg tcattatgta taacaacaca
 361 atgatcagct tcaacatgct tgaagcagct agggtcaatg tgttaagag gttctttttac
 421 gcttctagcg cttgtattta tcctgaattt aagcagttgg acactaatgt gagcttgaag
 481 gagtctgatg cttggcccgc tgagcctcaa gatgcttatg gtttagagaa gcttgcaacc
 541 gaggaattat gcaagcacta caccaaggac tttggcattg aatgtaggat tggaaggttt
 601 cataacattg atggaccttt tggcacatgg aaaggtggaa gggagaaagc ccctgctgca
 661 ttctgcagaa agacccttac ctccactgat aggtttgaga tgtgggggaga cggtctgcaa
 721 acccgatctt tcaccttcat tgatgaatgt gtcgaaggtg tcctaagatt gacaaagtca
 781 gacttagag aaccggtgaa tatcggaagc gatgagatgg tcagcatgaa cgagatggcc
 841 gagatcgttc tcagcttcga gaacacaaag ctgcacatcc atcacattcc tggcccacag
 901 ggggtccgtg ctgcgaacct ggacaacccc ctgattaagg agaagcttgg gtgggcccca
 961 actatgaaac tgaaggatgg gctgagattc acatacttct ggatcaagga gcaacttgag
1021 aaagagaagg ctcagggcat cgatctgtca acttatggat cgtcaaaagt tgtgggaacg
1081 caagccccgg ttcagttggg ctctcttcgt gctgctgatg gcaaagaatg a
```

图4-9　毛花猕猴桃*GME*基因PCR扩增产物的测序结果

98%；与野茶树*GME1*（JX624165.1）和*GME2*（KC47767.1）的同源性分别为91%和89%；与葡萄*GME1*（XM003631951.1）和*GME2*（XM002283862.2）的同源性均为86%。

在'赣猕6号'*GME*基因所编码的376个氨基酸（图4-10）组成中，个数较多的是甘氨酸（Gly）、谷氨酸（Glu）、亮氨酸（Leu）、赖氨酸（Lys），分别有32个、32个、26个和26个。不带电荷的极性氨基酸有122个，占32.44%，其中丝氨酸（Ser）有25个，苏氨酸（Thr）有21个；非极性氨基酸有146个，占38.83%；带正电荷的氨基酸有52个［赖氨酸（Lys）26个、精氨酸（Arg）15个、组氨酸（His）11个］，而带负电荷的氨基酸有49个［天冬氨酸（Asp）17个、谷氨酸（Glu）32个］。

```
MGSTSESNYGSYTYENPEREPYWPEAKLRISITGAGGFIASHIARRLKGEGHYII
ASDWKKNEHMTEDMFCHEFHLVDLRVMDNCLKVTTGVDHVFNLAADMGGMGFIQS
NHSVIMYNNTMISFNMLEAARVNGVKRFFYASSACIYPEFKQLDTNVSLKESDAW
PAEPQDAYGLEKLATEELCKHYTKDFGIECRIGRFHNIYGPFGTWKGGREKAPAA
FCRKTLTSTDRFEMWGDGLQTRSFTFIDECVEGVLRLTKSDFREPVNIGSDEMVS
MNEMAEIVLSFENKKLPIHHIPGPEGVRGRNSDNPLIKEKLGWAPTMKLKDGLRF
TYFWIKEQLEKEKAQGIDLSTYGSSKVVGTQAPVQLGSLRAADGKE
```

图4-10　毛花猕猴桃*GME*基因cDNA编码的氨基酸序列

通过MEGA 6.0软件对毛花猕猴桃*GME*基因预测的编码蛋白与其他物种的该基因编码蛋白运算，产生进化树。毛花猕猴桃的*GME*基因与美味猕猴桃和山梨猕猴桃中的该基因亲缘关系最近，聚为一类；与野茶树（*Camellia sinensis*）的该基因亲缘关系也比较近；与芝麻（*Sesamum indicum*）、葡萄（*Vitis vinifera*）中的该基因差异都比较大（图4-11）。

该基因保守区属于短链脱氢还原酶（SDR）超家族（图4-12），与*GME-like_SDR_e*的保守区高度吻合。该酶所在的超家族SDR是NDP-差向异构酶/脱水酶延伸基因，GME具有4个活性位点和1个NAD结合位点：TGXXGXX[AG]，GME就是一个能够与NAD紧密结合的典型。GME能够将底物催化为两个差向异构的产物：GDP-α-D-甘露糖和GDP-β-L-半乳糖。延伸的SDR区别于传统的SDR的地方就是除了有Rossmann折叠（α/β折叠与中央β折叠）的典型核心区，还有一个不保守的C端延伸，约100个氨基酸。延伸的SDR可以收集多种蛋白质，包括异构酶类、氧化还原酶和裂解酶，它们通常以TGXXGXX[AG]作为结合位点结合NAD。SDR超家族是一个功能多样的群体，有一个域和一个保守结构的Rossmann折叠的氧化还原酶，有与NAD(P)(H)结合的区域，还有与SDR不同结构的C端区。不同酶催化活动的范围广泛，包括类固醇激素、代谢的辅助因子、碳水化合物、脂类、芳香族化合物和氨基酸。经典的SDR有一个TGXXGXX[AG]辅因子结合位点和一个YXXXK活性位点，以活性

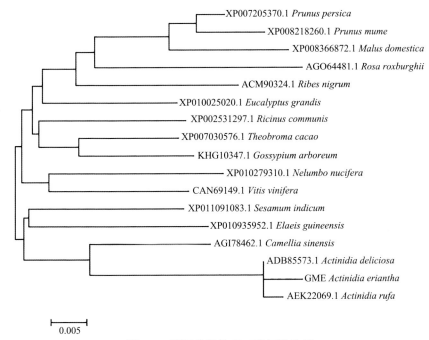

图4-11　不同物种的*GME*基因进化树

Prunus persica：桃；*Prunus mume*：梅花；*Malus domestica*：苹果；*Rosa roxburghii*：刺梨；*Ribes nigrum*：醋栗；*Eucalyptus grandis*：巨桉；*Ricinus communis*：蓖麻；*Theobroma cacao*：可可；*Gossypium arboreum*：树棉；*Nelumbo nucifera*：荷花；*Vitis vinifera*：葡萄；*Sesamum indicum*：芝麻；*Elaeis guineensis*：油棕；*Camellia sinensis*：野茶树；*Actinidia deliciosa*：美味猕猴桃；*Actinidia eriantha*：毛花猕猴桃；*Actinidia rufa*：山梨猕猴桃

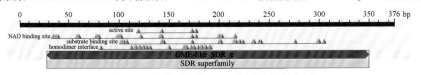

图4-12　毛花猕猴桃*GME*基因上的保守区

active site表示活化位点；NAD binding site表示NAD结合位点；substrate binding site表示底物结合位点；homodimer interface表示同源二聚体相互作用位点；本章下同

位点基序作为一个关键的催化残基的酪氨酸残基。除了酪氨酸和赖氨酸，其上游常常会存在一个丝氨酸，有助于活化位点；而底物结合是由C端区域的特异性决定。典型的SDR延伸的特点是普遍缺乏催化残基；复杂的SDR如脂肪酸合酶还原酶域GGXGXXG有一个与NAD(P)结合的基序和一个改变活性的位点（YXXXN）。

所克隆的*GME*的二级结构如图4-13所示，经分析发现，该基因二级结构的整个蛋白质内包含了大部分的无规则卷曲，少部分的α螺旋结构和扩展链结构，其中无规则卷曲有196个，占52.13%，而α螺旋结构和扩展链结构分别占24.74%和23.14%。

如图4-14所示，*GME*基因编码的蛋白质具有亲水性。

用TMpred Server软件预测*GME*基因的跨膜结构，可以看出有两个从膜内向膜外的跨膜螺旋结构存在于第28～45个和第95～117个氨基酸的位置，总分分别为331和

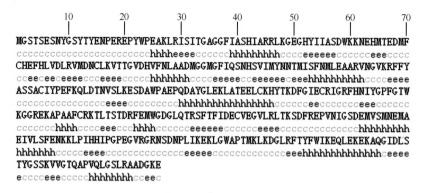

图4-13　猕猴桃GME的蛋白质二级结构预测

h：α螺旋；e：扩展链；c：无规则卷曲

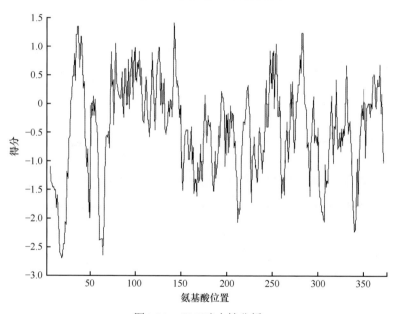

图4-14　GME疏水性分析

507。在第26～44个和第95～117个氨基酸处还有两个由外向内的跨膜螺旋结构，总分分别为329和185（图4-15）。

（三）GMP生物信息学分析

测序结果（图4-16）表明，克隆得到的GMP基因cDNA全长为1392bp，包含1086bp可读框，编码了361个氨基酸。蛋白质分子量为39.59kDa，等电点为6.47，分子式为$C_{1788}H_{2889}N_{463}O_{513}S_{16}$。经Blast同源性分析发现，此扩增产物与阔叶猕猴桃（FJ643600.1）GMP基因的cDNA同源性为97%，与野茶树（KC477765.1）和温州蜜柑（HQ224946.1）的同源性分别为88%和87%，与葡萄（FQ397356.1）、可可

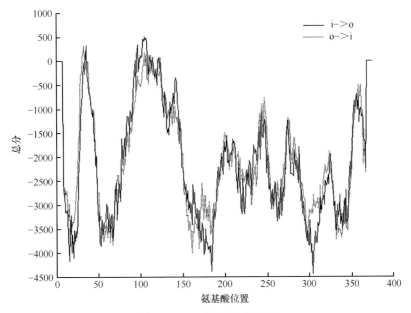

图4-15 *GME*跨膜结构预测

```
   1 aagaccaaac aaaatcctga ttgaaaacag ttgaagaagc gagggaaatt ctgactcggt
  61 ccgagtcaga ttcatccctt gaaaactcgc tccgactcct tcccttcgac tcgctccacc
 121 gttggatcta aggttaaaca gagcatctcg cgatgaaggc ccttattctg gtgggaggtt
 181 ttggtactcg gttgaggcca ttgacactta gtttcccgaa gccacttgtt gatttgcca
 241 acaagcccat gatcctgcat cagattgagg ctctcaaggc tattggagta agcgaagtgg
 301 ttctggctat caattaccag ccagaggtga tgctgaattc cttgaaggac tttgagacaa
 361 aacttggaat caagattaca tgctctcaag agactgagcc actcggcact gcaggtcctc
 421 ttgctctggc tagggacaaa ctgatcgatg actctggtga gccatttttt gttcttaaca
 481 gtgatgttat cagtgaatac cctctcaaag agatgatcga attccacaaa tcccatggag
 541 gcgaggcttc aattatggta accaaggttg acgagccatc aaaatatgga gttgttgttt
 601 tggaagaatc aactgggcaa gttgaaaagt ttgtagaaaa acctaaatta ttcgtgggta
 661 acaagatcaa tgctcgggat tacttgctca atccatctgt tctcgatcga attgaactga
 721 ggcccacatc aattgagaaa gaggtcttcc caaaaaattgc aggagagaaa aagctctacg
 781 ccatggttct accaggcttt tggatggaca ttggcagcc aagggattac atcactggcc
 841 tgagactcta tctagactcc ttgagaaaga aaacttcttc taaattggcc accggacccc
 901 acattgtggg aaatgttctg gtggatgaga ccgcaacaat cggagaagga tgtttaatcg
 961 ggcccgacgt agcaatcggc ccgggttgtg tagtcgaggt tggagtacga ctctctcgct
1021 gcactgtaat gcgcggggtc cgcatcaaga aacacgcgtg catttcgagt agcattatcg
1081 gctggcactc aaccgtgggg cagtgggctc gtgtggaaaa catgaccatt cttggagagg
1141 atgttcatgt ctgtgatgaa atttatagca acgggggtgt ggttcttccc cacaaagaga
1201 tcaaatctag cattttgaag ccagagatcg ttatgtgaag gtacgaactg tatggcgtta
1261 gggggggtagt aagttattat ggattcagat gtgtgtgttt gtctcgttct ttcattactt
1321 cttaccctttg ctaagtgta aaagtcggtt tctgtgtctg ttgttttaag tatgatccat
1381 ggtgtgagct gt
```

图4-16 毛花猕猴桃*GMP*基因PCR扩增产物的测序结果

（KJ934995.1）和马铃薯（XM007009152.1）的同源性均为85%。

在'赣猕6号'*GMP*基因所编码的361个氨基酸组成中，个数较多的是亮氨酸（Leu）、缬氨酸（Val）、甘氨酸（Gly）、异亮氨酸（Ile），分别有37个、35个、32个和31个。不带电荷的极性氨基酸有124个，占34.35%，其中甘氨酸（Gly）有32

个，赖氨酸（Lys）有28个；非极性氨基酸有185个，占51.25%，带正电荷的氨基酸有49个〔赖氨酸（Lys）28个、精氨酸（Arg）13个、组氨酸（His）8个〕，带负电荷的氨基酸有43个〔天冬氨酸（Asp）15个、谷氨酸（Glu）28个〕（图4-17）。

```
MKALILUGGFGTRLRPLTLSFPKPLUDFANKPMILHQIEALKAIGUSEUULAINY
QPEUMLNFLKDFETKLGIKITCSQETEPLGTAGPLALARDKLIDDSGEPFFULNS
DUISEYPLKEMIEFHKSHGGEASIMUTKUDEPSKYGUUULEESTGQUEKFUEKPK
LFUGNKINAGIYLLNPSULDRIELRPTSIEKEUFPKIAGEKKLYAMULPGFWMDI
GQPRDYITGLRLYLDSLRKKTSSKLATGPHIUGNULUDETATIGEGCLIGPDUAI
GPGCUUESGURLSRCTUMRGURIKKHACISSSIIGWHSTUGQWARUENMTILGED
UHUCDEIYSNGGUULPHKEIKSSILKPEIUM
```

图4-17　毛花猕猴桃GMP基因cDNA编码氨基酸序列

通过对毛花猕猴桃GMP基因预测的编码蛋白与其他物种的该基因编码蛋白进行运算，得出进化树。毛花猕猴桃的GMP基因与阔叶猕猴桃的该基因亲缘关系最近，聚为一类；与野茶树（Camellia sinensis）的该基因亲缘关系也比较近（图4-18）。

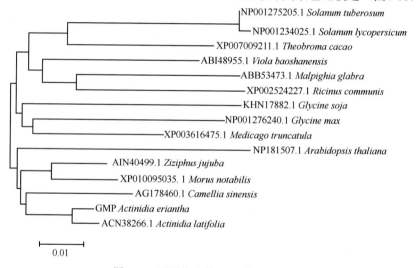

图4-18　不同物种的GMP基因进化树

Solanum tuberosum：马铃薯；*Solanum lycopersicum*：番茄；*Theobroma cacao*：可可；*Viola baoshanensis*：宝山堇菜；*Malpighia glabra*：西印度樱桃；*Ricinus communis*：蓖麻；*Glycine soja*：野大豆；*Glycine max*：大豆；*Medicago truncatula*：蒺藜苜蓿；*Arabidopsis thaliana*：拟南芥；*Ziziphus jujuba*：枣；*Morus notabilis*：桑树；*Camellia sinensis*：野茶树；*Actinidia eriantha*：毛花猕猴桃；*Actinidia latifolia*：阔叶猕猴桃

如图4-19所示，在毛花猕猴桃果实的GMP基因编码的蛋白质中找到了两个分别属于NTP-转移酶超家族和LbetaH超家族的保守区。NTP-转移酶超家族成员酶的作用是将核苷转移到磷酸糖上，对应了GMP基因在AsA合成的L-半乳糖途径中将D-甘露糖-1-磷酸转化为GDP-D-甘露糖反应的功能。LbetaH超家族保守区包括三个不完全串联重复的六肽重复模型（X-[STAV]-X-[LIV]-[G-AED]-X）。具有六肽重复模型的蛋白质常具有脂肪酰转移酶活性，对应了GMP催化产物可以作为细胞壁合成和蛋白质糖基化原料的功能。

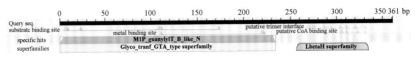

图4-19 毛花猕猴桃*GMP*基因上的保守区

Query seq. 表示序列；metal binding site表示固定结合位点；specific hits 表示催化位点；superfamilies表示超家族；putative trimer interface表示假定三聚物作用点；putative CoA binding site表示假定CoA结合位点；本章下同

　　所克隆的*GMP*基因的二级结构如图4-20所示，经分析发现，该基因二级结构的整个蛋白质内包含的大部分都是无规则卷曲，少部分的扩展链结构和少量的α螺旋结构，其中无规则卷曲有186个，占51.52%，而α螺旋结构和扩展链结构分别占20.22%和28.25%。

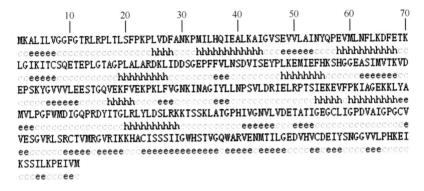

图4-20 猕猴桃*GMP*的蛋白质二级结构预测

h：α螺旋；e：扩展链；c：无规则卷曲

　　如图4-21所示，*GMP*基因编码的蛋白质具有亲水性。

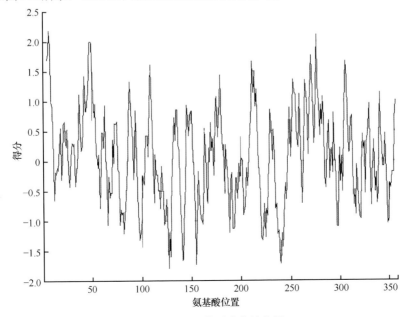

图4-21 *GMP*基因疏水性分析

如图4-22所示，用TMpred Server软件预测*GMP*基因的跨膜结构，可以看出有4个由膜内向膜外的跨膜螺旋结构分别存在于第3～20个、第40～64个、第263～281个和第302～319个氨基酸的位置，其中第302～319个氨基酸的跨膜螺旋结构总分为649，是有意义的。在第3～19个和第266～288个氨基酸处还有两个由膜外向膜内的跨膜螺旋结构，总分为196和222。

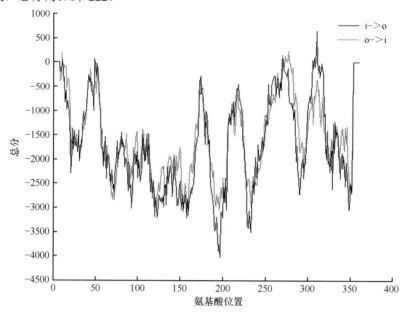

图4-22　*GMP*跨膜结构预测

（四）*GPP*生物信息学分析

测序结果表明，克隆得到的毛花猕猴桃的*GPP*基因cDNA长度为529bp，编码了156个氨基酸。经Blast同源性分析发现，此扩增产物与美味猕猴桃（AAV49506.1）的*GPP*基因的cDNA同源性为96%，与枣子（AIE76435.1）和野茶树（AGI78463.1）的同源性均为88%；与温州蜜柑（ADV59926.1）的同源性为86%（图4-23）。

```
  1 catttccctg accacaagtt cattggtgaa gaaatcactg ctgcttttgg cgttaccgag
 61 ctgactggtg aaccaacgtg gatagtggat cctcttgatg ggacaactaa ctttgtgcac
121 gggtacccct ttgtatgtgt ctctattggt ctaacaattg gaaaggtccc cacaatcggt
181 gtcgtctaca acccaattat ggatgaactt ttcaccggca tccatggaca aggtgctttt
241 ctcaacggaa cattcataaa agtgtcgtcc cagtctgaac tcgtgaagtc gctccttgat
301 actgaggtag gaacgaaacg tgacaagcta actgtgatg ccactacaga tagaattaat
361 agcttacttt tcaaggtgag atcccttcgg atgagtggct cttgtgcact gaacctttgt
421 gggattgcat gtggaaggct cgacatattc tatgaacttg gctttggggg cccctgggac
481 gtcgcaggtg gtgctgtgat tgttaaagaa gctggaggag ttctcgttcg
```

图4-23　毛花猕猴桃*GPP*基因PCR扩增产物的测序结果

在毛花猕猴桃*GPP*基因片段所编码的156个氨基酸中，个数较多的是甘氨酸

（Gly）、亮氨酸（Leu）、缬氨酸（Val）和异亮氨酸（Ile），分别有22个、17个、12个和11个。带正电荷的氨基酸有12个［赖氨酸（Lys）7个、精氨酸（Arg）5个］，带负电荷的氨基酸共14个［天冬氨酸（Asp）8个、谷氨酸（Glu）6个］（图4-24）。

```
LTGEPTWIVDPLDGTTNFVHGYPFVCVSIGLTIGKVPTIGVVYN
PIMDELFTGIHGQGAFLNGNPIKVSSQSELVKSLLGTEVGTKRD
KLTVDATTDRINSLLFKVRSLRMSGSCALNLCGIACGRLDIFYE
LGFGGPWDVAGGAVIVKEAGGVLF
```

图4-24　毛花猕猴桃*GPP*基因cDNA编码氨基酸序列

　　毛花猕猴桃的*GPP*基因高度类似于肌醇单磷酸酶（IMPase），属于FIG超家族。磷酸酶家族包含肌醇单磷酸酶，具有镁离子依赖性。而锂通过作用于肌醇单磷酸酶底物来抑制该酶。该家族成员酶的作用是脱磷酸，即使磷酸肌醇脱磷酸后生成肌醇。这与上文所述*GPP*基因功能的缺失将导致AsA和肌醇的合成受到抑制相对应（图4-25）。

图4-25　毛花猕猴桃*GPP*基因上的保守区

dimerization interface表示二聚体作用位点

二、果实发育过程中GalLDH及APX酶活性的变化

　　GalLDH在AsA合成的L-半乳糖途径和D-半乳糖醛酸途径中起到最后一步将L-半乳糖-1,4-内酯还原成AsA的作用。'赣猕6号'中GalLDH酶活性在果实发育至成熟的过程中始终保持较高的水平，在盛花后53天时活性最强，达到1.950U/g FW，与AsA含量最高时相对应。'赣猕6号'中AsA含量也主要在果实发育前期积累。APX酶是AsA氧化过程中具有重要作用的抗坏血酸过氧化物酶，该酶因氧化AsA而降低其含量。'赣猕6号'中果实发育后期APX酶活性较高，而AsA含量在果实发育后期逐渐降至最低。而刺梨果实发育过程中GalLDH酶活性主要表现在后期，发育前期不含GalLDH，而发育过程中几乎检测不到APX的活性，正因为如此，刺梨果实中AsA含量主要在后期积累。毛花猕猴桃果实中GalLDH在发育过程中尤其是在前期的高活性和APX在后期的较高活性（表4-1），为毛花猕猴桃果实中AsA含量主要在前期积累的现象提供了生理依据。

表4-1　毛花猕猴桃果实发育过程中GalLDH及APX酶活性变化

盛花后天数（天）	GalLDH酶活性（U/g FW）	APX酶活性（U/g FW）
34	0.633	0.000
53	1.950	0.994

续表

盛花后天数（天）	GalLDH酶活性（U/g FW）	APX酶活性（U/g FW）
73	1.741	1.477
95	0.975	1.448
112	1.616	1.414
134	1.627	1.007
153	1.821	1.542
172	0.804	1.957

三、果实发育过程中AsA相关合成酶基因的定量表达

*GalUR*基因是D-半乳糖途径中的相关酶基因，GalUR酶能够将D-半乳糖醛酸催化为L-半乳糖醛酸。该基因在果实发育过程中的相对表达量呈先上升后逐渐下降的趋势，与AsA含量变化趋势大体一致。相对表达量的最高点在发育前期（盛花后73天），而在发育后期（盛花后134天）时降至最低（图4-26）。

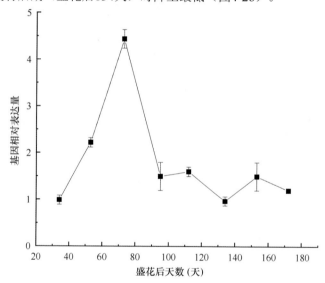

图4-26　毛花猕猴桃果实发育过程中*GalUR*基因相对表达量的变化

GMP是L-半乳糖途径中合成AsA的第一个酶，将GDP-D-甘露糖-1-磷酸催化为GDP-D-甘露糖，并且在细胞壁有机物的合成和蛋白质糖基化中起到一定作用。该酶基因在'赣猕6号'果实发育过程中的相对表达量的变化趋势与*GME*基因的变化趋势相似，*GMP*基因也呈现初期和末期相对表达量低，相较而言发育中期相对表达量高，*GMP*基因的最高峰出现在发育后期（盛花后112天）（图4-27）。

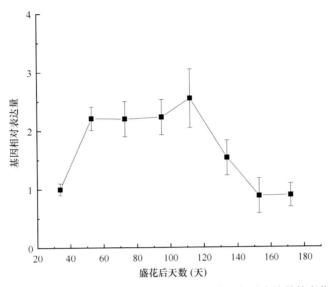

图4-27 毛花猕猴桃果实发育过程中*GMP*基因相对表达量的变化

GME在L-半乳糖途径中将GDP-D-甘露糖转化为GDP-L-半乳糖。*GME*基因的相对表达量在前期34～53天剧烈上升，随后呈现曲折下降的趋势。发育初期（盛花后34天时）和接近成熟期的时候相对表达量较低，在盛花后53天时出现最高值。在'赣猕6号'果实发育中期，该基因保持较高的表达量（图4-28）。

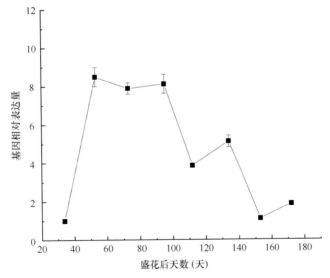

图4-28 毛花猕猴桃果实发育过程中*GME*基因相对表达量的变化

GPP可以将GDP-L-半乳糖催化成L-半乳糖-1-磷酸，而后者是整个AsA合成过程中第一个专门用于AsA合成的代谢产物。该酶基因的相对表达量有着"下降—上升—下降—上升—下降"的变化趋势。最高点出现在盛花后34天，而果实发育期间盛花后95天时相对表达量最低。*GPP*编码产生L-半乳糖-1-磷酸磷酸酶，将L-半乳糖-1-磷酸催化成L-半乳糖。该酶基因相对表达量在发育起始期盛花后34天最大，随后骤降。之后在果实发育后期盛花后134天至末期盛花后172天缓慢上升（图4-29）。

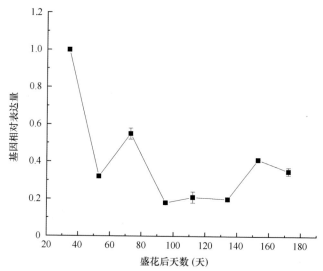

图4-29　毛花猕猴桃果实发育过程中*GPP*基因相对表达量的变化

GalDH可以将L-半乳糖内酯催化为L-半乳糖-1,4-内酯。该酶基因表达的变化趋势和GalDH酶活性变化的趋势类似，相对表达量从果实发育初期至成熟期逐渐降低，而在AsA含量有所增加的盛花后134天时，有轻微的反弹，在成熟期降至最低（图4-30）。

*GalLDH*基因是L-半乳糖途径的最后一步的关键基因，对L-半乳糖-1,4-内酯起到还原作用，最后生成AsA。'赣猕6号'果实发育过程中*GalLDH*基因的相对表达量变化和AsA含量变化相似，初期最高，随着果实发育至成熟逐渐降低。而GalLDH酶活性变化与基因相对表达量变化不一致的原因可能是蛋白质的泛素化、磷酸化或者过量蛋白质表达给细胞带来了负担（图4-31）。

在毛花猕猴桃果实的发育期间，大部分基因的相对表达量趋势与AsA含量的变化趋势不一致，AsA的合成与积累是多因素所决定的，包括不同时期酶的活性、各个阶段底物的浓度、每个基因具有除AsA合成以外不同的功能。因此对于植物体内AsA的合成，不仅是AsA的合成途径，还有多方面的生理与分子机制有待进一步研究。

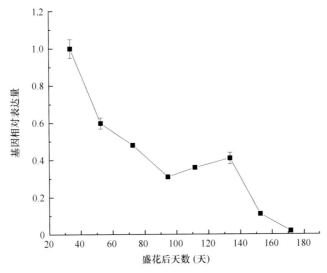

图4-30 毛花猕猴桃果实发育过程中*GalDH*基因相对表达量的变化

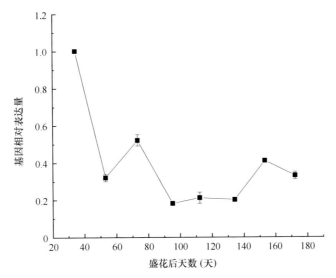

图4-31 毛花猕猴桃果实发育过程中*GalLDH*基因相对表达量的变化

四、基于RNA-seq的果实中AsA降解相关基因的挖掘

（一）'赣猕6号'果实发育过程中AsA含量的变化特征

为探究毛花猕猴桃富含抗坏血酸的机制，我们对自主选育的'赣猕6号'果实发育期间AsA含量的合成和代谢过程进行了研究，发现在盛花后110天时AsA含量下降过程被阻断，出现一个暂时的上升峰（2017年AsA含量恢复到幼果期），并在盛花后

125天略微上升后，恢复下降趋势（图4-32）。连续两年检测均出现此现象，而且在其他毛花猕猴桃优系上也发现了类似现象。

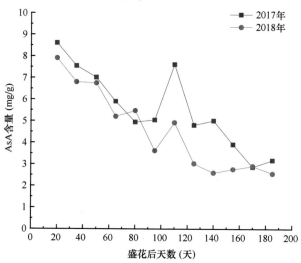

图4-32　'赣猕6号'果实发育过程中AsA含量的变化特征

（二）'赣猕6号'转录组分析

转录组测序作为一种新的研究基因表达的分析方法，被广泛应用于各种生物性状的相关研究中。它可以对特定组织或者特定时期的生物样本进行RNA水平的研究，可以用来研究已知基因，也可以用来挖掘新的基因，是现代分子生物学研究的主要手段之一。在对一些果树的性状研究中，如果树逆境生理、果实的生长发育调控、果实内在和外观品质的改良等，转录组测序技术被广泛应用。本实验以花后90天、100天、125天的果肉样品为实验材料，利用RNA-seq技术挖掘毛花猕猴桃AsA降解相关基因，以期为猕猴桃果实AsA含量的遗传改良奠定基础。对于得到的原始测序序列，需要过滤掉不符合我们分析要求的读长，得到clean reads，后续的分析都以clean reads为基础。通过转录组测序，去除低质量转录本后，利用Trinity对初始转录本进行拼接组装，得到98 656条Unigenes，平均长度为932bp（图4-33）。

将获得的Unigenes进行四大数据库的基因功能注释以得到全面的基因功能信息。通过Blast X将Unigenes比对到公共蛋白质数据库（Nr、Swiss-prot、KEGG、KOG），通过Blast N将Unigenes比对到核酸数据库Nt。每个数据库所使用的软件及参数具体如下：Nr-NCBI Blast 2.2.28+、e-value=1e-5；Nt-NCBI Blast 2.2.28+、e-value=1e-5；Swiss-prot-NCBI Blast 2.2.28+、e-value=1e-5；KEGG-KAAS、KEGG Automatic Annotation Server、e-value=1e-10；KOG-Blast 2KOG v2.5、e-value=1e-6。共有50 184个Unigenes被注释到，覆盖率为50.87%（表4-2，图4-34）。

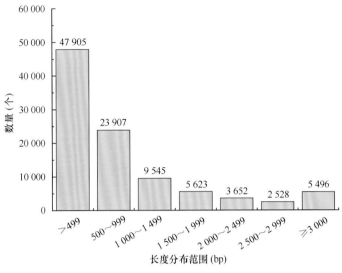

图4-33 Unigenes基因长度大小分布

表4-2 四大数据库注释统计 （单位：个）

总基因数	Nr基因数	Swiss-prot基因数	KOG基因数	KEGG基因数	注释基因数	没有被注释的基因数
98 656	49 476	34 041	28 918	22 900	50 184	48 472

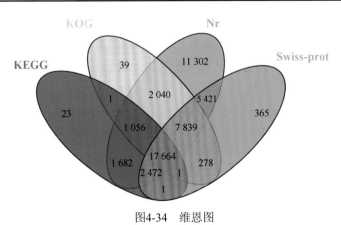

图4-34 维恩图

GO是一套用于描述基因功能的国际标准化的分类系统。它们可对基因编码产物参与的生物过程（biological process）、产物本身具有的分子功能（molecular function）和产物本身所处的细胞环境进行描述，对于成功进行过GO注释的基因，将其按照GO三个大类（生物过程、细胞组分、分子功能）的下一层进行分类。结果显示如下，在98 656个Unigenes中，共有17 118个Unigenes（17.35%）被注释到GO条目中，有23个生物过程、16个细胞组分和11个分子功能。在23个生物过程中，代谢过程（GO：0008152，23.96%）和细胞过程（GO：0009987，20.73%）为主要的两个部分，接着是单器官过程（GO：0044699，16.03%）、生物调节（GO：0065007，6.18%）、刺激反应（GO：0050896，5.69%）和生物过程调节（GO：0050789，5.63%）；在16个细胞组分中，细胞（GO：0005623，23.09%）和细胞部分（GO：0044464，23.09%）是两个主要的条目，紧随其后的是细胞器（GO：0043226，16.17%）、膜（GO：0016020，12.35%）和膜部分（GO：0044425，8.57%）（图4-35）。

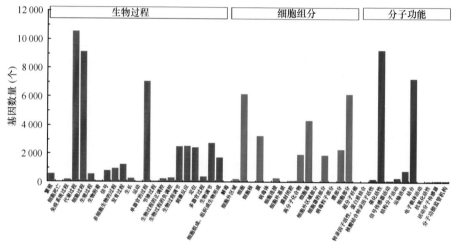

图4-35　GO分类情况

　　基因功能聚类（KOG）是NCBI基于基因的直系同源关系进行注释的。我们通过KOG分类得出共28 918个Unigenes具有明显的序列相似性，它们被分别富集到KOG的25个类别当中，R只含有一般功能预测，O包括翻译后修饰、蛋白质转换、伴侣蛋白，T信号转导机制为主要的类别，J包括翻译、核糖体结构和生物发生，ARNA加工和修饰（图4-36）。

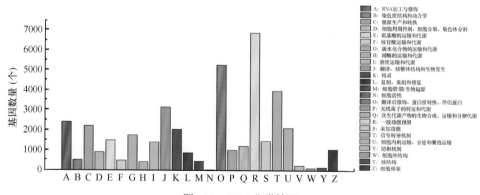

图4-36　KOG分类情况

　　京都基因和基因组数据库（KEGG）作为分析基因功能的数据库，可以对基因产物和化合物在细胞中的代谢途径及这些基因产物的功能进行系统的分析。本研究中，共有22 900个Unigenes注释到KEGG，将这些基因富集到5条KEGG生化途径当中，它们的分布情况为：A为细胞过程（1178个，3.79%）、B为环境信息处理（1113个，3.58%）、C为遗传信息处理（5990个，19.28%）、D为代谢（22 019个，70.87%）和E为有机系统（769个，2.48%）（图4-37）。

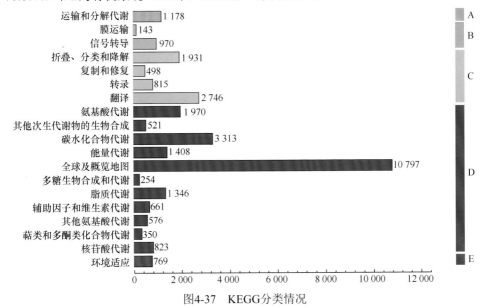

图4-37　KEGG分类情况

　　通过对盛花后95天、110天、125天样品间的差异表达基因（DGE）进行分析发现，仅盛花后95天、110天AsA调控存在DGE富集，这与抗坏血酸含量的变化一致，盛花后95天、110天存在4099个DGE，其中有44个DGE参与AsA调控（途径ID：ko00053），对差异表达基因在不同样品中的表达情况进行富集分析及差异倍数和P值比较，最终筛选出18个与AsA降解途径相关的差异表达基因（表4-3）。

表4-3　AsA调控的18个差异表达基因

基因名	差异倍数	P值	代表基因
Unigene0045829	−11.29	9.77×10^{-5}	APX2
Unigene0010729	−11.13	7.27×10^{-18}	APX1
Unigene0052114	−8.07	1.32×10^{-5}	APX1
Unigene0045830	−6.39	3.58×10^{-15}	APX1
Unigene0044100	−6.33	6.48×10^{-11}	APX3
Unigene0064655	−4.48	5.73×10^{-4}	APX4

续表

基因名	差异倍数	P值	代表基因
Unigene0027678	9.50	$1.95×10^{-6}$	*APX1*
Unigene0036647	−10.15	$2.10×10^{-4}$	*AFFR*
Unigene0040791	−10.13	$1.65×10^{-5}$	*MDAR3*
Unigene0006622	−5.54	$7.92×10^{-9}$	*AFFR*
Unigene0040792	−4.16	$2.95×10^{-13}$	*AFFR*
Unigene0021932	−9.76	$10.74×10^{-4}$	*DHAR1*
Unigene0090460	−9.70	$26.57×10^{-4}$	*DHAR2*
Unigene0003714	−9.43	$17.19×10^{-4}$	*DHAR2*
Unigene0031731	−3.14	$2.77×10^{-3}$	*DHAR2*
Unigene0095061	9.10	$11.37×10^{-4}$	*DHAR2*
Unigene0038010	−4.15	$1.16×10^{-22}$	*LAC2*
Unigene0009558	−3.57	$6.97×10^{-5}$	*fetC*

五、套袋对果实AsA合成相关基因表达的影响

果实套袋在一定程度上可以改善果实的外观和内在品质，明显降低农药残留量，提高果品食用安全性和商品性，但同时对果实品质具有一定的负面影响，也会改变果肉色泽。关于套袋对毛花猕猴桃色素及AsA性状影响的研究报道较少，深入的机理研究也尚未开展。本研究以3份毛花猕猴桃优株为材料，对套袋与不套袋栽培处理毛花猕猴桃果实AsA合成相关基因的表达量进行了测定。试验于2018年在江西省信丰县苌楚业有限公司猕猴桃种质资源圃进行，栽培架式为大棚架，单主干多主蔓形整枝。以前期在江西省境内搜集、保存的3份果实大小一致的毛花猕猴桃优株'G19''G21'和'G28'为材料，选用生产上常用的外黄内黑单层纸袋对花后30天的果实进行套袋处理，以不套袋为对照，于果实成熟期采集果实并放置在室温下后熟，提取RNA，对AsA合成与降解相关基因的表达量进行检测（Liao et al.，2019）。

为了探明成熟期果实套袋与不套袋处理间果肉AsA积累差异形成的分子机制，本研究调查了8个影响植物AsA合成的关键基因在3个毛花猕猴桃优株果肉组织中的表达水平。*GME*、*GMP*、*GGP*、*GPP*、*GalDH*在套袋和对照间表达量与AsA含量积累特征不一致，而*GalLDH*、*GalUR*、*DHAR*表达量在3个毛花猕猴桃优株间均显著性低于对照（图4-38）。因此，推测*GalLDH*、*GalUR*、*DHAR*基因的差异表达是造成套袋和对照间AsA含量积累差异的关键。根据基因表达量进行聚类分析发现，*GalLDH*、

GalUR、*DHAR*单独聚成一类，这与其在3个毛花猕猴桃优株间的表达趋势一致（图4-38）。

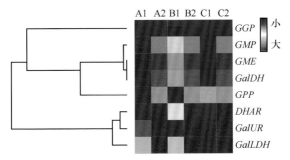

图4-38　套袋对毛花猕猴桃果实AsA合成关键基因表达的影响

A. 'G19'；B. 'G21'；C. 'G28'；1. 套袋处理；2. 未套袋处理

主要参考文献

侯长明. 2009. 猕猴桃果实抗坏血酸形成的生理机理研究. 西北农林科技大学硕士学位论文.

刘磊, 姚小洪, 黄宏文. 2013. 猕猴桃EPIC标记开发及其在猕猴桃属植物系统发育分析中的应用. 园艺学报, 40(6): 1162-1168.

潘德林, 黄胜男, 贾展慧, 等. 2019. 中华猕猴桃'金阳'果实生长发育动态分析. 分子植物育种, 17(3): 978-985.

汤佳乐, 黄春辉, 刘科鹏, 等. 2013. 野生毛花猕猴桃叶片与果实AsA含量变异分析. 江西农业大学学报, 35(5): 982-987.

汤佳乐, 吴寒, 郎彬彬, 等. 2014. 野生毛花猕猴桃叶片和果实AsA含量的SSR标记关联分析. 园艺学报, 41(5): 833-840.

吴寒. 2015. 毛花猕猴桃果实抗坏血酸合成酶相关基因的克隆及定量表达分析. 江西农业大学硕士学位论文.

张蕾, 王彦昌, 黄宏文. 2010. 猕猴桃(*Actinidia* Lindl.)叶片与果实维生素C含量的相关性研究. 武汉植物科学学报, 28(6): 750-755.

钟彩虹, 张鹏, 姜正旺, 等. 2011. 中华猕猴桃和毛花猕猴桃果实碳水化合物及维生素C的动态变化研究. 植物科学学报, 29(3): 370-376.

Agius F, González-Lamothe R, Caballero J L, et al. 2003. Engineering increased vitamin C levels in plants by overexpression of a D-galacturonic acid reductase. Nature Biotechnology, 21: 177.

Badejo A A, Eltelib H A, Fukunaga K, et al. 2009a. Increase in ascorbate content of transgenic tobacco plants overexpressing the acerola (*Malpighia glabra*) phosphomannomutase gene. Plant and Cell Physiology, 50: 423-428.

Badejo A A, Fujikawa Y, Esaka M. 2009b. Gene expression of ascorbic acid biosynthesis related enzymes of the Smirnoff-Wheeler pathway in acerola (*Malpighia glabra*). Journal of Plant Physiology, 166: 652-660.

Conklin P L, Gatzek S, Wheeler G L, et al. 2006. *Arabidopsis thaliana VTC4* encodes L-galactose-1-P phosphatase, a plant ascorbic acid biosynthetic enzyme. Journal of Biological Chemistry, 281(23): 15662-15670.

Conklin P L, Saracco S A, Norris S R, et al. 2000. Identification of ascorbic acid-deficient *Arabidopsis thaliana* mutants. Genetics, 154(2): 847-856.

Davey M W, Gilot C, Persian G, et al. 1999. Ascorbate biosynthesis in *Arabidopsis* cell suspension culture. Plant Physiology, 121: 535-543.

Davey M W, Montagu M V, Inze D, et al. 2000. Plant L-ascorbic acid: chemistry, function, metabolism, bioavailability and effects of processing. Journal of the Science of Food and Agriculture, 80: 825-860.

Endres S, Tenhaken R. 2009. Myoinositol oxygenase controls the level of myoinositol in *Arabidopsis*, but does not increase ascorbic acid. Plant Physiology, 149: 1042-1049.

Gallie D R. 2013. The role of L-ascorbic acid recycling in responding to environmental stress and in promoting plant growth. Journal of Experimental Botany, 64: 433-443.

Horemans N, Asarda H, Caubergs J. 1998. Carrier mediated uptake of dehydroascorbate into higher plant plasma membrane vesicles shows trans-stimulation. FEBS Letters, 421(1): 41-44.

Jain A K, Nessler C L. 2000. Metabolic engineering of an alternative pathway for ascorbic acid biosynthesis in plants. Molecular Breeding, 6: 73-78.

Laing W A, Bulley S, Wright M, et al. 2004. A highly specific L-galactose-1-phosphate phosphatase on the path to ascorbate biosynthesis. Proceedings of the National Academy of Sciences of the United States of America, 101(48): 16976-16981.

Laing W A, Martínez-Sánchez M, Wright M A, et al. 2015. An upstream open reading frame is essential for feedback regulation of ascorbate biosynthesis in *Arabidopsis*. The Plant Cell, 27: 772-786.

Larson R A. 1988. The antioxidants of higher plants. Phytochemistry, 27: 969-978.

Liao G L, He Y Q, Li X S, et al. 2019. Effects of bagging on fruit flavor quality and related gene expression of AsA synthesis in *Actinidia eriantha*. Scientia Horticulturae, 256: 108511.

Loewus F A. 1999. Biosynthesis and metabolism of ascorbic acid in plants and of analogs of ascorbic acid in fungi. Phytochemistry, 52: 193-210.

Lorence A, Chevone B I, Mendes P, et al. 2004. Myo-inositol oxygenase offers a possible entry point into plant ascorbate biosynthesis. Plant Physiology, 134(3): 1200-1205.

Maruta T, Ichikawa Y, Mieda T, et al. 2010. The contribution of *Arabidopsis* homologs of L-gulono-1,4-lactone oxidase to the biosynthesis of ascorbic acid. Bioscience, Biotechnology, and Biochemistry, 74: 1494-1497.

Mieda T, Yabuta Y, Rapolu M, et al. 2004. Feedback inhibition of spinach L-galactose dehydrogenase by L-ascorbate. Plant and Cell Physiology, 45: 1271-1279.

Noctor G, Foyer C H. 1998. Ascorbate and glutathione: keeping active oxygen under control. Annual Review of Plant Physiology and Molecular Biology, 49: 249-279.

Shigeoka S, Nakano Y, Kitaoka S. 1979. The biosynthetic pathway of L-ascorbic acid in *Euglena gracilis* Z. Journal of Nutritional Science and Vitaminology, 25(4): 299-307.

Smirnoff N. 2000. Ascorbic acid: metabolism and functions of a multi-facetted molecule. Current Opinion in Plant Biology, 3: 229-235.

Tabata K, Takaoka T, Esaka M. 2002. Gene expression of ascorbic acid-related enzymes in tobacco. Phytochemistry, 61: 631-635.

Torabinejad J, Donahue J L, Gunesekera B N, et al. 2009. VTC4 is a bifunctional enzyme that affects myoinositol and ascorbate biosynthesis in plants. Plant Physiology, 150: 951-961.

Wolucka B A, Persiau G, Van Doorsselaere J, et al. 2001. Partial purification and identification of GDP-mannose 3′,5′-epimerase of *Arabidopsis thaliana*, a key enzyme of the plant vitamin C pathway. Proceedings of the National Academy of Sciences of the United States of America, 98: 14843-14848.

Wolucka B A, Van Montagu M. 2003. GDP-mannose 3′,5′-epimerase forms GDP-L-gulose, a putative intermediate for the de novo biosynthesis of vitamin C in plants. Journal of Biological Chemistry, 278: 474483-474490.

Yang X Y, Xie J X, Wang F F, et al. 2011. Comparison of ascorbate metabolism in fruits of two citrus species with obvious difference in ascorbate content in pulp. Journal of Plant Physiology, 168: 2196-2205.

Zhang J C, Li B, Yang Y P, et al. 2016. A novel allele of L-galactono-1, 4-lactone dehydrogenase is associated with enhanced drought tolerance through affecting stomatal aperture in common wheat. Scientific Reports, 6: 30177.

第五章　毛花猕猴桃果实中酚类物质的研究

第一节　酚类物质的研究进展

一、植物酚类物质的结构与分类

　　酚类物质是植物中含量仅次于纤维素、半纤维素和木质素的天然次生代谢产物，主要由类黄酮、酚酸和单宁等三类物质组成，各类又由许多亚类物质组成（图5-1）（金莹和孙爱东，2005）。酚类物质有两类基本结构，分别是C6—C3—C6环状结构、C6—C1结构，同时包括类黄酮和缩聚单宁，部分酚酸和水解单宁（Kroll and Rawel，2010）。

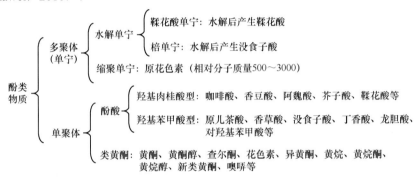

图5-1　酚类物质的基本分类

　　酚类物质种类繁多、结构复杂且分布广泛，不同物种的代谢途径具有相似性，共享多数的酶和基因，其合成转运途径亦已有较多文献报道（Cardenas-Sandoval et al.，2012）。综合已知的研究，主要涉及莽草酸途径、苯丙烷途径和类黄酮合成途径（图5-2）。苯丙烷途径的起始底物是苯丙氨酸，苯丙氨酸氨裂合酶（phenylalanine ammonia-lyase，PAL）使苯丙氨酸脱氨基形成反式肉桂酸进入酚类化合物合成途径，因此PAL是第一个关键酶。4-香豆酰-CoA是类黄酮合成、木质素合成等下游分支途径的起始底物，因而催化它的查尔酮合酶（chalcone synthase，CHS）是酚类化合物合成途径的限速酶。黄烷酮醇在二氢黄酮醇-4-还原酶（dihydroflavonol 4-reductase，DFR）的作用下可形成无色花青素。无色花青素既是花青素合成的中间产物，又是儿茶素和原花青素合成的中间产物。因此，DFR是酚类化合物合成途径的又一关键酶。无色花青素还原酶（leucoanthocyanidin reductase，LAR）将无色花青素转化为反式黄烷-3-醇，如阿福豆素和儿茶素（左涛，2016）；而花青素则在花青素还原酶（anthocyanidin reductase，ANR）的作用下被还原成相应的顺式儿茶素，如表阿福豆素和表儿茶素（Nimal et al.，2004）。因此，LAR和ANR是合成原花青素（或单宁）的关键酶。目前，柿、苹果、葡萄、山楂、茶等物种中酚类物质合成路径中相关的基因已经被陆续分离、克隆。

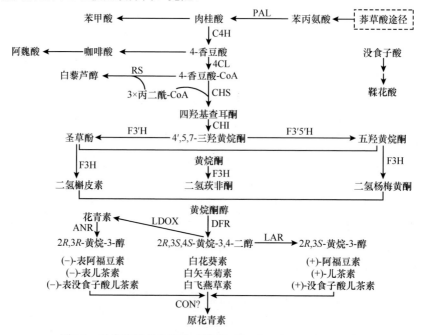

图5-2　酚类物质的生物合成途径（Kroll and Rawel，2010）

C4H：肉桂酸-4-羟化酶；4CL：4-香豆酰-CoA连接酶；RS：白藜芦醇合成酶；CHI：查尔酮异构酶；F3H：黄烷酮3-羟化酶；F3′H：类黄酮3′-羟化酶；F3′5′H：类黄酮3′,5′-羟化酶；DFR：二氢黄酮醇-4-还原酶；LDOX：无色花青素双加氧酶；CON：缩合酶

二、植物酚类物质的功能特性

植物酚类物质具有抗氧化、与生物大分子物质（生物碱、蛋白质、多糖）反应、与金属离子络合等功能特性。植物多酚中的酚羟基结构在反应条件充足的情况下特别容易被氧化成醌类，可以与氧化反应过程中产生的自由基相结合，阻止整个过程的进行，所以对活性氧等自由基捕捉能力非常强。有关研究表明，常用的抗氧化剂维生素C、维生素B的抗氧化能力弱于多酚物质的抗氧化能力，它们之间在抗氧化反应方面具有协同作用（Roleira et al.，2015；Sakihama et al.，2002）。有关报道指出，植物多酚的蛋白质结合反应是最重要的化学特征，其发生历程是植物多酚通过疏水键靠近蛋白质表面，从而进入疏水带，然后与氢键相结合，与生物碱、多糖等的反应机理相吻合，这个特征被应用于皮革制作、茶叶挑选、丝绸染色等方面（伊娟娟等，2013；辜海彬等，2004）。有关研究表明，植物多酚分子中的邻位羟基，可以与金属离子发生络合反应，与其他小分子酚相比，植物多酚对金属离子

的络合能力存在显著差异，其配位基团与络合能力成正比（潘红英等，2009）。酚类物质直接影响果品和蔬菜的色泽、口感、硬度、风味及贮藏加工特性，特别与涩味、苦味、香味、甜味等风味密切相关，近年来国内外对酚类物质与果蔬品质的研究十分活跃（Schmidtlein and Herrmann，1975）。研究表明，大部分果蔬及其产品中的涩味主要由单宁引起，单宁是多聚酚类物质，能与口腔黏膜上的蛋白质结合凝固，使人产生涩感，如涩柿的涩味主要由单宁引起（Bubba et al.，2009）。但茶叶中的苦涩味由儿茶素和表儿茶素引起（Psarra et al.，2002）；柑橘类果实的苦味由柚皮苷引起（王鸿飞等，2004）；桃果实的涩味与含有较多的原花青素有关（赵秀林等，2012）。对于苹果鲜食的口感，乜兰春等（2006）认为绿原酸、儿茶素、表儿茶素和原花青素是引起苹果果实涩感的主要物质；根皮素、儿茶素和原花青素是引起苦味的主要物质。由此可见，不同种类的果实影响其口感、风味品质的物质不尽相同，但与酚类物质密切相关。

随着人们生活水平的不断提高，食品营养与食品安全正受到越来越多的人的关注，植物酚类物质作为一种天然性抗氧化物质，在食品、医疗保健品和日用化学用品等方面应用广泛。目前，日常生活中存在天然与合成的两类抗氧化剂，前者是通过一定方式从植物中提取出来的，安全无毒，应用前景广阔；后者是人工合成的，虽然可以起到防止食品氧化的作用，但在剂量过量时，会对人体产生一定的毒害作用，最终可能致癌（贾娜等，2016）。由于植物可以捕捉活性氧自由基，因此其在医疗方面得到广泛应用，大多中草药也是因为含有大量的酚类物质，才能起到预防和治疗某些疾病的作用（Vinson et al.，1994）。由于植物多酚具有很好的附着力和收敛性，因此在护肤品中能起到抗衰老、抗紫外线、抗过敏等方面的作用（许淑君，2016）。有关研究表明，植物中的AsA、维生素E也可以起到抗氧化的作用，可以与多酚一起制成复合型药妆用品，该复合型化妆品一定会越来越受到消费者的青睐（Madhan et al.，2005）。

三、猕猴桃果实中酚类物质的组成

猕猴桃富含各种抗氧化物质，且是一种天然抗癌、抗突变的植物，在天然抗氧化物质含量方面位居第四，次于红色水果（王岸娜等，2008）。有关研究表明，猕猴桃果汁中的AsA能起到抗氧化的作用，通过对照试验比较，剔除AsA后，仍有明显的抗氧化效果，研究发现，猕猴桃果肉中存在大量的多酚类物质，这些物质同样具有明显的抗氧化作用，与AsA起到协同作用的效果（Park et al.，2011；Krupa et al.，2011；Tavarini et al.，2008）。通过对不同水果中总酚检测，对比发现，猕猴桃总酚含量是苹果、西瓜的3倍，是葡萄、柑橘、芒果的2倍，次于柚子和香蕉，大多数果实在生长发育的动态变化过程中总酚含量逐渐减少（张昭等，2015；黄素梅等，2013；Salari et al.，2012）。左丽丽（2013）研究了狗枣猕猴桃（*Actinidia kolomikta*）酚类物质的抗肿瘤效应。此外，Park等（2011）用甲酸作为猕猴桃果实酚类物质的提取溶剂，发现提取物浓度为1000mg/L时具有最高（89.0%）的DPPH·自由基清除活性。这些报道都是从医学角度来研究猕猴桃的酚类物质的，并未涉及果树学领域的酚类物质与猕猴桃鲜食口感关系的问题。但这些研究却为分离鉴定毛花猕猴桃果实酚类物质的组分提供了方法。

　　猕猴桃总酚提取工艺主要包括乙醇提取、甲醇提取、丙酮提取、蒸馏水提取，不同的提取溶剂对猕猴桃的提取效果有显著的影响，同种提取溶剂不同提取浓度对提取的总酚含量也有显著的影响，酚类物质容易被氧化，所以提取时间、提取温度、液料比对总酚提取率也有一定的影响；正因为有机溶剂对猕猴桃多酚的提取效率高，所以目前猕猴桃酚类物质的提取还是以有机溶剂为主，但从安全、健康方面考虑，应当用对人体无毒的有机溶剂进行提取（孙敏等，2007）。猕猴桃多酚组分的分离过程包括薄层色谱、Sephadex LH-20、聚酰胺柱预分离和高效液相色谱法（HPLC）分离等技术，分离出的相关成分有二聚、三聚的表儿茶素、酒石酸、没食子酸、咖啡酸、绿原酸等（夏陈等，2016；Engström and Nordberg，2011）。用HPLC分析猕猴桃果汁中的多酚组分发现，果汁中含有两大类物质——黄烷-3-醇与黄酮类物质，如儿茶素、表儿茶素、槲皮素-3-葡萄糖苷、槲皮素-3-芸香糖苷等（Dawes and Keene，1999）。另有研究发现，美味猕猴桃果肉中主要含有绿原酸、儿茶素、原花青素、表儿茶素等多酚物质（Song et al.，2014）。Du等（2009）分析了'秦美'猕猴桃果实中与抗氧化能力具有显著相关性的酚类物质，有没食子酸、阿魏酸、儿茶素、丁香酸、鞣花酸、芥子酸和水杨酸等。Bursal和Gülçin（2011）认为，美味猕猴桃清除自由基的有效酚类物质为咖啡酸、阿魏酸、紫丁香酸、鞣花酸、焦棓酸、p-羟基苯甲酸、香草酸、p-香豆酸、没食子酸、槲皮素等。

四、猕猴桃果实中酚类物质的应用

　　猕猴桃果肉颜色主要分为三种：绿色、红色、黄色。有关研究表明，绿色与黄色是由于叶绿素及类胡萝卜素（Car）比例不同，而红色是由于果肉里含有大量的花青素-3-O半乳糖苷和花青素-3-O葡萄糖苷（任晓婷等，2016）。猕猴桃酚类物质还影响果汁色泽与口感，不同品种猕猴桃果汁的苦涩感与其酚类物质含量成正比；由于猕猴桃对DPPH·、·O_2^-、$ABTS^+$等自由基具有很好的清除能力，而且对Cu^{2+}、Fe^{3+}等具有很强的还原能力，因此猕猴桃多酚还能起到抗氧化、抗癌、提高人体免疫力、预防糖尿病和抗过敏性皮炎等作用（Cassano et al.，2007；张计育等，2013）。Montefiori等（2005）对猕猴桃相关化学物质进行了综合评价，并指出它们除具有很好的还原能力外，还能起到清除H_2O_2、·O_2^-、DPPH·的作用，在不同浓度状态下对这些自由基的清除能力有显著差异，不过这种清除能力也受到品种和地域的影响。也有研究提出了猕猴桃的抗氧化活性不能完全归功于AsA，而是与酚类物质相互协作达到的效果（韩林等，2014）。食用富含多酚的猕猴桃，吸收其酚类物质，可以促进细胞因子的增加，进而提高人体免疫力。随着生活水平的提高，人们对饮食健康越来越重视，所以在研究方面除考虑果实的营养物质方面外，还应在果实的营养物质对人体免疫力的提升方面下更大功夫。

第二节　毛花猕猴桃果实中酚类物质的积累规律

猕猴桃果肉中含有多种酚类物质，主要包括黄酮类、花青素及类黄酮等（杨丹，2011），有关研究表明，这些酚类物质具有抗氧化、抗癌、预防糖尿病及提高免疫力等功能（Engström and Nordberg，2011）。毛花猕猴桃为我国特异种质资源，目前主要对其营养物质及相关色素研究较多，如抗坏血酸、可溶性糖、可滴定酸及叶绿素等（陈楚佳，2016；汤佳乐等，2013；燕标等，2011），以毛花猕猴桃'赣猕6号'及商业化栽培的美味猕猴桃'金魁'和中华猕猴桃'红阳'（两者为对照）为试材，探讨3个猕猴桃品种的果实在生长发育过程中总酚、类黄酮及相关抗氧化活性物质含量的动态变化，同时进行相关性分析，旨在进一步了解毛花猕猴桃中酚类物质的相关功能特性。

一、样品采集和处理

供试材料采自江西省奉新县农业局猕猴桃种质资源圃。选取常规管理、树势强健、树冠大小基本一致、生长结果正常、生长环境一致的毛花猕猴桃'赣猕6号'，并以美味猕猴桃'金魁'和中华猕猴桃'红阳'为对照，于盛花后30天开始，每隔15天随机采集对应品种果树南面中上部形状、大小均匀且基本一致、无病虫害的果实20个，直至果实成熟。每次采集样品后用冰盒保存并迅速运回实验室，去掉外果皮，将中果皮切碎后用液氮处理，贮存于−80℃超低温条件下待用。

二、总酚含量的动态变化

图5-3为毛花猕猴桃'赣猕6号'、美味猕猴桃'金魁'、中华猕猴桃'红阳'在果实不同发育期间总酚含量的变化。由图5-3可以看出，在果实发育过程中，3个猕猴桃品种总酚含量在不同发育阶段存在较大的差异，但总体呈现下降趋势。在果实发育过程中，供试品种之间存在较大差异，在果实发育初期早熟品种'红阳'总酚含量迅速降低，在第二生长期总酚含量随着果实鲜重的增加而缓慢下降；'金魁'在第一生长期总酚含量随着果实营养物质的积累呈先降后升再降的趋势，在第二生长期随着果实发育，糖、酸等营养物质的积累，总酚含量缓慢下降；'赣猕6号'在果实发育初期，总酚含量上升，后期随着果实的膨大，总酚含量缓慢下降到稳定状态。'赣猕6号'在果实发育的各个阶段，总酚含量显著高于'红阳'与'金

魁'，'赣猕6号'总酚含量最低为466.06mg/100g，而'红阳'总酚含量最高为214.33mg/100g，'金魁'总酚含量最高为245.76mg/100g，说明'赣猕6号'酚类物质含量丰富。

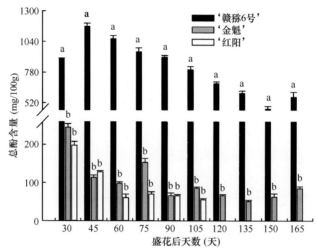

图5-3　3个猕猴桃品种在果实发育过程中总酚含量的变化

柱子或曲线上方同一时间不同品种间不同（或不含有相同）小写字母代表差异显著（$P<0.05$），本章下同

三、类黄酮含量的动态变化

从图5-4可知，'赣猕6号''金魁''红阳'3个猕猴桃品种在果实发育过程中类黄酮含量总体变化趋势一致。早熟'红阳'在果实发育初期，类黄酮含量随着果

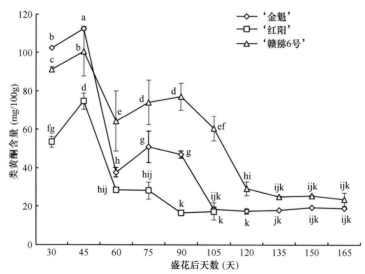

图5-4　3个猕猴桃品种在果实发育过程中类黄酮含量的变化

实的生长发育迅速增加至峰值74.71mg/100g，第二生长期先迅速降低后趋于平稳；'金魁'在第一生长期随着果实的膨大，类黄酮含量迅速增加至112.46mg/100g；'赣猕6号'在果实发育初期，类黄酮含量迅速增加至100.52mg/100g，在第二生长期至成熟期类黄酮含量由迅速下降至趋于平稳。3个猕猴桃品种在果实生长发育过程中类黄酮含量存在一定的差异，'赣猕6号'在整体发育过程中高于其他两个品种，在成熟期'赣猕6号'类黄酮含量为23.57mg/100g，'金魁'类黄酮含量为19.00mg/100g，'红阳'类黄酮含量最低，为17.31mg/100g。

四、抗氧化活性的动态变化

（一）猕猴桃果实Fe^{3+}还原/抗氧化能力的动态变化

毛花猕猴桃'赣猕6号'、美味猕猴桃'金魁'、中华猕猴桃'红阳'在果实发育过程中Fe^{3+}还原/抗氧化能力（FRAP）值的变化如图5-5所示。从图5-5中可以看出，'赣猕6号'果实在生长发育过程中体现抗氧化活性的FRAP值在78.66~83.82mg/100g，在第一生长期呈上升趋势，生长后期缓慢下降并趋于平稳；'金魁'果实在生长发育过程中FRAP值变化趋势比较明显，第一生长期先降后升，第二生长期再降后升，FRAP最大值为89.99mg/100g，最小值为60.48mg/100g；'红阳'果实在整个生长发育期间FRAP值整体呈下降趋势，由90.49mg/100g下降至56.11mg/100g。

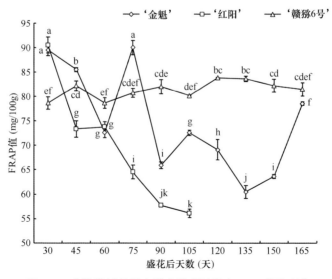

图5-5　3个猕猴桃品种在果实发育过程中FRAP值的变化

（二）猕猴桃果实清除DPPH自由基能力的动态变化

　　毛花猕猴桃'赣猕6号'、美味猕猴桃'金魁'、中华猕猴桃'红阳'在果实发育过程中清除DPPH自由基能力的变化如图5-6所示。从图5-6可以看出，供试样品果实对DPPH自由基的清除率为52.37%～72.98%，'红阳'果实在发育过程中清除DPPH自由基的能力呈先上升后下降至平稳的趋势；'赣猕6号'果实在发育过程中清除DPPH自由基的能力，在果实发育初期先迅速上升；'金魁'在果实整个发育过程中呈现先上升后下降再上升再下降最后上升的趋势。3个品种在果实发育中期，即盛花后75～120天，对DPPH自由基的清除率基本无明显差异。

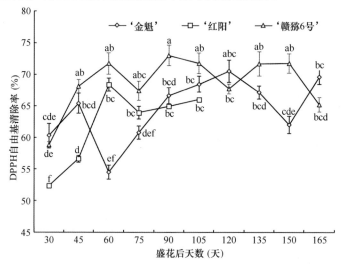

图5-6　3个猕猴桃品种在果实发育过程中清除DPPH自由基能力的变化

（三）猕猴桃果实清除羟基自由基能力的动态变化

　　毛花猕猴桃'赣猕6号'、美味猕猴桃'金魁'、中华猕猴桃'红阳'在果实发育过程中清除羟基自由基（·OH⁻）能力的变化如图5-7所示。从图5-7可以看出，3个猕猴桃品种随着果实的生长发育清除·OH⁻的能力有较大的变化，其中'赣猕6号'在果实发育初期，即盛花后30～75天，对·OH⁻的清除能力不断升高，最高达81.32%，后期逐渐减小至71.40%；'金魁'与'红阳'果实在生长发育过程中，对·OH⁻的清除能力的变化趋势相似，均是先降后升再降再升，但'红阳'在各个发育阶段对·OH⁻的清除率基本高于'金魁'。

（四）猕猴桃果实清除超氧阴离子自由基能力的动态变化

　　毛花猕猴桃'赣猕6号'、美味猕猴桃'金魁'、中华猕猴桃'红阳'在果实发育过程中清除超氧阴离子自由基（·O₂⁻）能力的变化如图5-8所示。供试3个猕猴

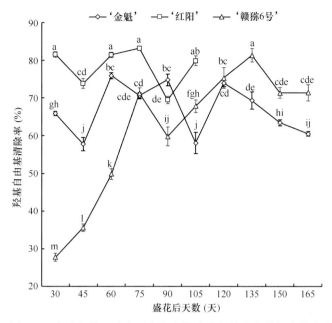

图5-7　3个猕猴桃品种在果实发育期清除羟基自由基能力的变化

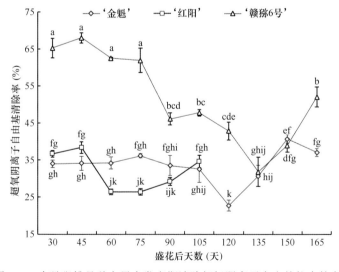

图5-8　3个猕猴桃品种在果实发育期清除超氧阴离子自由基能力的变化

桃品种随着果实的生长发育，清除·O_2^-能力呈现相同的变化趋势，均是先下降后上升。整体上3个猕猴桃品种果实在不同的发育期间清除·O_2^-的能力差异显著（P＜0.05），'赣猕6号'果实发育期·O_2^-清除率的最大值为68.03%，'金魁'最大为40.72%，'红阳'最大为38.36%。若以清除·O_2^-的最大值为参考依据，通过比较可以得出'赣猕6号'清除·O_2^-的能力最强，'金魁'次之，'红阳'最弱。

五、总酚与抗氧化活性的相关系数

毛花猕猴桃'赣猕6号'、美味猕猴桃'金魁'、中华猕猴桃'红阳'在果实发育过程中总酚与抗氧化活性的相关系数如表5-1所示。从表5-1可以看出，'赣猕6号'总酚与清除·O_2^-能力存在极显著相关关系（$P<0.01$），相关系数为0.823；'金魁'总酚与FRAP值存在极显著相关关系（$P<0.01$），相关系数为0.804；'红阳'与清除DPPH·能力存在极显著相关关系（$P<0.01$），相关系数为0.942。结果说明总酚对抗氧化活性起着极其重要的作用。

表5-1　3个猕猴桃品种总酚与抗氧化活性的相关系数

		FRAP值	DPPH·清除率	·OH⁻清除率	·O_2^-清除率
	'赣猕6号'	0.530	0.104	0.491[*]	0.823[**]
总酚	'金魁'	0.804[**]	0.490	0.261	0.143
	'红阳'	0.855[*]	0.942[**]	0.185	0.640

*表示显著相关关系（$P<0.05$），**表示极显著相关关系（$P<0.01$）

六、类黄酮与抗氧化活性的相关系数

毛花猕猴桃'赣猕6号'、美味猕猴桃'金魁'、中华猕猴桃'红阳'在果实发育过程中类黄酮与抗氧化活性的相关系数如表5-2所示。从表5-2中可以看出，'赣猕6号'类黄酮与清除·O_2^-、·OH⁻能力存在极显著相关关系（$P<0.01$），相关系数分别为0.796、0.823；'金魁'类黄酮与FRAP值存在显著相关关系（$P<0.05$），相关系数为0.713；'红阳'类黄酮与清除DPPH·能力存在极显著相关关系（$P<0.01$），相关系数为0.806。这些结果说明类黄酮对抗氧化活性起着极其重要的作用。

表5-2　3个猕猴桃品种类黄酮与抗氧化活性的相关系数

		FRAP值	DPPH·清除率	·OH⁻清除率	·O_2^-清除率
	'赣猕6号'	0.523	0.274	0.823[**]	0.796[**]
类黄酮	'金魁'	0.713[*]	0.330	0.215	0.133
	'红阳'	0.681[*]	0.806[**]	0.471	0.691

*表示显著相关关系（$P<0.05$），**表示极显著相关关系（$P<0.01$）

酚类物质如总酚和类黄酮等具有较高的保健、美容、抗衰老等价值。毛花猕猴桃'赣猕6号'、美味猕猴桃'金魁'（CK）、中华猕猴桃'红阳'（CK）三个猕猴桃品种在果实生长发育过程中总酚、类黄酮含量之间存在较大的差异。总酚、类黄酮与抗氧化活性之间存在显著相关性。其中'赣猕6号'具有极高的总酚含量，与清除·O_2^-能力存在极显著相关关系（$P<0.01$），相关系数达到0.823，同时类黄酮与清除·O_2^-和·OH^-能力存在极显著相关关系（$P<0.01$），相关系数分别为0.796和0.823。'金魁'与'红阳'总酚含量显著低于'赣猕6号'，但它们的总酚和类黄酮同样与抗氧化活性存在显著相关关系，说明总酚与类黄酮对抗氧化活性起着至关重要的作用，进而表明毛花猕猴桃具有一定的开发利用价值。

供试样品猕猴桃在果实生长发育过程中先后有两个迅速生长期。有关研究表明，在果实的发育过程中相关营养物质都会呈现不同的积累次序，所以从果实的发育过程来看，3种猕猴桃果实中的总酚、类黄酮在发育过程均呈现一定的变化趋势。'红阳'猕猴桃在盛花后30天时总酚含量就偏高，比其他两个品种先达到最高值，这是因为'红阳'猕猴桃为早熟品种，晚熟品种'赣猕6号'与'金魁'总酚和类黄酮变化趋势相似，基本都是先上升后下降，但是含量之间存在显著性差异（$P<0.05$），这可能与不同品种之间所含的酚类物质组分有关。樱桃（Chandra et al.，2014）、草莓（冯晨静等，2003）也与之情况相似。

有关研究指出，果实提取物中其他成分（如维生素C、叶绿素、花青素等）也能参与清除自由基反应。赵金梅等（2014）研究了不同猕猴桃果实的品质与抗氧化活性之间的相关性，得出猕猴桃抗氧化活性与所含的维生素C和酚类物质之间呈显著相关关系。刘杰超等（2015）探索了不同枣品种在果实动态发育过程中相关抗氧化活性与酚类物质的变化规律，结果表明多酚类物质是枣果实中最主要的抗氧化活性成分，相似的研究结果还有柿子（Ubeda et al.，2011）等。本研究在猕猴桃方面只考虑了总酚、类黄酮对抗氧化活性方面的影响，其实其他的一些营养物质也可以起到抗氧化作用，这些物质抗氧化作用的机理有待进一步考究。猕猴桃果实不同发育阶段清除自由基的能力不同，是由于在动态发育过程中，其与调控总酚、类黄酮的关键因子及相关酶活性都存在不同的变化趋势（Sánchez-Rodríguez et al.，2011；Vadivel and Biesalski，2011）。

第三节　毛花猕猴桃果实中酚类物质组分的研究

酚类物质是植物中含量仅次于纤维素、半纤维素和木质素的天然次生代谢物，主要由类黄酮、酚酸和单宁等三类物质构成，各类又由许多亚类物质组成，广泛存在于各类水果（杨立锋等，2015）、蔬菜（张海晖等，2008）等农作物中，为这些农作物体内重要的次生代谢产物。有关研究发现，猕猴桃果实中多酚类物质主要分为四大类，其中包括水解单宁、缩聚单宁、酚酸类、类黄酮类。本研究以毛花猕猴桃'赣猕6号'、美味猕猴桃'金魁'（CK）、中华猕猴桃'红阳'（CK）为试材，研究其果实在果实动态变化过程中主要酚类物质组分含量的变化特点，为揭示毛花猕猴桃果实酚类物质的积累规律奠定良好基础，也为毛花猕猴桃种质创新和新品种选育提供新的思路与理论依据。

一、没食子酸含量的动态变化

由图5-9可以看出，'金魁'与'红阳'果实在整个生长发育过程中没食子酸含量变化趋势相似，分别由盛花后30天的32.11mg/100g、19.01mg/100g下降至8.72mg/100g、7.72mg/100g；'赣猕6号'果实在整个发育过程中，花后60天没食子酸含量出现第一个峰值620.55mg/100g，随后迅速降低，盛花后120天出现第二个峰值345.33mg/100g，随后迅速下降并保持稳定，这个过程中最低为109.13mg/100g。'赣猕6号'果实在整个生长发育期间没食子酸含量极显著（$P<0.01$）高于'金魁'与'红阳'。

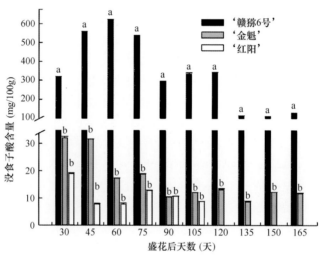

图5-9　3个猕猴桃品种果实在发育过程中没食子酸含量的变化

柱子上方不同小写字母代表相同时间不同品种间差异显著（$P<0.05$）

二、儿茶素含量的动态变化

由图5-10可以看出，'赣猕6号'果实儿茶素含量在盛花后45～60天表现出先快速上升后快速下降的趋势，从最初的89.30mg/100g上升到251.39mg/100g，后期出现回升现象，直至盛花后150天再次下降，到盛花后165天再次回升；'红阳'果实在整个生长发育过程中儿茶素含量变化趋势与'金魁'猕猴桃相似，均呈现下降—上升—下降的趋势，这两个猕猴桃品种均由盛花后30天开始下降直至盛花后45天，后期有回升的趋势，只是'金魁'偏早，'红阳'儿茶素在发育过程中最高含量为8.13mg/100g，最低为6.06mg/100g，变化幅度不大，'金魁'最高为28.43mg/100g，最低为8.81mg/100g。

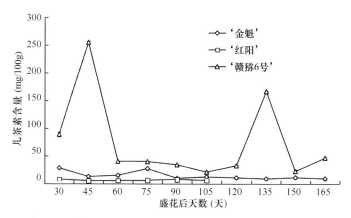

图5-10　3个猕猴桃品种果实在发育过程中儿茶素含量的变化

三、对羟基苯甲酸含量的动态变化

图5-11为毛花猕猴桃'赣猕6号'、美味猕猴桃'金魁'、中华猕猴桃'红阳'果实在不同发育期间对羟基苯甲酸含量的变化。由图5-11可看出，三个猕猴桃品种果实在整个生长发育过程中对羟基苯甲酸含量变化趋势一致，均呈现降—升—降的趋势，且三者均在盛花后30～45天下降。'红阳'与'金魁'果实在盛花后45～75天对羟基苯甲酸含量上升；在果实整个生长发育期间，'赣猕6号'各个阶段的对羟基苯甲酸含量均极显著（$P<0.01$）高于'金魁'与'红阳'，最高达到71.08mg/100g，最低也有24.23mg/100g，而'金魁'与'红阳'最高分别为17.94mg/100g、11.69mg/100g，比'赣猕6号'最低时都要分别少6.29mg/100g、12.54mg/100g。

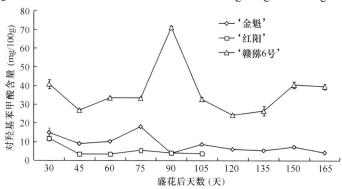

图5-11　3个猕猴桃品种果实在发育过程中对羟基苯甲酸含量的变化

四、表儿茶素含量的动态变化

图5-12为毛花猕猴桃'赣猕6号'、美味猕猴桃'金魁'、中华猕猴桃'红阳'果实在不同发育期间表儿茶素含量的变化。由图5-12可以看出，'赣猕6号'果实

在整个动态发育过程中，表儿茶素含量变化幅度比较大，呈现降—升—降—升的趋势，在盛花后30~75天迅速下降，然后又迅速回升直至盛花后90天，达到第一个峰值，后面又缓慢下降到最低值22.50mg/100g，在果实成熟期逐渐回升到一定含量（88.03mg/100g左右）；'金魁'果实表儿茶素含量变化在盛花后30~90天中呈现降—升—降的趋势，最高为36.13mg/100g，最低为8.53mg/100g，在盛花后90天之后趋于稳定；'红阳'果实在整个生长发育过程中表儿茶素含量变化趋势类似于'金魁'，但变化幅度不大，最高值为24.97mg/100g，最低值为18.78mg/100g，在成熟期'赣猕6号'极显著（$P<0.01$）高于其他两个猕猴桃品种。

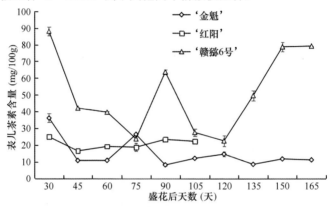

图5-12　3个猕猴桃品种果实在发育过程中表儿茶素含量的变化

五、咖啡酸含量的动态变化

图5-13为毛花猕猴桃'赣猕6号'、美味猕猴桃'金魁'、中华猕猴桃'红阳'果实在不同发育期间咖啡酸含量的变化。由图5-13可以看出，'赣猕6号'果实在整个动态发育过程中，咖啡酸含量变化幅度比较大，呈现降—升—降—升的趋势，

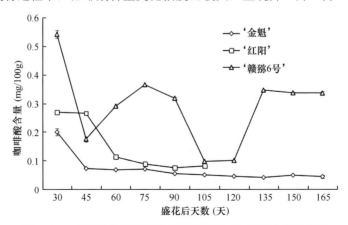

图5-13　3个猕猴桃品种果实在发育过程中咖啡酸含量的变化

在盛花后30～45天迅速下降，然后又缓慢回升直至盛花后75天，达到第一个峰值，后面又缓慢下降到最低值，盛花后105～120天稳定在0.0969mg/100g左右，随后又迅速上升，最终稳定在0.3356mg/100g左右；'红阳'与'金魁'果实在整个生长发育过程中咖啡酸含量变化趋势相似，均呈现出果实发育初期迅速下降后期趋于平稳状态，且整个发育期间'红阳'咖啡酸含量高于'金魁'。虽然果实成熟期'赣猕6号'果实咖啡酸含量极显著（$P<0.01$）高于其他两个品种，但在幼果期低于'红阳'。

六、香草酸含量的动态变化

图5-14为毛花猕猴桃'赣猕6号'、美味猕猴桃'金魁'、中华猕猴桃'红阳'果实在不同发育期间香草酸含量的变化。由图5-14可以看出，'金魁'果实在整个发育过程中香草酸含量变化幅度不大，整个期间呈逐步下降趋势，由前期含量为10.82mg/100g下降为5.00mg/100g，'红阳'果实在幼果期香草酸含量稍微高于'金魁'，整个动态发育过程变化趋势类似于'金魁'；'赣猕6号'果实在整个生长发育过程中变化幅度比较大，盛花后30～75天迅速上升达到第一个峰值，随后下降直至盛花后120天，在盛花后120～135天有小幅度的上升趋势，后期风味物质形成过程中香草酸含量趋于稳定，整个过程中最大值为111.44mg/100g，最小值为29.35mg/100g。'赣猕6号'果实在整个生长发育期间香草酸含量极显著（$P<0.01$）高于'金魁'和'红阳'。

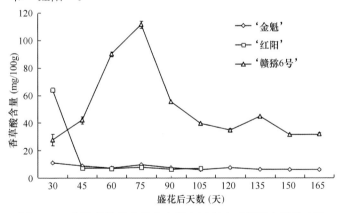

图5-14　3个猕猴桃品种果实在发育过程中香草酸含量的变化

七、芦丁含量的动态变化

图5-15为毛花猕猴桃'赣猕6号'、美味猕猴桃'金魁'、中华猕猴桃'红阳'果实在不同发育期间芦丁含量的变化。由图5-15可以看出，'红阳'果实在整个动态发育过程中芦丁含量呈下降趋势，由盛花后30天的32.37mg/100g下降至成熟期的

7.36mg/100g；'金魁'与'赣猕6号'两个猕猴桃品种果实在生长发育过程中芦丁含量变化呈现出相似的趋势，均是降—升—降—升—降的趋势，两者均在盛花后30～45天出现第一个降幅，随后上升，但'赣猕6号'第一次上升时间为盛花后60天，'金魁'为盛花后75天，在盛花后75～105天'赣猕6号'迅速上升至最大值256.45mg/100g，随后在两个月中缓慢下降至最小值51.66mg/100g，而'金魁'果实在盛花后45天之后芦丁含量变化幅度不明显。'赣猕6号'果实芦丁含量在果实整个发育过程中极显著（$P < 0.01$）高于'金魁'和'红阳'果实。

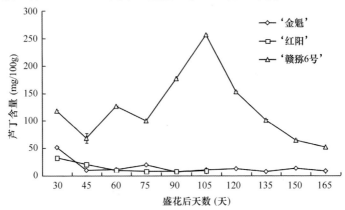

图5-15　3个猕猴桃品种果实在发育过程中芦丁含量的变化

八、阿魏酸含量的动态变化

图5-16为毛花猕猴桃'赣猕6号'、美味猕猴桃'金魁'、中华猕猴桃'红阳'果实在果实不同发育期间阿魏酸含量的变化。由图5-16可以看出，'红阳'与'金魁'果实在整个生长发育过程中阿魏酸含量变化幅度不明显，在盛花后30～45天均

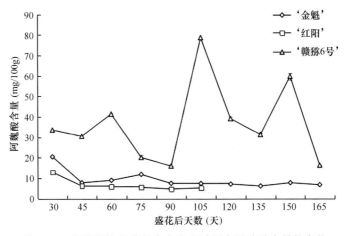

图5-16　3个猕猴桃品种果实在发育过程中阿魏酸含量的变化

呈现下降趋势，后期阿魏酸含量趋于平稳，分别稳定于6.85mg/100g、7.36mg/100g左右；'赣猕6号'果实在整个生长发育过程中阿魏酸含量存在显著性差异，最高值为78.64mg/100g，最低值为15.95mg/100g，极显著（$P<0.01$）高于'金魁'和'红阳'果实，呈现出锯齿形升降幅度，在盛花后30～90天整体呈下降趋势，随后15天中阿魏酸含量迅速上升至最高值78.64mg/100g，后期再波动下降至最低含量15.95mg/100g。

九、槲皮素含量的动态变化

图5-17为毛花猕猴桃'赣猕6号'、美味猕猴桃'金魁'、中华猕猴桃'红阳'果实在不同发育期间槲皮素含量的变化。由图5-17可以看出，3个猕猴桃品种果实在整个生长发育过程中总体槲皮素含量的变化趋势一致，均呈现下降趋势，只是下降周期各不相同。'金魁'为盛花后30～45天，'红阳'为盛花后30～60天，'赣猕6号'为盛花后30～135天，'金魁'与'红阳'自盛花后60天之后，果实槲皮素含量趋于稳定，而'赣猕6号'在盛花后150～165天有回升的趋势。'赣猕6号'果实在整个过程中槲皮素含量最高值为46.49mg/100g，最低值为10.21mg/100g；在果实发育初期'赣猕6号'果实槲皮素含量高于'金魁'和'红阳'果实。

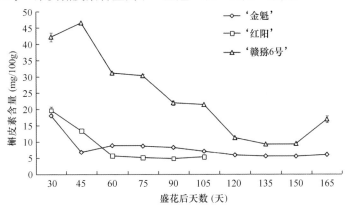

图5-17 3个猕猴桃品种果实在发育过程中槲皮素含量的变化

十、3个猕猴桃品种成熟期酚类物质组分含量的差异分析

表5-3为毛花猕猴桃'赣猕6号'、美味猕猴桃'金魁'、中华猕猴桃'红阳'三个品种果实在成熟期相关酚类物质组分含量差异分析。从表5-3可以看出，毛花猕猴桃'赣猕6号'果实酚类物质相关组分均极显著（$P<0.01$）高于美味猕猴桃'金魁'与中华猕猴桃'红阳'；美味猕猴桃'金魁'果实酚类物质中的没食子酸、儿茶素、表儿茶素、咖啡酸、香草酸、芦丁、阿魏酸组分均极显著（$P<0.01$）高于'红阳'，其他组分差异不明显；3个猕猴桃品种果实酚类物质相关组分总和与总酚差异不大，说明所测的9种酚类物质组分是猕猴桃果实中总酚的主要组成部分。

表5-3　3个猕猴桃品种果实酚类物质组分含量的比较

酚类物质	含量（mg/100g）		
	'赣猕6号'	'金魁'	'红阳'
没食子酸	128.12±1.12A	11.78±0.11B	8.84±0.03C
儿茶素	46.58±0.69A	9.25±0.13B	6.06±0.04C
对羟基苯甲酸	39.51±1.37A	4.07±0.10B	3.60±0.04B
表儿茶素	79.03±0.13A	11.16±0.11B	22.24±0.20C
咖啡酸	59.59±0.54A	4.37±0.56B	8.09±0.07C
香草酸	81.77±8.15A	5.78±0.02B	6.75±0.12C
芦丁	51.66±0.15A	8.29±0.03B	9.01±0.13C
阿魏酸	16.31±0.10A	6.78±0.02B	5.29±0.04C
槲皮素	16.88±1.02A	5.93±0.03B	5.31±0.09B
总和	519.45±10.02A	67.40±0.18B	75.19±0.71B
总酚	528.20±15.01A	68.89±0.31B	77.56±0.88B

注：同行大写字母不同表示存在极显著差异（$P<0.01$）

　　通过高效液相色谱法测定毛花猕猴桃'赣猕6号'、美味猕猴桃'金魁'、中华猕猴桃'红阳'三个品种果实在动态发育期9种相关酚类物质组分含量并进行相关性分析得出，在果实发育期间，毛花猕猴桃'赣猕6号'各组分含量均极显著（$P<0.01$）高于另外两个品种；9种酚类物质组分在'赣猕6号'果实生长发育过程中，整体上除咖啡酸和表儿茶素含量呈现出先降后升的趋势外，其他几种酚类物质组分均是先升后降；对照品种'金魁''红阳'果实在生长发育过程中，各酚类物质组分含量均在发育初期偏高，随着果实的膨大逐渐下降；三个猕猴桃品种酚类组分中，没食子酸、芦丁、表儿茶素、咖啡酸、槲皮素偏高，说明猕猴桃酚类物质中这5种组分所占比重较大，这与杜国荣（2009）等的研究结果相似。通过横向对比发现，不同品种猕猴桃在果实动态发育过程中各酚类物质组分含量差异比较明显；通过纵向对比发现，猕猴桃果实中各酚类物质组分的含量在动态发育过程中，各阶段之间存在极显著差异；'赣猕6号'果实主要酚类物质成分为没食子酸、表儿茶素、儿茶素、芦丁；'金魁'果实主要酚类物质成分为没食子酸、儿茶素、芦丁；'红阳'果实主要酚类物质成分为表儿茶素、咖啡酸、槲皮素。严娟等（2014）通过高效液相色谱法测定了红色、白色、黄色三种肉色类型桃果实中的酚类物质组分，结果表明桃果实中主要存在的酚类物质组分有10种，且不同肉色类型的果实中主要酚类物质含量存在差异，但是通过对比发现，成熟期猕猴桃果实中酚类物质组分远高于桃。韩玲玲（2013）优化了石榴果实中酚类物质组分的测定方法，并从石榴籽和果皮中共检测到13种酚类物质组分。山楂（沈燕琳，2014）、柿子（蒲飞，2014）

等均被检测出不同的酚类物质组分，不同水果的酚类物质种类不一致。酚类物质组分之间差异的产生可能是因为猕猴桃在不同的生长发育过程中其他营养物质积累也存在不同的变化，有关研究表明猕猴桃果实在动态发育期间可溶性糖含量初期呈现上升趋势、后期缓慢下降，可滴定酸含量呈上升—下降—上升的变化趋势，AsA含量变化曲线呈双"S"形（洪珊妮等，2016）。Montanaro等（2007）研究发现，猕猴桃果实中的多酚类化合物对其色泽、风味等方面都有一定的影响。在猕猴桃酒加工过程中果汁的颜色随着酚类物质被氧化而逐渐加深，在果实成熟期毛花猕猴桃果肉呈现碧绿色，叶绿素含量丰富，中华猕猴桃果肉中的类胡萝卜素与花青苷含量丰富（黄春辉等，2014）；据报道，酚酸类物质影响果实的苦味与涩味，在猕猴桃果汁加工过程中，果汁的苦涩感与猕猴桃酚类物质的含量成正比（王燕，2011）。目前商业化生产上，以美味猕猴桃、中华猕猴桃为主，前者口感酸甜适中，后者偏甜，毛花猕猴桃由于鲜食口感偏酸，种植生产面积偏少，还没有规模化生产。

　　目前，国内外对酚类物质的研究主要集中在医药品、食品添加剂、化妆品等方面，而对于猕猴桃果实酚类物质提取工艺及相关组分的研究报道较少。对猕猴桃多酚类物质的研究主要集中在果汁及果酒提取物的生理活性方面，对其组分含量及合成相关基因表达与功能分析方面缺乏系统研究，目前国内外尚未见酚类物质在毛花猕猴桃果实中的合成代谢途径及其调控机制的相关报道。后期欲在本研究的基础上，利用高通量测序技术对毛花猕猴桃'赣猕6号'总酚含量有显著差异的几个不同时期的果实进行转录组测序，以'华特'全基因组数据库为参照分析各基因的表达量；通过与美味猕猴桃'金魁'、中华猕猴桃'红阳'的横向比较和其自身发育动态的纵向比较，再结合拟南芥、茶、柿、葡萄等其他物种中酚类物质的合成代谢途径筛选、发掘出毛花猕猴桃酚类物质合成相关的差异表达关键基因，进而采用实时PCR技术对差异表达关键候选基因进行果实发育过程中的表达量分析，同时构建超量表达载体转化模式植物番茄，进一步分析验证基因的功能。揭示酚类物质对毛花猕猴桃鲜食风味品质的影响和明确毛花猕猴桃酚类物质合成相关的差异表达关键基因，将为解析毛花猕猴桃酚类物质的合成调控机制奠定基础，亦为毛花猕猴桃种质创新和新品种选育提供新的思路与理论依据。

主要参考文献

陈楚佳. 2016. 毛花猕猴桃'赣猕6号'叶绿素合成相关基因的克隆与表达分析. 江西农业大学硕士学位论文.

杜国荣. 2009. 猕猴桃、柿和苹果果实的抗氧化能力及其抗氧化活性成分的分析. 西北农林科技大学博士学位论文.

冯晨静, 关军锋, 杨建民, 等. 2003. 草莓果实成熟期花青苷、酚类物质和类黄酮含量的变化. 果树学报, 20(3): 199-201.

辜海彬, 陈武勇, 许春树, 等. 2004. 植物多酚-蛋白复合填充剂的性能及应用研究. 中国皮革, 33(7): 10-12.

韩林, 杨琴, 周浓, 等. 2014. 猕猴桃可溶性膳食纤维酶法制备工艺及抗氧化活性研究. 食品工业科技, 35(12): 197-201.

韩玲玲. 2013. 石榴果实发育过程中多酚组分及含量变化比较. 山东农业大学硕士学位论文.

洪珊妮, 梁静仪, 赖兰兰, 等. 2016. "仲和红阳"猕猴桃果实成熟过程中花青素及糖含量的变化. 仲恺农业工程学院学报, 29(1): 22-25.

黄春辉, 高洁, 张晓慧, 等. 2014. 黄肉猕猴桃果实发育期间色素变化及呈色分析. 果树学报, 31(4): 617-623.

黄素梅, 韦绍龙, 韦弟, 等. 2013. 香蕉废弃物提取物的总酚含量及其清除DPPH自由基能力. 食品科技, (8): 158-162.

贾娜, 刘丹, 谢振峰. 2016. 植物多酚与食品蛋白质的相互作用. 食品与发酵工业, 42(7): 277-282.

金莹, 孙爱东. 2005. 植物多酚的结构及生物学活性的研究. 中国食物与营养, (9): 27-29.

刘杰超, 张春岭, 陈大磊, 等. 2015. 不同品种枣果实发育过程中多酚类物质、AsA含量的变化及其抗氧化活性. 食品科学, 36(17): 94-98.

乜兰春, 孙建设, 陈华君, 等. 2006. 苹果不同品种果实香气物质研究. 中国农业科学, 39(3): 641-646.

潘红英, 王华, 陈武勇. 2009. 植物多酚与铬离子形成新型鞣剂的研究进展. 西部皮革, 31(13): 24-29.

蒲飞. 2014. 柿果实酚类物质含量、生物活性及其相关酶的研究. 西北农林科技大学博士学位论文.

任晓婷, 张生万, 李美萍, 等. 2016. 不同品种猕猴桃总酚含量与清除自由基能力相关性研究. 山西农业大学学报(自然科学版), 36(5): 341-344.

沈燕琳. 2014. 山楂果实酚类物质组分分析及其生物活性评价. 浙江大学硕士学位论文.

孙敏, 岳田利, 袁亚宏. 2007. 猕猴桃果汁多酚类物质的提取工艺研究. 农产品加工·学刊, (3): 40-43.

汤佳乐, 黄春辉, 刘科鹏, 等. 2013. 野生毛花猕猴桃叶片与果实AsA含量变异分析. 江西农业大学学报, 35(5): 982-987.

王岸娜, 徐山宝, 吴立根. 2008. 猕猴桃多酚组分及稳定性研究. 河南工业大学学报(自然科学版), 29(2): 43-46.

王鸿飞, 李和生, 董明敏. 2004. 柚皮苷酶对柑橘类果汁脱苦效果的研究. 农业工程学报, 20(6): 174-177.

王燕. 2011. 野生猕猴桃果酒发酵原料筛选与最佳配比研究. 酿酒科技, (10): 32-34.

夏陈, 陈建, 张盈娇, 等. 2016. 红阳猕猴桃多糖组分的分离纯化、单糖组成及其抑制癌细胞活性. 食品科学, 38(21): 126-131.

许淑君. 2016. 美容化妆品中的植物多酚提取实验研究. 化工设计通讯, 42(5): 149.

严娟, 蔡志翔, 沈志军, 等. 2014. 桃3种颜色果肉中10种酚类物质的测定及比较. 园艺学报, 41(2): 319-328.

燕标, 吴延军, 谢鸣, 等. 2011. 毛花猕猴桃果实L-半乳糖内酯脱氢酶基因cDNA片段的克隆与序列分析. 浙江农业学报, 23(3): 523-527.

杨丹. 2011. 1-MCP对红日猕猴桃果实采后品质、后熟及酚类抗氧化活性的影响. 西南大学硕士学位论文.

杨立锋, 丁强, 杨菊林, 等. 2015. 8种水果酚类化合物含量与其抗糖基化作用的研究. 粮食与食品工业, 22(4): 78-81.

伊娟娟, 左丽丽, 王振宇. 2013. 植物多酚的分离纯化及抗氧化、降脂降糖功能研究. 食品工业科技, 34(19): 391-395.

张海晖, 段玉清, 倪燕, 等. 2008. 谷物中多酚类化合物提取方法及抗氧化效果研究. 中国粮油学报, 23(6): 107-111.

张育青, 莫正海, 宣继萍, 等. 2013. 猕猴桃果肉颜色相关色素代谢研究进展. 中国农学通报, 29(13): 77-85.

张昭, 吕泽芳, 吴洪梅, 等. 2015. 重庆市10大名柚果实酚类物质质量分数及抗氧化活性研究. 西南大学学报(自然科学版), 37(5): 58-65.

赵金梅, 高贵田, 薛敏, 等. 2014. 不同品种猕猴桃果实的品质及抗氧化活性. 食品科学, 35(9): 118-122.

赵秀林, 臧程, 田义超, 等. 2012. 桃果实中花青素的研究进展. 安徽农业科学, 40(10): 5735-5736.

左丽丽. 2013. 狗枣猕猴桃多酚的抗氧化与抗肿瘤效应研究. 哈尔滨工业大学博士学位论文.

左涛. 2016. 杨树儿茶素合成相关基因*DFR*和*LAR*的克隆与功能初步分析. 北京林业大学硕士学位论文.

Bubba M D, Giordani E, Pippucci L, et al. 2009. Changes in tannins, ascorbic acid and sugar content in astringent persimmons during on-tree growth and ripening and in response to different postharvest treatments. Journal of Food Composition & Analysis, 22(7): 668-677.

Bursal E, Gülçin I. 2011. Polyphenol contents and *in vitro* antioxidant activities of lyophilised aqueous extract of kiwifruit (*Actinidia deliciosa*). Food Research International, 44(5): 1482-1489.

Cardenas-Sandoval B A, Lópezlaredo A R, Martínezbonfil B P, et al. 2012. Avances en la fitoquímica de *Cuphea aequipetala*, *C. aequipetala* var. *hispida* y *C. lanceolata*: extracción y cuantificación de los compuestos fenólicos y actividad antioxidante. Revista Mexicana de Ingeniería Química, 11(3): 401-413.

Cassano A, Donato L, Drioli E. 2007. Ultrafiltration of kiwifruit juice: operating parameters, juice quality and membrane fouling. Journal of Food Engineering, 79(2): 613-621.

Chandra S, Khan S, Avula B, et al. 2014. Comparison of antioxidant activity, total phenolic and flavonoid content and yield of different crops grown in soil and aeroponic system. Planta Medica, 80(10): PD134 .

Dawes H M, Keene J B. 1999. Phenolic composition of kiwifruit juice. Journal of Agricultural & Food Chemistry, 47(6): 2398-2403.

Du G R, Li M J, Ma F W, et al. 2009. Antioxidant capacity and the relationship with polyphenol and vitamin C in *Actinidia* fruits. Food Chemistry, 113(2): 557-562.

Engström B, Nordberg G F. 2011. Polyphenol contents and *in vitro* antioxidant activities of lyophilised aqueous extract of kiwifruit (*Actinidia deliciosa*). Food Research International, 44(5): 1482-1489.

Kroll J, Rawel H M. 2010. Reactions of plant phenols with myoglobin: influence of chemical structure of the phenolic compounds. Journal of Food Science, 66(1): 48-58.

Krupa T, Latocha P, Liwińska A. 2011. Changes of physicochemical quality, phenolics and vitamin C content in hardy kiwifruit (*Actinidia arguta* and its hybrid) during storage. Scientia Horticulturae, 130(2): 410-417.

Madhan B, Subramanian V, Rao J R, et al. 2005. Stabilization of collagen using plant polyphenol: role of catechin. International Journal of Biological Macromolecules, 37(1-2): 47.

Montanaro G, Treutter D, Xiloyannis C. 2007. Phenolic compounds in young developing kiwifruit in relation to light exposure: implications for fruit calcium accumulation. Journal of Plant Interactions, 2(1): 63-69.

Montefiori M G, McGhie T K, Costa G, et al. 2005. Pigments in the fruit of red-fleshed kiwifruit (*Actinidia chinensis* and *Actinidia deliciosa*). Journal of Agricultural & Food Chemistry, 53(24): 9526-9530.

Nimal Punyasiri P A, Tanner G J, Abeysinghe I S, et al. 2004. *Exobasidium vexans* infection of *Camellia sinensis* increased 2,3-*cis* isomerisation and gallate esterification of proanthocyanidins. Phytochemistry, 65(22): 2987-2894.

Park Y S, Leontowicz H, Leontowicz M, et al. 2011. Comparison of the contents of bioactive compounds and the level of antioxidant activity in different kiwifruit cultivars. Journal of Food Composition & Analysis, 24(7): 963-970.

Psarra E, Makris D P, Kallithraka S, et al. 2002. Evaluation of the antiradical and reducing properties of selected Greek white wines: correlation with polyphenolic composition. Journal of the Science of Food and Agriculture, 82(9): 1014-1020.

Roleira F M, Tavaresdasilva E J, Varela C L, et al. 2015. Plant derived and dietary phenolic antioxidants: anticancer properties. Food Chemistry, 183: 235.

Sakihama Y, Cohen M F, Grace S C, et al. 2002. Plant phenolic antioxidant and prooxidant activities: phenolics-induced oxidative damage mediated by metals in plants. Toxicology, 177(1): 67.

Salari M, Panjekeh N, Nasirpoor Z, et al. 2012. Changes in total phenol, total protein and peroxidase activities in melon (*Cucumis melo* L.) cultivars inoculated with *Rhizoctonia solani*. African Journal of Microbiology Research, 6(37): 6629-6634.

Sánchez-Rodríguez E, Moreno D A, Ferreres F, et al. 2011. Differential responses of five cherry tomato varieties to water stress: changes on phenolic metabolites and related enzymes. Phytochemistry, 72(8): 723-729.

Schmidtlein H, Herrmann K. 1975. On the phenolic acids of vegetables. Ⅳ. Hydroxycinnamic acids and hydroxybenzoic acids of vegetables and potatoes (author's transl). Zeitschrift für Lebensmittel-Untersuchung und-Forschung, 159(5): 255.

Song X Q, Ren Y M, Zhang Y Y, et al. 2014. Prediction of kiwifruit quality during cold storage by electronic nose. Food Science, 35(20): 230-235.

Tavarini S, Degl'Innocenti E, Remorini D, et al. 2008. Antioxidant capacity, ascorbic acid, total phenols and carotenoids changes during harvest and after storage of Hayward kiwifruit. Food Chemistry, 107(1): 282-288.

Ubeda C, Hidalgo C, Torija M J, et al. 2011. Evaluation of antioxidant activity and total phenols index in persimmon vinegars produced by different processes. LWT - Food Science and Technology, 44(7): 1591-1596.

Vadivel V, Biesalski H K. 2011. Contribution of phenolic compounds to the antioxidant potential and type Ⅱ diabetes related enzyme inhibition properties of *Pongamia pinnata* L. Pierre seeds. Process Biochemistry, 46(10): 1973-1980.

Vinson J A, Jang J, Dabbagh Y A, et al. 1994. Plant polyphenols exhibit lipoprotein-bound antioxidant activity using an *in vitro* oxidation model for heart disease. Journal of Agricultural & Food Chemistry, 43(11): 2798-2799.

第六章　毛花猕猴桃果实中糖酸的研究

第一节　果实中糖酸的研究进展

一、果实中糖类物质的研究进展

　　果实中的可溶性固形物含量和种类决定着果实的风味品质。可溶性固形物中最主要的成分是糖类物质，糖类物质是果实风味品质形成的决定性因素之一，还作为能源物质，保障植株的正常生理代谢活动（Taylor et al.，1982）。除此之外，糖类物质还是重要的信号调节物质，参与调控植物的生长发育及相关基因的表达（Leon and Sheen，2003）。不同种类和数量的糖类物质可形成不同的风味品质，提升果实风味品质需了解糖类物质的形成、运输、代谢等过程，挖掘糖类物质代谢过程中的相关酶的影响，不断深入研究代谢酶的基因，从分子技术水平提高果实风味品质。目前，国内外对糖代谢的研究主要集中在苹果、柑橘、葡萄、杧果等园艺植物上，相关代谢酶则主要集中在蔗糖合成酶（SUS）、蔗糖转化酶、蔗糖磷酸合成酶（SPS）上，近年来国内外有关果实糖代谢及调控的分子生物学研究已十分广泛。

（一）糖的种类

　　糖类物质是果实的重要组成成分，且是其他营养成分及芳香物质的合成原料。不同品种间糖变化趋势不一样，对中华猕猴桃品种'金桃'和毛花猕猴桃品系6113果实的主要碳水化合物的研究表明，进入成熟后期果实的糖和可溶性固形物含量迅速增加（钟彩虹等，2011），但早熟品种'红阳'的糖含量在整个果实发育过程中呈上升的趋势，而晚熟'金魁'的糖含量则呈上下波动趋势（Ge et al.，2013）。一般情况下，果实进入成熟后期后，由于淀粉的转化作用，果实的糖含量和可溶性固形物含量会迅速增加。不同器官、组织的糖含量不同，且糖的种类也存在一定的差异，如番茄花梗和果柄的维管束中主要含有蔗糖，果实的其他部位中则主要含有葡萄糖和果糖；果皮组织和果实维管束中的葡萄糖、果糖含量与果胶质及隔壁中的含量存在显著性差异（齐红岩等，2001）。不同种之间含有的糖的种类也不尽相同，如葡萄以葡萄糖为主，桃、杏以蔗糖为主。这种现象的出现在很大程度上取决于果实中糖的代谢类型及相关酶的活性（王晨等，2009）。同种但不同品种之间，糖的类型和含量也存在较大的差异，这已在对9个白梨品种的研究中得到证明（刘松忠等，2015）。在不同成熟期黄肉桃的研究中也发现，各种糖组分的含量及其所占总量的比例均有差异，蔗糖含量及其所占总糖的比例表现为早熟＞中熟＞晚熟；山梨醇则正好相反，为早熟＜中熟＜晚熟；葡萄糖和果糖表现为晚熟高于早熟和中熟，早熟与中熟间差异不显著（钱巍等，2015）。同一品种不同果实部位之间糖类物质的积累也存在一定的先后顺序，枣果实果肩部位糖的积累均早于果顶，且果肩部位可溶性糖的含量均显著高于果顶（李洁等，2017）。

（二）糖的相关代谢酶

叶片通过光合作用产生的光合产物是果实糖类物质积累的重要来源，以蔗糖和山梨醇的形式通过韧皮部长途运输后卸载到发育过程中的果实内（陈俊伟等，2004）。经过蛋白质跨膜运输和系列酶反应，糖最终以蔗糖、山梨醇、果糖和葡萄糖的形式分散于果实的不同部位，使得果实具有独特的风味品质（魏长宾，2006）。蔗糖代谢、山梨醇代谢、己糖代谢和淀粉代谢途径是目前公认的四大糖代谢途径，这几种途径均由不同类型的代谢酶参与。不同物种间糖的积累机制存在较大差异，代谢酶的调控作用也存在较大的差别。在西瓜上的研究则表明，酸性转化酶（AI）和中性转化酶（NI）是其主要的调控酶（常尚连等，2006）；SUS、AI和NI与番茄果实糖的含量密切相关（袁野等，2009）；桃果实中的SUS和SPS活性对糖的积累起关键作用（Lombardo et al.，2011）；在草莓上，除转化酶外，己糖激酶对糖的积累也起关键作用；红富士苹果果实蔗糖代谢主要受AI和SUS活性的调控（王永章和张大鹏，2001）。对菠萝蜜'马来西亚1号'的研究发现，蔗糖的积累与AI活性呈显著负相关关系，与SUS、SPS活性呈显著正相关关系（胡丽松等，2017），并有研究认为SUS、SPS为菠萝蜜蔗糖合成的主要原因，AI和NI可能是导致果实产生甜度的主要酶，对葡萄的研究则表明AI是葡萄果实糖积累的最重要的调节因子（卢彩玉等，2011）。在脐橙上则发现，SPS和SUS是糖类物质积累的关键酶（刘训等，2013）；果实糖的积累过程中存在蔗糖快速积累期，直接影响果实成熟时可溶性糖含量的高低（李泽坤和陈清西，2015）。

（三）糖的相关酶基因调控

糖代谢是在相关酶基因的调控下完成的，不同果实生长发育时期，代谢相关酶基因的表达差异会导致其不同时期的糖分的积累量出现差异（袁晖等，2017）。对'南红梨'的研究发现盛花后60天时蔗糖合成酶基因PuSUS1和PuSUS2表达量最高，且PuSUS2在花后120天和134天也有较高的表达量；花后60天和120天时，蔗糖磷酸合成酶基因PuSPS2和PuSPS1分别达到最大值；在果实发育早期，蔗糖转运蛋白PuSUT及β-葡萄糖苷酶基因PuBGLU1、PuBGLU2和PuBGLU4有大量表达，在果实发育后期碱性/中性转化酶基因PuNINV1和PuNINV2有大量表达（李馨玥等，2016）。不仅在不同的果实生长发育期间其代谢酶表达会有所差异，在不同的植株部位，其糖代谢相关酶的表达也会有所差异，对桃蔗糖合成酶的研究发现，蔗糖合成酶PpSUS3主要在果实和韧皮部表达，蔗糖合成酶PpSUS1在叶片中的表达量较高（张春华等，

2014）。对铁皮石斛的研究表明，3个*Do Inv Inh*基因在根、茎、叶和花中都有表达，且其中*Do Inv Inh2*和*Do Inv Inh3*基因在根中表达量最低，而在花中表达量最高（苗小荣等，2018）。以桃为试验材料发现，蔗糖合成酶基因（*SUS1*～*SUS6*）在植物蔗糖代谢中起关键作用，对其外显子/内含子分析表明，*PpSUS*基因含有11～13个内含子，具有高度的保守性，对6个*PpSUS*基因的表达水平分析表明，*PpSUS1*的转录本在叶片和老韧皮部中几乎检测不到，*PpSS2*和*PpSS2*在其他10个植物物种中几乎检测不到，而另外3个*PpSUS*基因在所有组织中均有差异表达，并在组织发育的不同阶段被检测到（Zhang et al.，2015）。在枣蔗糖合成酶*SUS6*基因的表达上也有类似的发现（冯延芝等，2017）。目前，对蔗糖酸性转化酶基因的研究较多，如杨梅、柑橘、桃、甜瓜等。秦巧平等（2006）以杨梅为试验材料发现，*MrIVR1*编码的蛋白质属于细胞壁酸性转化酶，半定量RT-PCR表达分析显示，其在果实发育早期表达量最高，在成熟果实中表达水平较低；安新民等（2001）以柑橘基因组DNA为模板，采用PCR方法分别扩增出长约740bp和530bp的DNA片段，分别转入pBS-T和pMD18-T载体中，通过测序获得柑橘酸性转化酶基因家族的两个成员*A*和*B*，分别长742bp和524bp，在GenBank中进行同源性检索，推测酸性转化酶基因成员*A*和*B*编码的蛋白质分别定位于液泡和细胞壁。

依靠先进的科技水平，现已克隆出许多和糖代谢相关的基因。于喜艳等（2007）从甜瓜花后25天的果实总RNA中扩增出目标cDNA片段，检测其在甜瓜果实不同发育时期的表达变化发现，该基因在甜瓜果实花后25天开始表达，随着果实的成熟，表达量升高；王君（2012）根据GenBank中登录的酸性转化酶基因序列设计特异性引物，通过RT-PCR扩增获得长度为429bp的酸性转化酶基因片段；应用同源克隆和cDNA末端快速扩增法（RACE）技术从苉梨果肉中克隆出内切-β-1,4-葡聚糖酶基因的一个同源基因cDNA的全长序列，命名为*PbEG*，其碱基长度为1971bp，*PbEG*的可读框编码493个氨基酸，分子量为54.5961kDa，等电点为9.14（张晓菲等，2013）；帅良等（2017）以'石硤'龙眼试材，采用RT-PCR结合RACE技术成功克隆了3个龙眼中性转化酶基因全长cDNA序列，研究发现这3个基因在不同组织中的表达量具有较大差异，其中*DlNI-1*和*DlNI-2*在叶片中都具有较高的表达量，而*DlNI-3*在果皮组织中具有最高的表达量。*SUS*基因被认为与草莓果实成熟有关，Hua等（2016）利用RT-PCR方法克隆了*FaSUS1*的编码cDNA序列，进行RNA沉默和原核表达，证明其具有较高的蔗糖裂解活性，在草莓果实成熟过程中起重要的调控作用；相关研究表明生长素反应因子*SLARF4*也参与控制番茄果实发育过程中的糖代谢，同时低温驯化、植物生长调节剂对糖代谢基因的表达具有一定的影响。

二、果实中有机酸的研究进展

（一）有机酸的种类

依据果实有机酸分子碳价来源，可将有机酸分成三大类：一是脂肪族羧酸，其中可分为单羧酸（如甲酸、乙酸等）、二羧酸（如草酸、富马酸、琥珀酸、酒石酸等）、三羧酸（如柠檬酸、异柠檬酸等）；二是糖衍生的有机酸，如葡萄糖醛酸、半乳糖醛酸等；三是含有苯环的酚酸类物质，如水杨酸、奎尼酸、莽草酸等。果实中的可溶性有机酸主要是二羧酸和三羧酸（汪显友，2014）。

有机酸组分与含量的差异使不同类型的果实拥有独具特色的风味，有机酸是决定果实酸度及风味的重要组成因子，同时对保持果实品质和确定营养价值起重要作用。果实中有机酸组分很多，但大多数果实以1种或2种有机酸为主，根据成熟果实中积累的主要有机酸种类，大体可分为柠檬酸优势型、苹果酸优势型和酒石酸优势型3种（马倩倩等，2017）。柑橘类为柠檬酸优势型果实的代表，其柠檬酸含量占总酸的66%～99%，苹果酸占15%左右（曾祥国，2005）；苹果为苹果酸优势型果实的代表，其苹果酸含量约占总酸的84%，此外还有琥珀酸、草酸、乙酸、酒石酸和柠檬酸（马百全，2016）；酒石酸优势型果实的代表水果是葡萄，成熟期果实的酒石酸含量占总酸的42.8%～77.0%，苹果酸含量占总酸的10.3%～41.6%（郑丽静，2015）。有机酸在果实发育过程中积累，在成熟过程中作为糖酵解、三羧酸循环及糖异生作用等的基质被消耗。Sanz等（2004）研究发现猕猴桃果实中存在柠檬酸、奎尼酸、苹果酸和草酸等有机酸；Nishiyama等（2008）对25个不同基因型的猕猴桃有机酸组分的研究表明，柠檬酸和奎尼酸在所有猕猴桃果实中占主导地位。周元和傅虹飞（2013）利用反向高效液相色谱法测得的猕猴桃‘哑特’‘华优’‘果丰楼’果实成熟时的主要有机酸组分为柠檬酸、苹果酸、酒石酸和奎尼酸；王刚等（2017）采用高效液相色谱法测定12个猕猴桃品种的有机酸组分及含量，发现中华猕猴桃的总酸含量要高于美味猕猴桃，这两种猕猴桃的主要有机酸组分为奎尼酸、苹果酸和柠檬酸，酒石酸几乎没有；Marsh等（2009）研究发现，种植在美国的美味猕猴桃‘海沃德’果实中主要有机酸是奎尼酸，还含有少量的苹果酸和柠檬酸及微量的草酸；而Macrae等（2010）与Marsh等（2009）指出，种植在新西兰的美味猕猴桃‘海沃德’和‘布鲁诺’的主要有机酸为柠檬酸，其次为苹果酸和奎尼酸。

（二）果实发育过程中有机酸组分与含量的变化

果实发育过程中有机酸的含量和组分也会有区别，不同果实中的主要有机酸在果实发育过程中均呈现先上升后下降的变化趋势。高阳等（2016）对靖安椪柑果实发育期阶段有机酸组分及含量变化的研究发现，椪柑果实主要含柠檬酸、奎尼酸和苹果酸，以柠檬酸为主。总有机酸和柠檬酸含量均在发育阶段前期上升后期下降，奎尼酸和酒石酸含量在整个发育期呈现递减的趋势。刘世尧等（2019）对綦江木瓜果实进行不同发育期有机酸组成及含量的测定，研究表明，木瓜完熟时以苹果酸、乙酰丙酸、柠檬酸为主，从盛花后90天至果实完熟，总有机酸含量呈先下降后上升再下降的趋势，苹果酸和柠檬酸的变化趋势与总有机酸类似，在果实发育期间经历了下降—上升—下降的趋势。高志红等（2018）研究果实发育期间梅和杏的有机酸发现，梅和杏果实中的主要有机酸均为柠檬酸、苹果酸，以柠檬酸为主，苹果酸含量先增加后降低。且前人研究发现，同一品种间同样也存在有机酸组分和含量的差异，杜改改等（2017）对6个杏李品种的研究发现，杏李中有机酸含量存在差异，其中苹果酸含量最高；不同杏李中有机酸组分也存在差异，'恐龙蛋''味帝'和'风味皇后'中未发现酒石酸，且'味厚'中未发现莽草酸，'风味皇后'中未发现琥珀酸。Marsh等（2009）在对三种猕猴桃发育期间有机酸代谢的研究中发现，猕猴桃中主要有机酸均为奎尼酸和柠檬酸，但三种猕猴桃中有机酸含量在发育期间存在差异，美味猕猴桃和软枣猕猴桃有机酸在果实发育早期贮存，然后随着果实成熟和果实大小增加减慢而下降，而中华猕猴桃奎尼酸发育早期就比较高，整体呈现下降—上升—下降的趋势。

（三）有机酸对果实品质的影响

有机酸的种类及含量是果实品质形成的重要基础。有机酸可作为新陈代谢活跃的溶质参与细胞渗透调节和平衡细胞内过量的阳离子；同时有机酸还是植物应对营养亏缺、对抗重金属、植物和微生物在根与土壤交界面发生相互作用的关键成分。有机酸还可提高果实的抗病性，范林林等（2014）研究柠檬酸对鲜切苹果的作用发现，1.5%柠檬酸溶液处理可保持苹果的新鲜度，抑制苹果的褐变，对鲜切苹果有较好的护色效果。从糖、酸含量的绝对值与风味的关系看，果实含糖量较高、含酸量低或中等、糖酸比偏低的品种风味较好。靳志飞等（2015）研究桃果实品质发现，苹果酸含量和山梨醇含量是影响果实糖酸风味的主要因素。李宝江等（1994）研究了苹果糖酸含量与品质的关系，认为苹果的风味品质主要取决于含酸量和糖酸比，含糖量影响较小。沙广利等（1997）对90个品种梨的研究表明，含酸量是影响梨品质的重要因子之一；含酸量很低时，优质果所占比例较大。据报道，人口腔对柠檬酸的感知先于苹果酸，且酸度比苹果酸高，保留时间短，而苹果酸酸味柔和、爽快。HuLme（1958）研究发现，奎尼酸、莽草酸及其相关的脂肪酸可能直接影响果实的苦味。Marsh等（2003）通过对猕猴桃的品尝实验，认为同等浓度的奎尼酸比柠檬酸和苹果酸对食用时"酸口感"的贡献更大。Nishiyama等（2008）通过测定不同猕猴桃的糖酸组分，结果表明，在25种不同基因型的猕猴桃成熟果实中，山梨猕猴桃'Awaji'中三种有机酸的总量显著高于几种软枣猕猴桃。'Awaji'中奎尼酸含量最高，显著高于几种软枣猕猴桃，这与软枣猕猴桃比其他猕猴桃口感更甜的事实相符。

（四）有机酸相关代谢酶的研究进展

果实发育期间有机酸含量的高低与相关代谢酶的活性密不可分，关于苹果、柑橘、梨、杏、枣、李等果实的有机酸组分及相关代谢酶的研究已有较多报道，而对猕猴桃果实有机酸代谢酶的研究较少。

1. 柠檬酸代谢酶

在果实发育后期，有机酸含量会出现下降的趋势。关于有机酸下降的原因有以下两方面。一是随着果实的增大，水分不断增加，产生"生理稀释"作用，但果实中水分的增加与酸含量下降的速率不同，表明水分增加而产生的稀释作用不是果实中酸含量下降的唯一原因。二是酶系统改变，柠檬酸合成受到抑制，酸被继续氧化分解（文涛等，2001）。柠檬酸合成酶（CS）、磷酸烯醇式丙酮酸羧化酶（PEPC）、线粒体异柠檬酸脱氢酶（NAD-IDH）和乌头酸酶（ACO）均可影响果实有机酸的含量，酸含量差异可能是上述代谢酶的一种或几种综合作用的结果。高志红等（2018）研究梅和杏发现，在梅果实'养老'和杏果实'金太阳'中，CS、NAD-IDH和细胞质乌头酸酶（Cyt-ACO）是果实柠檬酸代谢的关键酶。

果实中酸的积累不仅与酸的合成有关，还与酸的分解有关，Blanke和Michael（2010）与Notton和Blanke（1993）报道，CS和PEPC促进柠檬酸的合成，ACO和NAD-IDH则促进柠檬酸的分解。李雪梅（2008）研究发现，PEPC活性变化与柠檬酸含量变化的一致性较大。很多研究表明，CS能够促进果实中柠檬酸的合成，刘雅兰等（2017）对果梅的研究发现，柠檬酸含量主要受CS活性的影响。而有些报道表明不同时期柠檬酸的积累与CS活性无关，Yamaki（1990）对日本夏橙的研究发现，发育过程中CS活性与柠檬酸积累并不相关。因此，这说明对果实柠檬酸合成的调控作用因树种而异，对于CS活性变化与有机酸积累是否相关还需进一步研究。Popova等（1998）认为细胞质ACO参与了柠檬酸的分解代谢。有些人认为PEPC对柠檬酸代谢没有显著作用，马倩倩等（2017）研究枣有机酸代谢也有类似发现，也有报道表明NAD-IDH对柠檬酸合成有促进作用，而PEPC、Cyt-ACO酶活性与苹果酸和柠檬酸含量变化无明显相关关系。郭文岚等（2013）在对黄冠梨的研究中发现，NADP-异柠檬酸脱氢酶（NADP-IDH）活性与黄冠梨果皮和果肉中柠檬酸的积累量呈极显著正相关，而线粒体乌头酸酶（Mit-ACO）活性与柠檬酸的积累量存在极显著负相关关系，PEPC与柠檬酸含量没有明显的相关性。也有研究发现，Mit-ACO活性对柠檬酸含量变化并没有表现出一定的影响，李甲明等（2013）研究不同梨品种的相关酶活性，发现Mit-ACO活性与柠檬酸含量并没有表现出显著的相关性，柠檬酸含量下降除与CS活性下降有关，还与NAD-IDH活性升高有关。也有报道认为PEPC/NAD-IDH与果实有机酸的积累有关。Hirai和Ueno（1977）研究发现，果实酸积累与PEPC、CS

活性并没有表现出显著的相关性，且在酸积累时期，PEPC/NAD-IDH较高。而对猕猴桃果实中柠檬酸代谢的相关研究还未见报道，通过前人对果实柠檬酸合成调控作用的研究发现，因树种、品种不同，柠檬酸代谢的关键酶也会有区别，对于柠檬酸相关酶活性变化与有机酸积累是否相关还需进一步研究。

2. 奎尼酸代谢酶

莽草酸途径是存在于植物、微生物中重要的代谢途径，是连接糖代谢和次生代谢的主要桥梁。脱氢奎尼酸酶（DHQ）和莽草酸脱氢酶（SDH）促进了莽草酸途径中的第3、4步反应，并且奎尼酸是该途径的副产物。脱氢奎尼酸在奎尼酸脱氢酶（QDH）的催化下产生奎尼酸。脱氢奎尼酸也通过植物中双功能的酶转化为莽草酸，双功能酶具有脱氢奎尼酸酶（DHQ）和莽草酸脱氢酶（SDH）活性（DHQ/SDH）。因此，奎尼酸和莽草酸合成之间的平衡将由相对QDH和DHQ/SDH活性及可用中间池的大小驱动。有时，植物可利用贮存的奎尼酸储备来制备莽草酸。尽管植物中的DHQ/SDH催化莽草酸的形成，但我们不知道DHQ/SDH是否也与奎尼酸反应。在大肠杆菌中存在两种相关形式的SDH，一种以相似的速率与奎尼酸和莽草酸反应，另一种仅与莽草酸反应。对QDH和SDH在几种植物中的活性进行了测定，但目前尚不清楚是否有单独QDH对奎尼酸的特异性反应。目前在果树上对奎尼酸代谢的研究较少，在有些果树上甚至未见报道。Marsh等（2009）对三种猕猴桃中的SDH、QDH进行研究发现，QDH活性在果实发育早期最高，然后在成熟果实中下降。在美味猕猴桃中，QDH活性在奎尼酸达到最大浓度之前增加，然后急剧下降。在中华猕猴桃中，QDH在开花后不久就开始升高，到与奎尼酸水平平行时，又迅速下降。在软枣猕猴桃中，QDH活性在果实发育前70天缓慢下降，70天时与奎尼酸峰高度平行，随后在果实发育过程中降至低值。QDH活性的综合量在美味猕猴桃和中华猕猴桃中最高，在软枣猕猴桃中最低，与其总奎尼酸的积累显著相关。这些结果与莽草酸途径中的QDH活性一致。SDH活性从最早的样本点开始最大化，随着果实的发育趋于下降，从花后100天开始保持相对稳定，表明奎尼酸和莽草酸最早都是合成的。SDH的活性在软枣猕猴桃中是最高的，而软枣猕猴桃是奎尼酸积累量最少的物种。约花后100天，当奎尼酸达到稳定水平时，SDH活性仍然处于中等水平，表明随着水果成熟，可以利用奎尼酸来制备莽草酸。

3. 苹果酸代谢酶

NAD-苹果酸脱氢酶（NAD-MDH）、NADP-苹果酸酶（NADP-ME）、PEPC是参与苹果酸代谢的关键酶，NAD-MDH、PEPC主要促进苹果酸合成，NADP-ME对苹果酸主要起代谢作用。马倩倩等（2017）研究枣有机酸代谢时发现，NAD-MDH促进苹果酸的合成，NADP-ME对苹果酸起降解作用。文涛等（2001）对脐橙果实发育过程中PEPC活性进行研究发现，在整个果实发育过程中，PEPC活性先上升后下降，然后保持稳定直至成熟，其变化趋势与有机酸含量的变化趋势一致，并呈极显著正相关。姚玉新等（2010）通过苹果果实中有机酸相关酶活性的测定，发现NADP-ME对果实成熟过程中苹果酸含量的下降起至关重要的作用。Hulme等（1971）发现成熟苹果果实中NADP-ME活性的增加能够减少有机酸的含量，王立霞（2014）的研究结果与其一致。刘雅兰等（2017）研究发现，果梅果实发育前期NADP-ME活性变化不大，后期升高较快，而苹果酸含量先升高后降低，说明NADP-ME对苹果酸起降解作用；另外苹果酸含量与PEPC和NAD-MDH活性呈极显著正相关，因此认为苹果酸含量变化是NAD-MDH、PEPC和NADP-ME活性共同作用的结果。而有些研究发现NAD-MDH不是苹果酸的关键酶，也有报道认为PEPC不是苹果酸的关键酶。王鹏飞等（2013）研究欧李果实得出，苹果酸的积累速率受NAD-MDH活性和NADP-ME活性协同调控。Diakou等（2000）研究了常酸和低酸两种葡萄品种，发现两个品种之间苹果酸的差异不受PEPC调控。马倩倩（2017）研究发现，在整个发育过程中，PEPC活性的变化趋势与苹果酸和柠檬酸含量逐渐升高至果实成熟稍有下降的变化趋势并不一致，且并未表现出明显的相关性。李甲明等（2014）对不同梨品种间的NADP-ME活性进行测定的结果显示，该酶活性在不同梨品种的发育后期存在显著差异，并认为该酶是引起成熟果实间苹果酸含量差异的主要因素。

4. 有机酸代谢酶相关基因表达的研究进展

CS基因已经从多种果实中被克隆出来，并对其进行了表达分析和功能验证。石岩（2016）从'小金海棠'中克隆出了一条新的CS基因——MxCS2，其在叶片中的表达量最丰富，在木质部的表达量最低。徐世荣等（2017）克隆了1个CS基因，将其命名为CmCS，基因全长1416bp，编码具有471个氨基酸的蛋白质。CmCS编码的氨基酸序列与甜橙、川桑等植物的相似度皆大于90%。张柳霞等（2012）从苹果属'山定子'中克隆出CS基因（MbCS1），其与'小金海棠'和'金冠'中的CS基因具有较高的同源性。Christelle等（2010）成功克隆出了桃中6种有机酸代谢酶的基因，发现线粒体中CS、NAD-IDH、NAD-MDH三种基因的表达量在果实成熟期要远高于在发育过程中的其他阶段。张觅等（2008）克隆得到甜橙中CS基因的序列，并发现在'哈姆林'甜橙果肉和果皮中CS基因在生长发育各个时期的基因表达量基本没有明显的变化，而叶片中CS基因的表达水平与果实中柠檬酸含量的动态变化趋势一致。杨滢滢等（2016）对'纽荷尔脐橙'中CitCS1和CitCS2基因的相对表达量进行了分析，发现CitCS家族的表达水平整体趋势较为稳定，与柠檬酸的积累无显著相关性。在不同逆境胁迫下CS基因的表达模式存在差异，张规富等（2015）对椪柑中柠檬酸代谢酶相关基因的相对表达量进行了分析，发现对椪柑果实进行水分胁迫处理之后，总酸含量增加，柠檬酸的积累增加，推断可能是受到CitIDH3、CitACO3、CitGAD4和CitGADs基因表达下调及CitCS1、CitCS2基因表达上调的影响。由此说明果实中柠檬酸的代谢较为复杂，受到多种功能基因的共同调控。

　　关于*ACO*基因在果实中克隆出来的研究较少，Sadka等（2010）利用一个同源于哺乳动物*IRP*基因的拟南芥细胞质乌头酸酶基因，识别了3个编码乌头酸水解酶蛋白的转录单元，分别命名为*CcACO1*、*CcACO2*和*CcACO3*。Terol等（2010）发现编码Cyt-ACO的*CcACO1*、*CcACO2*两个基因的表达模式与果实中酸含量的下降有关，但*CcACO3*在有机酸含量不同的克里曼丁橘、脐橙和柠檬品种间无显著差异；而Kovermann等（2007）发现*CitACO*的低表达导致了晚熟脐橙柠檬酸的较高积累；番茄的*SlCitACO3a*和*SlCitACO3b*的表达被抑制后，导致*CitACO*活性和转录水平均下降30%左右，也导致了成熟果实中柠檬酸含量增加40%。孙琦（2015）在甜橙果实的研究中发现，长叶橙较低的果汁酸度和大果锦橙较高的果汁酸度，可能分别与*CitACO1*和*CitACO4*基因的表达水平高、低有关；*CitACO*可能是甜橙果汁柠檬酸含量水平高低的重要影响因素，其高度表达有利于甜橙果实的柠檬酸降解和果汁的减酸。

　　Sadka等（2000）首次从柠檬果实细胞中克隆出*NADP-IDH*基因，其与土豆中该基因有90%的同源性。在果实发育过程中，*NADP-IDH*活性增加，该酶基因表达量也增加，因此认为在其果实发育过程中*NADP-IDH*活性增加受该酶基因表达的调控。谢晓娜等（2015）在甘蔗中克隆出了*NADP-IDH*基因（*SoNADP-IDH*）并对其进行了表达分析，多重序列比对分析发现，不同物种间*IDH*的同源性很高，且研究发现*SoNADP-IDH*可能参与了抵抗氧化胁迫的过程。高阳等（2018）研究发现，柠檬酸含量和有机酸含量主要受降解相关基因的影响，尤其是*CitIDH1/2*、*CitACO2/3*和*CitACLa1*的相对表达在果实发育中后期增加可能是'靖安椪柑'在发育后期果实中有机酸含量下降的重要因素。

　　前人对*PEPC*基因在有机酸积累方面的研究相对较少，但*PEPC*基因在多种果实中仍被克隆出来了。Perotti等（2010）从橙子的囊汁中克隆出*PEPC*基因。邵姁等（2016）从蓝莓果实中克隆出磷酸烯醇式丙酮酸羧化酶编码基因*VcPEPC*，基因全长为2907bp，可编码968个氨基酸，分子量为110.59kDa。反转录PCR分析表明，*VcPEPC*基因在蓝莓根、茎、叶、花、果实中均有表达，在'奥尼尔'叶片中的表达量高于'蓝丰'、'夏普兰'和'布里吉塔'，在'夏普兰'绿色大果中的表达量较高，成熟后基因表达下调。李贺等（2019）对偏低酸和偏高酸两个品种的沙棘进行了*PEPC*基因表达分析，研究发现*PEPC*基因的表达量在两个品种间存在显著差异，高酸品种表达量变化较小，在低酸品种中呈现升—降—升—降的趋势，转色后迅速表达至峰值，*PEPC*与*NADP-ME*基因共同作用促进苹果酸含量在成熟期迅速降低。*MDH*基因在果实中通过催化一个可逆反应，负责苹果酸的合成。

　　目前，*MDH*在果实中得到克隆和表达的研究较少，Yao等（2011）从苹果果实中克隆得到*NAD-MDH*基因（*MdcyMDH*），并发现*MdcyMDH*基因的表达量与其酶活性呈正相关关系，但是和苹果酸含量的相关性不明显。田丽（2016）采用同源克隆法从郁李果实中克隆了*NAD-MDH*基因的保守区序列，通过荧光定量PCR分析发现，在果实的整个发育过程中NAD-MDH基因在欧李中的表达量要高于郁李，其表达量和苹果酸含量之间并不存在相关性。MDH基因的相对表达量还受到不同逆境胁迫的影响，张建斌等（2012）在对香蕉幼苗进行不同胁迫处理后，MDH基因表现出不同的表达量。不同中间砧处理的果树同样会影响相关基因的表达，史娟等（2016）对苹果果树进行不同中间砧处理后，发现受到不同中间砧的影响，MDH、ME和PEPC基因表达及相关酶活性发生了变化，从而使苹果酸含量出现差异。Alvarez等（2013）从玉米中克隆出5个NADP-ME基因，每一个基因分布在特定的器官里面，主要功能是响应各种应激。李明等（2007）从苹果果实中成功克隆出NADP-ME基因，对其进行实时荧光定量PCR分析发现，在苹果果实发育过程中该基因与苹果酸的含量变化呈负相关关系。董庆龙等（2013）在富士苹果叶片中克隆出2个NADP-ME基因，通过RT-PCR分析得出，两者在苹果果实发育的不同阶段和不同组织中的表达量均存在差异，推断其可能对苹果酸代谢产生不同的作用。郭润姿（2012）对采后黄冠梨果实中有机酸相关代谢的8个基因进行实时荧光定量PCR分析后发现，ME基因对NADP-ME活性具有正调控作用。ME基因的表达量在不同基因型果实中存在差异。由此可以推测，苹果酸的降解途径是一个复杂的过程，受到多种基因共同调控。

目前尚未从植物中克隆初级QDH的基因，但SDH/DQH存在于大肠杆菌中。该酶以相似的速率催化奎尼酸和莽草酸的氧化反应。Marsh等（2009）利用脱氢奎尼酸合成酶（DQS）和植物双功能酶SDH/DQH引物对三种猕猴桃进行莽草酸途径中两种关键酶QDH与SDH的两个基因（SDH/DQH和DQS）进行了表达分析。结果显示，DQS基因在早期和中期高度表达，但在中华猕猴桃和美味猕猴桃的发育晚期表达下降，但在美味猕猴桃的果实成熟期表达量上升。软枣猕猴桃具有低得多的该基因表达水平，可能与较低的奎尼酸水平和在文库中没有与DQS具有同源性的表达序列标签（EST）有关。叶绿体靶向同种类型的基因表达结果与中期和晚期的酶活性一致。软枣猕猴桃表现出最高的酶水平和基因表达，而中华猕猴桃最低，但结果仅部分解释了早期（0～50天）SDH的高活性，有可能不同的基因导致SDH的高初始活性。该结果支持一种假设，即莽草酸的初始合成首先发生在细胞质中，并随着果实的发育而移动到叶绿体中。该基因表达数据与果实发育过程中奎尼酸在猕猴桃属物种之间的变化一致。

第二节　果实中糖的研究

对毛花猕猴桃‘赣猕6号’果实发育期间可溶性糖的含量进行测定分析，结果如图6-1所示，盛花后20～155天果实可溶性糖含量处于较低水平且差异均不明显，盛花后20～95天处于缓慢增长阶段，在盛花后95天达到一个小高峰（3.15%）。随后可溶性糖含量开始下降，在盛花后125天出现最低值（2.03%）。在盛花后125～155天果实可溶性糖含量开始缓慢增加，盛花后155天直至软熟期，果实可溶性糖含量快速增长，在软熟期（盛花后200天）达到最高值（9.61%）。

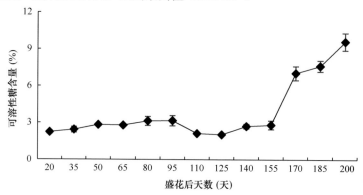

图6-1　'赣猕6号'果实发育期间可溶性糖含量的变化

对毛花猕猴桃'赣猕6号'果实发育期间糖组分进行测定分析，结果如图6-2所示。果实整个发育过程中果糖、葡萄糖的变化趋势基本一致，在果实发育前期（盛花后20～125天）均很少或基本没有，果糖在盛花后140天开始积累并快速增加，直至软熟期达到最高值（31.25mg/g），而葡萄糖在盛花后65天出现一个小高峰（2.52mg/g），在盛花后125天开始快速积累，于果实软熟期达到最高值（27.21mg/g）。而蔗糖在盛花后35～50天快速增长至5.56mg/g，然后开始下降直至盛花后95天，开始保持稳定的低水平含量，在盛花后125天开始增加，在盛花后125～155天增长比较缓慢，在盛花后155天开始快速增长，直至软熟期达到最高值（17.80mg/g）。'赣猕6号'果实发育前期，在盛花后50～125天蔗糖含量始终高于葡萄糖和果糖，从盛花后155天后，果实中葡萄糖和果糖含量均高于蔗糖含量，直到软熟期。这可能是因为蔗糖转化成了果糖和葡萄糖。

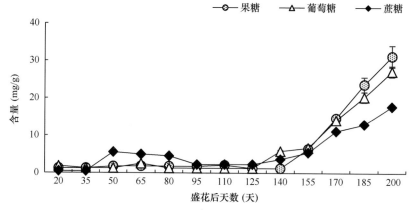

图6-2　'赣猕6号'果实发育期间果糖、葡萄糖、蔗糖含量的变化

对毛花猕猴桃'赣猕6号'果实发育期间总糖含量进行分析，结果见图6-3。从图6-3可以看出，总糖含量在盛花后20～140天处于较低水平且没有显著差异，盛花后140天开始快速增加，直到软熟期达到最高含量（76.26mg/g）。与果糖、葡萄糖变化趋势一致，均在盛花后140天开始快速增长。

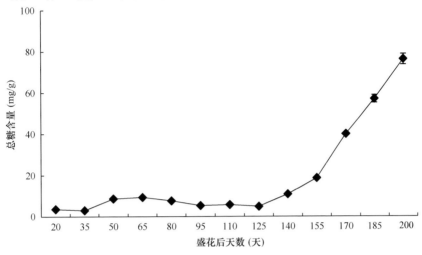

图6-3 '赣猕6号'果实发育期间总糖含量的变化

第三节 果实中酸的研究

一、'赣猕6号'果实发育期间酸组分的变化

对毛花猕猴桃'赣猕6号'果实发育期间可滴定酸含量的分析，可以发现盛花后125天出现最高峰，含量达1.41%。如图6-4所示，盛花后20～110天处于缓慢增长阶段，盛花后110～125天可滴定酸含量快速增加，在盛花后125天达到最大值后快速下降，于盛花后140天达到一个低值（0.96%），然后又有所回升，在盛花后170天开始下降，直到软熟期。

通过对'赣猕6号'果实发育期间有机酸的分析，结果显示，'赣猕6号'果实中酸种类较多，共检测到了AsA和其他8种酸（奎尼酸、柠檬酸、苹果酸、乳酸、草酸、琥珀酸、富马酸和酒石酸），果实中前三种酸占总有机酸含量的75.4%～91.0%。如图6-5所示，在整个果实发育期间，'赣猕6号'果实总有机酸含量呈下降—上升—下降趋势，于盛花后50天达到最低值（13.46mg/g），盛花后80天达到最高值（24.07mg/g）。在果实发育前期（盛花后50～80天），'赣猕6号'总有机酸含量以较稳定的速率不断积累；盛花后80天之后，随着果实成熟'赣猕6号'总有机酸含量呈下降趋势，进入软熟期后下降较快。总有机酸在盛花后80天之前大体呈现积累趋势，以奎尼酸积累为主；盛花后80天之后不断下降，主要受奎尼酸含量

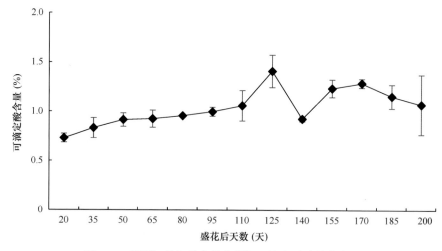

图6-4　'赣猕6号'果实发育期间可滴定酸含量的变化

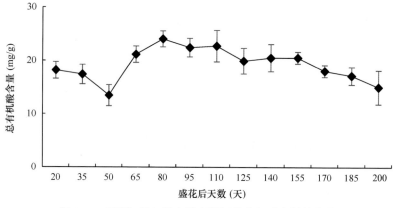

图6-5　'赣猕6号'果实发育期间总有机酸含量的变化

下降的影响，而这个阶段'赣猕6号'苹果酸和柠檬酸含量呈现较为平稳或下降的趋势。上述结果表明，'赣猕6号'的总有机酸含量变化趋势大体上为先积累后降低。

　　通过对毛花猕猴桃'赣猕6号'果实发育期间奎尼酸的含量进行分析，得出奎尼酸含量在'赣猕6号'的整个果实发育期间占总有机酸的42.0%~69.2%，而且含量变化趋势与总有机酸相吻合，这也说明奎尼酸是'赣猕6号'的主要有机酸。如图6-6所示，奎尼酸含量变化与其总有机酸含量的变化趋势相似，整体呈先下降再上升后又下降的趋势。在第一个样本点，奎尼酸含量比较高，然后开始下降，于盛花后50天达到最低值（7.71mg/g）；盛花后50天开始，奎尼酸先迅速上升至最高值（14.37mg/g）（盛花后80天），随后在盛花后80~110天保持相对稳定的高水平，于盛花后110天开始随着果实生长不断下降。

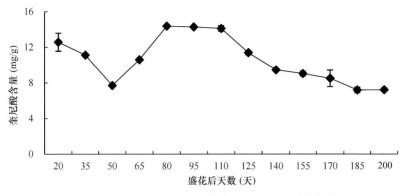

图6-6　'赣猕6号'果实发育期间奎尼酸含量的变化

通过对毛花猕猴桃'赣猕6号'果实发育期间柠檬酸的含量进行分析发现（图6-7），'赣猕6号'柠檬酸含量在前期积累、成熟期下降，且呈现上升—下降—上升—下降的变化趋势，从盛花后50天开始快速积累，柠檬酸含量不断增加，于盛花后65天达到第一个峰值（5.62mg/g），随后呈缓慢下降趋势，于盛花后125天下降至4.50mg/g，然后又开始上升，到盛花后155天达到最高值（6.61mg/g），然后开始下降，直至软熟期。在软熟期达到一个较低的值（3.23mg/g）。

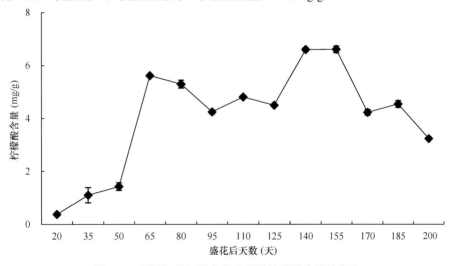

图6-7　'赣猕6号'果实发育期间柠檬酸含量的变化

通过对毛花猕猴桃'赣猕6号'果实发育期间苹果酸的含量进行分析发现（图6-8），苹果酸含量的变化趋势与柠檬酸类似，在发育初期开始积累，在盛花后65天达到最高值（2.97mg/g），然后开始下降，盛花后95天之后保持一个相对稳定的水平，并从盛花后170天到软熟期一直保持下降趋势，且在果实软熟期仍处于相对较高的水平（1.59mg/g）。

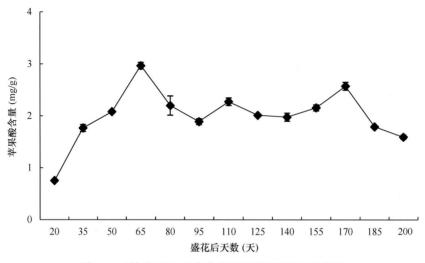

图6-8　'赣猕6号'果实发育期间苹果酸含量的变化

如图6-9所示，AsA变化趋势大体与柠檬酸的变化趋势相似，呈现上升—下降—上升—下降—上升的变化趋势，果实发育前期AsA含量较高，盛花后35～80天处于下降过程，于盛花后80天达到一个低值（4.96mg/g）。盛花后95～110天出现一个突然上升的过程，于盛花后110天AsA含量达到最高值（7.63mg/g），盛花后110天之后开始下降，并于成熟前略有上升。

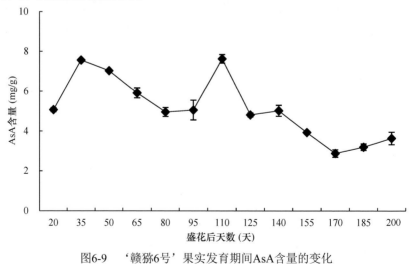

图6-9　'赣猕6号'果实发育期间AsA含量的变化

'赣猕6号'中除了奎尼酸、柠檬酸、苹果酸、AsA，还存在少量的乳酸、草酸、琥珀酸、酒石酸、富马酸。其中乳酸含量在整个发育期呈现下降—上升的趋势，在发育初期（盛花后20天）含量最高（3.21mg/g），在盛花后20～110天一直下降，在盛花后110天达到最低值（0.93mg/g），然后开始升高直至成熟期，软熟期乳酸含量又有所下降（图6-10）。草酸含量在盛花后20～65天呈现下降的趋势，然后保持相对稳定的状态直至软熟期，其在盛花后20天达到最高值（0.82mg/g），然后稳定时含量保持0.25mg/g左右；琥珀酸含量在整个发育期间很低，为0.15～0.5mg，整体呈上升—下降—平缓的趋势；酒石酸含量在0.11～0.31mg/g，在盛花后80天达到最高值（0.31mg/g）；富马酸含量在整个发育期都极低，均不超过0.05mg/g（图6-11）。

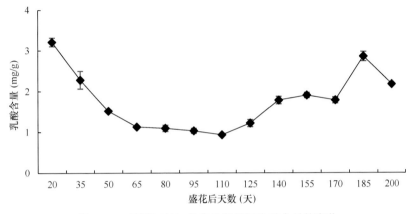

图6-10 '赣猕6号'果实发育期间乳酸含量的变化

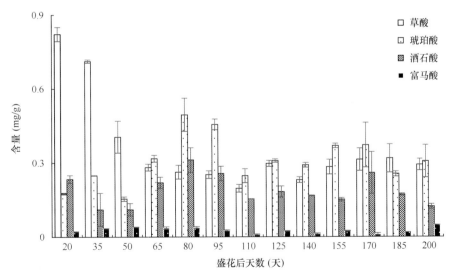

图6-11 '赣猕6号'果实发育期间草酸、琥珀酸、酒石酸、富马酸含量的变化

二、'赣猕6号'果实发育期间有机酸代谢酶活性的变化

（一）奎尼酸代谢相关酶活性的变化

从图6-12可以看出，NADP-QDH活性在果实发育早期较高，然后在果实发育过程中下降。NADP-QDH活性在盛花后20天达到最高值（1.23μKat[①]/g），但在盛花后20～50天迅速下降。在盛花后50～110天，NADP-QDH活性保持一个相对稳定的水平；然后在盛花后110～125天果实NADP-QDH活性降至低值，直至果实成熟，活性一直保持在很低的水平。

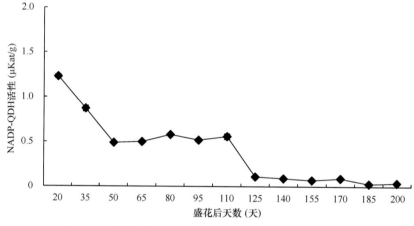

图6-12　'赣猕6号'果实发育期间NADP-QDH活性的变化

NADP-SDH活性从最早的样本点开始即为最大值，达14.32μKat/g，随着果实的发育而波动下降。如图6-13所示，从盛花后50天开始保持相对稳定，表明奎尼酸和莽草酸最开始都是合成的，盛花后50～80天有一个小幅度的增加过程，然后缓慢下降

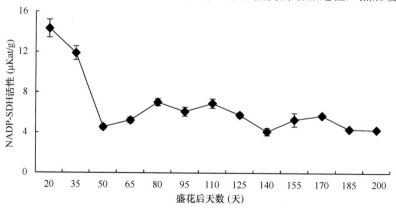

图6-13　'赣猕6号'果实发育期间NADP-SDH活性的变化

---

① 　1s内能转化1mol底物的酶量为1Katal（简称Kat）。

至盛花后140天。盛花后140~170天又有一个极小幅度的升高，然后缓慢下降至软熟期。盛花后约50天后，当NADP-SDH活性达到相对稳定水平时，NADP-SDH活性仍然处于中等水平，表明随着水果成熟，可以利用奎尼酸来制备莽草酸。在果实发育期间，NADP-SDH活性比NADP-QDH活性高约10倍。

（二）柠檬酸代谢相关酶活性的变化

柠檬酸合酶（CS）在有机酸代谢途径中催化草酰乙酸（OAA）与乙酰辅酶A（AcCoA）结合生成柠檬酸。如图6-14所示，CS活性整体呈先增后减的趋势。'赣猕6号'CS活性在盛花后110天之前不断上升，于盛花后110天达到活性最高值［20.62U/(min·g FW)］，随后下降至8.35U/(min·g FW)，盛花后155天后缓慢上升；软熟期CS活性又有所下降。

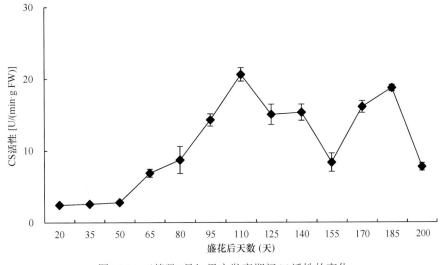

图6-14　'赣猕6号'果实发育期间CS活性的变化

乌头酸酶（ACO）包括线粒体乌头酸酶（Mit-ACO）和细胞质乌头酸酶（Cyt-ACO），Mit-ACO参与柠檬酸的积累过程，催化柠檬酸生成异柠檬酸，促进柠檬酸的降解转化；而Cyt-ACO在多种生化过程中发挥作用。如图6-15所示，Mit-ACO活性在盛花后110天前均处于较高水平，并在盛花后110天之后开始下降。Mit-ACO活性在发育前期不断增加，在盛花后110天之后立即下降且维持在较低的活性水平。'赣猕6号'总有机酸含量在盛花后110天时也同时开始下降。这说明Mit-ACO对促进果实中有机酸的积累有一定的影响。同时，Mit-ACO活性变化与奎尼酸、抗坏血酸含量变化趋势相似；与柠檬酸含量变化趋势在大多数时期是相反的。由此说明Mit-ACO活性对奎尼酸、柠檬酸和抗坏血酸的积累有很大的影响。

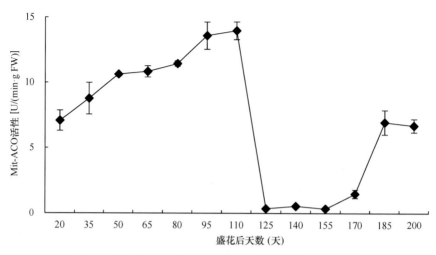

图6-15　'赣猕6号'果实发育期间Mit-ACO活性的变化

如图6-16所示，'赣猕6号'的Cyt-ACO活性呈现上升—下降—稳定—上升的变化趋势。'赣猕6号'在盛花后20～65天稳定在较低水平，盛花后65～80天迅速上升，于盛花后80天达到最高活性［14.00U/(min·g FW)］，随后迅速下降到活性极低值，又于软熟期达到较高活性。整个发育期间，'赣猕6号'存在2个活性高峰，分别为盛花后80天和软熟期。

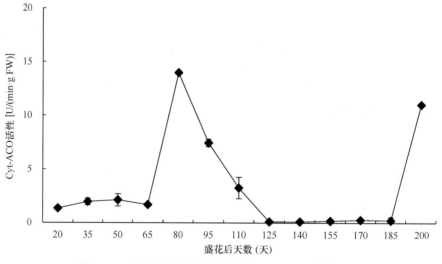

图6-16　'赣猕6号'果实发育期间Cyt-ACO活性的变化

如图6-17所示，'赣猕6号'NAD-IDH活性前期较低、后期较高。'赣猕6号'果实NAD-IDH活性在盛花后20～110天无显著差异，处于极缓慢增长阶段，且一直处于较低水平；盛花后95天之后呈现上升—下降—上升—下降的波动性变化趋势，于盛花后155天达到活性最高值［21.40U/(min·g FW)］，盛花后155～170天下降。之后在果实成熟期（盛花后185天），出现一个小峰［17.8U/(min·g FW)］，软熟期NAD-IDH活性又有所下降。

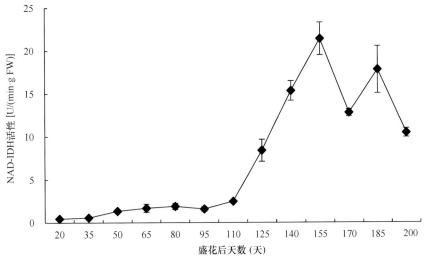

图6-17　'赣猕6号'果实发育期间NAD-IDH活性的变化

（三）苹果酸代谢相关酶活性的变化

NADP-苹果酸酶（NADP-ME）和NADP-苹果酸脱氢酶（NADP-MDH）在果实成熟期间对苹果酸的代谢起重要作用。如图6-18所示，'赣猕6号'果实NADP-

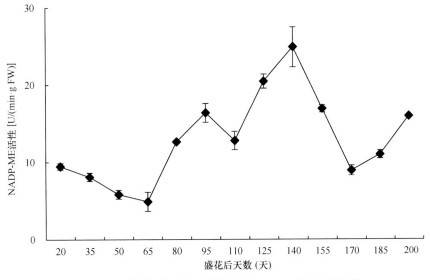

图6-18　'赣猕6号'果实发育期间NADP-ME活性的变化

ME活性呈下降—上升—下降—上升的趋势，于盛花后140天达到活性最大值〔24.89U/(min·g FW)〕；盛花后20～110天的活性变化与同时期'赣猕6号'果实中苹果酸含量变化趋势相反。

草酰乙酸（OAA）在NAD-苹果酸脱氢酶（NAD-MDH）的作用下生成苹果酸。如图6-19所示，'赣猕6号'果实NAD-MDH活性呈上升—下降—上升—下降的趋势，在盛花后80天之前不断增加，随后下降再上升，于盛花后170天达到活性最高值〔21.06U/(min·g FW)〕，然后下降直至软熟期；在盛花后20～65天，NAD-MDH活性变化与同时期的AsA含量变化恰好相反，与苹果酸含量的变化趋势一致。

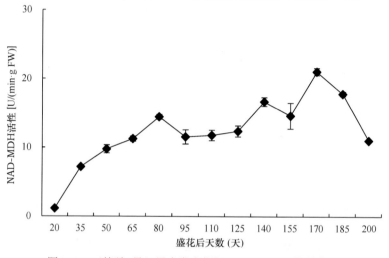

图6-19　'赣猕6号'果实发育期间NAD-MDH活性的变化

果实中有机酸代谢非常复杂，其关键酶是磷酸烯醇式丙酮酸羧化酶（PEPC）。PEPC催化CO_2固定生成草酰乙酸。如图6-20所示，'赣猕6号'PEPC活性呈现先上升后下降的变化趋势，于盛花后140天处出现活性最高值〔14.04U/(min·g FW)〕；PEPC活性在盛花后20～110天处于一个平稳且较低的水平，差异性不明显，在盛花后110～140天快速增加，然后迅速降低，软熟期PEPC活性只有1.27U/(min·g FW)。

（四）果实发育期间有机酸与相关代谢酶活性的相关性

由表6-1可知，在'赣猕6号'果实中，奎尼酸含量与NADP-QDH活性呈显著正相关，相关系数为0.598，与NAD-IDH活性呈显著负相关，相关系数为-0.616；柠檬酸含量与NAD-MDH活性呈极显著正相关（相关系数为0.719），与PEPC活性、CS活性、NAD-IDH活性呈显著正相关，相关系数分别为0.581、0.596、0.567，与NADP-QDH、NADP-SDH均呈显著负相关，相关系数分别为-0.658、-0.671，说明柠檬酸的积累不仅受NAD-MDH、NAD-IDH、PEPC与CS共同正调控，还可能受NADP-QDH、NADP-SDH共同负调控。苹果酸含量与NAD-MDH活性呈显著正相关，相

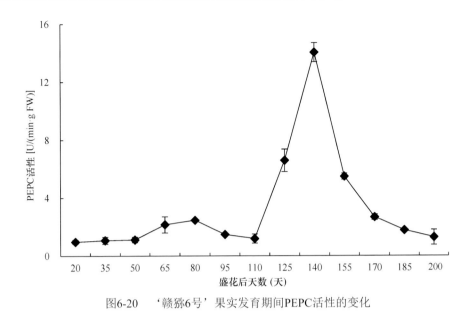

图6-20　'赣猕6号'果实发育期间PEPC活性的变化

关系数为0.609，与NADP-SDH活性呈显著负相关，相关系数为−0.593。AsA含量与NAD-IDH活性呈极显著负相关（相关系数为−0.709），与Mit-ACO活性、NADP-QDH活性呈显著正相关，相关系数分别为0.577、0.603。各主要酸组分含量与NADP-ME活性、Cyt-ACO活性的相关关系不明显。这也说明Mit-ACO、NAD-IDH、CS、NADP-QDH、NADP-SDH、NAD-MDH、PEPC可能是'赣猕6号'果实有机酸积累的主要酶，而NADP-ME、Cyt-ACO对果实有机酸积累的影响不大。

表6-1　'赣猕6号'果实发育期间有机酸与相关代谢酶活性的相关性

	NADP-QDH 活性	NADP-SDH 活性	NAD-IDH 活性	CS 活性	Mit-ACO 活性	Cyt-ACO 活性	NAD-MDH 活性	NADP-ME 活性	PEPC 活性
奎尼酸含量	0.598*	0.479	−0.616*	0.075	0.488	0.340	−0.342	0.059	−0.124
柠檬酸含量	−0.658*	−0.671*	0.567*	0.596*	−0.283	−0.001	0.719**	0.523	0.581*
苹果酸含量	−0.421	−0.593*	0.090	0.304	0.049	−0.069	0.609*	−0.166	0.111
AsA含量	0.603*	0.349	−0.709**	−0.296	0.577*	−0.031	−0.547	−0.296	−0.186

*表示相关性显著（$P<0.05$），**表示相关性极显著（$P<0.01$）

三、有机酸代谢酶基因实时荧光定量PCR分析

使用SDH和DQS的引物进行实时荧光定量PCR分析，结果如图6-21和图6-22所示。这些结果有助于进一步深入了解莽草酸和奎尼酸代谢，结果显示SDH基因在早

期高度表达，盛花后50～185天及软熟期*SDH*基因相对表达量极低甚至不表达。*DQS*基因最初表达量较高，'赣猕6号'果实*DQS*基因在盛花后35～125天相对表达量没有显著性差异且处于较低水平，然后有所升高，在盛花后170天达到最高表达量（1.07），然后成熟期和软熟期都有所下降。

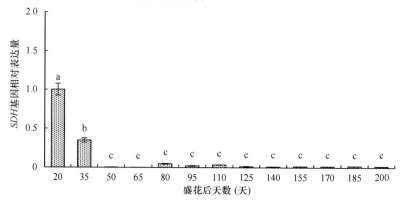

图6-21　'赣猕6号'果实发育期间*SDH*基因相对表达量的变化

柱子上方不同（或不含有相同）小写字母表示差异显著（*P*<0.05），本章下同

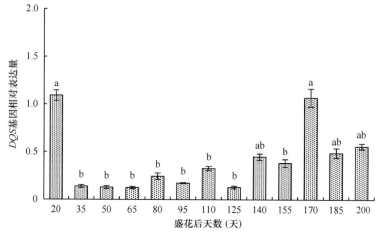

图6-22　'赣猕6号'果实发育期间*DQS*基因相对表达量的变化

　　从图6-23可以看出，'赣猕6号'果实发育期间*CS*基因在盛花后20～80天（除盛花后50天）呈现相对稳定的水平，在盛花后80天之后开始下降，到盛花后155天达到相对表达量最低值（0.45），然后升高到成熟期，软熟期又有所下降。

　　从图6-24可以看出，'赣猕6号'果实*ACO*基因在盛花后20～80天处于下降趋势，然后开始上升，在盛花后95～110天达到较高水平，于盛花后110天达到最大相对表达量（1.32），然后迅速下降到一个极低值（0.407），随后又开始缓慢上升，于

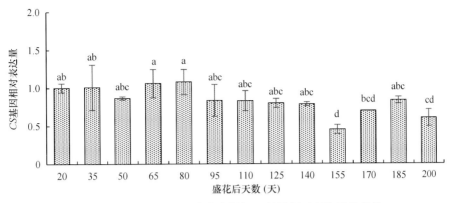

图6-23 '赣猕6号'果实发育期间CS基因相对表达量的变化

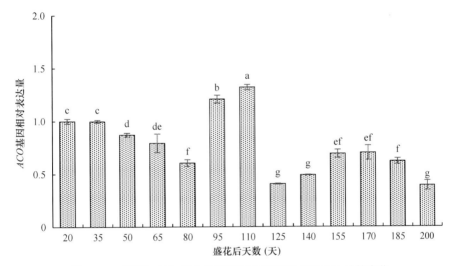

图6-24 '赣猕6号'果实发育期间ACO基因相对表达量的变化

盛花后170天又出现一个小高峰，之后一直缓慢下降。

从图6-25可以看出，'赣猕6号'果实发育期间IDH基因相对表达量呈现下降—上升—下降的趋势，IDH基因相对表达量在果实发育前期（盛花后20~95天）一直处于较低水平，在盛花后50天达到最低相对表达量（0.13），然后逐渐增加直到盛花后155天，相对表达量达到最大值（2.13），之后开始下降直至软熟期。

从表6-2可以看出，'赣猕6号'果实发育期间的奎尼酸含量与DQS基因、SDH基因等相对表达量的相关性均不显著。柠檬酸含量与CS、ACO、IDH和DQS基因的相对表达量均不呈现显著相关性，与SDH基因的相对表达量呈显著负相关，相关系数为-0.676。NADP-QDH含量与CS、SDH基因的相对表达量均呈极显著正相关，相关系数分别为0.704、0.790；与ACO基因呈显著正相关（相关系数为0.655），与IDH基

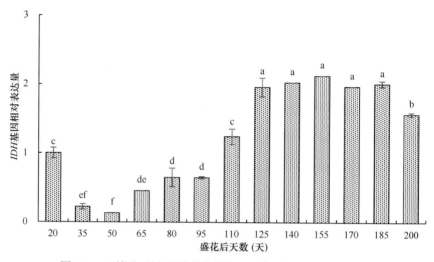

图6-25 '赣猕6号'果实发育期间IDH基因相对表达量的变化

因呈极显著负相关（相关系数为-0.718），与DQS基因的相对表达量相关性不显著。NADP-SDH含量与SDH基因的相对表达量呈现极显著正相关，相关系数为0.913；与DQS基因相关性不显著。NAD-IDH含量与IDH基因的相对表达量呈极显著正相关，相关系数为0.879；与CS基因呈极显著负相关（相关系数为-0.770），与ACO基因呈显著负相关（相关系数为-0.579）。CS含量与IDH基因的相对表达量呈显著正相关，与CS基因和ACO基因均没有显著相关性。Mit-ACO含量与ACO基因的相对表达量呈极显著相关，相关系数为0.686；与CS基因呈显著正相关，与IDH基因呈现显著负相关。Cyt-ACO含量与CS、ACO、IDH基因的相对表达量均没有表现出显著的相关性。

表6-2 '赣猕6号'果实发育期间主要有机酸和酶与酶基因的相关性

指标	CS相对表达量	ACO相对表达量	IDH相对表达量	SDH相对表达量	DQS相对表达量
奎尼酸含量	0.528	0.540	−0.373	0.268	−0.207
柠檬酸含量	−0.348	−0.329	0.528	−0.676*	−0.225
NADP-QDH含量	0.704**	0.655*	−0.718**	0.790**	0.070
NADP-SDH含量	0.485	0.463	−0.384	0.913**	0.315
NAD-IDH含量	−0.770**	−0.579*	0.879**	−0.374	0.258
PEPC含量	−0.280	−0.498	0.547	−0.248	−0.048
CS含量	−0.291	−0.019	0.614*	−0.500	0.052
Mit-ACO含量	0.578*	0.686**	−0.778**	0.047	−0.363
Cyt-ACO含量	0.177	−0.054	−0.340	−0.132	−0.172

*表示相关性显著（$P<0.05$），**表示相关性极显著（$P<0.01$）

主要参考文献

安新民, 徐昌杰, 张上隆. 2001. 柑橘酸性转化酶基因片段的克隆. 果树学报, 18(4): 189-192.

常尚连, 于贤昌, 于喜艳. 2006. 西瓜果实发育过程中糖分积累与相关酶活性的变化. 西北农业学报, 15(3): 138-141.

陈俊伟, 张上隆, 张良诚. 2004. 果实中糖的运输、代谢与积累及其调控. 植物生理与分子生物学学报, 30(1): 1-10.

董庆龙, 余贤美, 刘丹丹, 等. 2013. 苹果NAD-苹果酸酶基因的克隆及在不同组织和果实发育阶段的表达分析. 园艺学报, 40(4): 739.

杜改改, 李泰山, 刁松锋, 等. 2017. 6个杏李品种果实甜酸风味品质分析. 果树学报, 34(1): 41-49.

范林林, 赵文静, 赵丹, 等. 2014. 柠檬酸处理对鲜切苹果的保鲜效果. 食品科学, 35(18): 230-235.

冯延芝, 魏琦琦, 何潇, 等. 2017. 枣蔗糖合成酶基因SS6的克隆及表达分析. 经济林研究, 35(4): 36-42.

高阳, 阚超楠, 陈楚英, 等. 2018. '靖安椪柑'果实发育阶段柠檬酸含量变化及其代谢相关基因的表达分析. 果树学报, 35(8): 936-946.

高阳, 杨滢滢, 郑嘉鹏, 等. 2016. 靖安椪柑果实发育阶段糖、酸组分含量变化. 江西农业大学学报, 38(4): 631-636.

高志红, 翁金洋, 薛松, 等. 2018. 梅和杏果实有机酸代谢差异研究. 南京农业大学学报, 41(6): 1009-1017.

郭润姿. 2012. 不同处理对采后黄冠梨果实有机酸代谢酶及其基因表达的影响. 天津大学硕士学位论文.

郭文岚, 郭润姿, 李兴元, 等. 2013. 黄冠梨果实发育过程中有机酸含量及相关代谢酶活性的变化. 江苏农业学报, 29(1): 157-161.

胡丽松, 吴刚, 郝朝运, 等. 2017. 菠萝蜜果实中糖分积累特征及相关代谢酶活性分析. 果树学报, 34(2): 224-230.

靳志飞, 杨家全, 陈红, 等. 2015. 八个贵州地方桃品种果实甜酸风味品质分析. 植物科学学报, 33(1): 90-97.

李宝江, 林桂荣, 崔宽. 1994. 苹果糖酸含量与果实品质的关系. 沈阳农业大学学报, 25(3): 279-283.

李贺, 阮成江, 李景滨, 等. 2019. 沙棘果实发育阶段苹果酸代谢关键基因的表达分析. 分子植物育种, 17(1): 65-71.

李甲明, 杨志军, 乐文全, 等. 2014. '鸭梨'×'京白梨'杂交后代果实有机酸积累差异及相关酶活性的研究. 西北植物学报. 34(2): 318-324.

李甲明, 杨志军, 张绍铃, 等. 2013. 不同梨品种果实有机酸含量变化与相关酶活性的研究. 西北植物学报, 33(10): 2024-2030.

李洁, 姚宝花, 宋宇琴, 等. 2017. 枣不同品种和果实不同部位糖积累及相关酶活性. 林业科学, 53(12): 30-40.

李明, 姚玉新, 刘志, 等. 2007. 苹果果实中细胞质型苹果酸酶基因(NADP-ME)的克隆与表达分析. 中国农学通报, 23(7): 95-100.

李馨玥, 李通, 袁晖, 等. 2016. '南果梨'果实发育过程中糖分积累与相关基因表达分析. 果树学报, 33(s1): 59-64.

李雪梅. 2008. 砂梨果实有机酸含量及代谢相关酶活性动态变化研究. 华中农业大学硕士学位论文.

李泽坤, 陈清西. 2015. 橄榄果实发育成熟过程中糖积累与相关酶活性的关系. 西北植物学报, 35(10): 2056-2061.

刘世尧, 冉慧, 毛运芝, 等. 2019. 綦江皱皮木瓜果实有机酸特征性成分鉴定与不同发育期变化规律. 中国农业科学, 52(1): 111-128.

刘松忠, 刘军, 张媛, 等. 2015. 不同成熟期白梨品种糖酸质量分数及风味评价. 西北农业学报, 24(1): 97-102.

刘训, 龚荣高, 张旭, 等. 2013. 3个脐橙品种果实内糖代谢相关酶的活性分析. 西北农林科技大学学报: 自然科学版, 41(5): 136-140.

刘雅兰, 靳志飞, 陈红. 2017. 果梅果实发育过程中有机酸含量及相关代谢酶活性的变化特征. 西北植物学报, 37(1): 130-137.

卢彩玉, 郑小艳, 贾惠娟, 等. 2011. 根域限制对'巨玫瑰'葡萄果实可溶性糖含量及相关代谢酶活性的影响. 园艺学报, 38(5): 825-832.

马百全. 2016. 猕猴桃果实糖酸性状评估及酸度性状的候选基因关联分析. 中国科学院研究生院(武汉植物园)博士学位论文.

马倩倩. 2017. 枣果实发育过程中主要有机酸含量变化及其相关代谢的研究. 塔里木大学硕士学位论文.

马倩倩, 蒲小秋, 王德, 等. 2017. 枣果实发育过程中有机酸质量分数及相关代谢酶活性的变化. 西北农业学报, 26(12): 1821-1827.

苗小荣, 牛俊奇, 莫昭展, 等. 2018. 铁皮石斛转化酶抑制子家族基因的克隆和表达分析. 生物技术通报, 34(1): 129-136.

齐红岩, 李天来, 邹琳娜, 等. 2001. 番茄果实不同发育阶段糖分组成和含量变化的研究初报. 沈阳农业大学学报, 32(5): 346-348.

钱巍, 严娟, 马瑞娟, 等. 2015. 不同成熟期黄肉桃糖酸组分的测定. 江苏农业科学, 43(2): 287-290.

秦巧平, 陈俊伟, 程建徽, 等. 2006. 杨梅酸性转化酶基因cDNA分离及表达分析. 果树学报, 23(4): 558-561.

沙广利, 郭长城, 李光玉. 1997. 梨果实糖酸含量及比值对其综合品质的影响(简报). 植物生理学报, 33(4): 264-266.

邵绚, 王月, 应炎标, 等. 2016. 蓝莓磷酸烯醇式丙酮酸羧化酶基因cDNA克隆及表达分析. 基因组学与应用生物学, 35(1): 166-171.

石岩. 2016. 小金海棠柠檬酸合成酶基因MxCS2的克隆与功能分析. 东北农业大学硕士学位论文.

史娟, 李方方, 马宏, 等. 2016. 不同中间砧对苹果果实苹果酸代谢关键酶活性及其相关基因表达的影响. 园艺学报, 43(1): 132-140.

帅良, 廖玲燕, 韩冬梅, 等. 2017. 龙眼中性转化酶基因(DlNI)的克隆及分析. 西南农业学报, 30(10): 2202-2209.

孙琦. 2015. 江津三个特异甜橙品种果实的品质特征及其有机酸代谢分子机制研究. 西南大学硕士学位论文.

田丽. 2016. 欧李、郁李有机酸代谢及相关基因表达的研究. 山西农业大学硕士学位论文.

汪显友. 2014. 粒化过程中琯溪蜜柚果实有机酸代谢及基因表达的研究. 福建农林大学硕士学位论文.

王晨, 房经贵, 王涛, 等. 2009. 果树果实中的糖代谢. 浙江农业学报, 21(5): 529-534.

王刚, 王涛, 潘德林, 等. 2017. 不同品种猕猴桃果实有机酸组分及含量分析. 农学学报, 7(12): 81-84.

王君. 2012. 采后梨果实糖代谢及酸性转化酶基因克隆表达的研究. 天津大学硕士学位论文.

王立霞. 2014. 几个功能型苹果优株果实风味品质评价及苹果酸代谢相关酶的研究. 山东农业大学硕士学位论文.

王永章, 张大鹏. 2001. '红富士'苹果果实蔗糖代谢与酸性转化酶和蔗糖合酶关系的研究. 园艺学报, 28(3): 256-261.

魏长宾. 2006. 芒果成熟过程中糖分积累及其芳香物质组成研究. 华南热带农业大学硕士学位论文.

文涛, 熊庆娥. 2001. 柑桔果实糖、酸代谢研究概况. 中国南方果树, 30(2): 13-16.

文涛, 熊庆娥, 曾伟光, 等. 2001. 脐橙果实发育过程中有机酸合成代谢酶性的变化. 园艺学报, 28(2): 161-163.

谢晓娜, 杨丽涛, 王盛, 等. 2015. 甘蔗NADP异柠檬酸脱氢酶基因(SoNADP-IDH)的克隆与表达分析. 中国农业科学, 48(1): 185-196.

徐世荣, 杨华丽, 李小婷, 等. 2017. 采后'琯溪蜜柚'果实柠檬酸合成酶基因的克隆与表达分析. 中国果树, (3): 10-15.

杨滢滢, 陈金印, 高阳, 等. 2016. '纽荷尔'脐橙果实发育过程中几种柠檬酸代谢相关基因的表达特征分析. 果树学报, 33(4): 400-408.

姚玉新, 李明, 由春香, 等. 2010. 苹果果实中苹果酸代谢关键酶与苹果酸和可溶性糖积累的关系. 园艺学报, 37(1): 1-8.

于喜艳, 樊继德, 何启伟. 2007. 甜瓜果实蔗糖磷酸合成酶基因cDNA片段的克隆及表达分析. 园艺学报, 34(1): 205-208.

袁晖, 韦云, 李馨玥, 等. 2017. '南果梨'及其芽变'南红梨'果实中糖分积累与相关基因表达差异分析. 果树学报, 34(5): 534-540.

袁野, 吴凤芝, 周新刚. 2009. 光氮互作对番茄果实糖积累及蔗糖代谢相关酶活性的影响. 中国农业科学, 42(4): 1331-1338.

曾祥国. 2005. 不同种类和产区柑橘糖酸含量及组成研究. 华中农业大学硕士学位论文.

张春华, 俞明亮, 马瑞娟, 等. 2014. 桃不同发育时期主要糖类含量和蔗糖合成酶基因表达水平的动态变化. 江苏农业学报, 30(6): 1456-1463.

张规富, 卢晓鹏, 谢深喜. 2015. 不同时期水分胁迫对椪柑果实柠檬酸代谢相关基因表达的影响. 果树学报, 32(4): 525-535.

张建斌, 贾彩红, 邓秋菊, 等. 2012. 香蕉苹果酸脱氢酶基因克隆及其逆境胁迫表达. 西北植物学报, 32(10): 1942-1949.

张柳霞, 王忆, 朱斌, 等. 2012. 苹果属山定子柠檬酸合成酶基因(mbcs1)的克隆及表达分析. 农业生物技术学报, 20(9): 1028-1034.

张觅, 罗小英, 白文钦, 等. 2008. 香橙苹果酸脱氢酶cjmdh基因表达特性及转基因烟草的耐铝性分析. 园艺学报, 35(12): 1751-1758.

张晓菲, 张夏南, 王然, 等. 2013. 莅梨果实内切-β-1,4-葡聚糖酶基因的克隆及生物信息学分析. 华北农学报, 28(3): 53-57.

郑丽静. 2015. 苹果果实糖酸特性及其与风味关系研究. 中国农业科学院硕士学位论文.

钟彩虹, 张鹏, 姜正旺, 等. 2011. 中华猕猴桃和毛花猕猴桃果实碳水化合物及维生素C的动态变化研究. 植物科学学报, 29(3): 370-376.

周元, 傅虹飞. 2013. 猕猴桃中的有机酸高效液相色谱法分析. 食品研究与开发, 34(19): 85-87.

Alvarez C E, Saigo M, Margarit E, et al. 2013. Kinetics and functional diversity among the five members of the nadpmalic enzyme family from species. Photosynthesis Research, 115(1): 65-80.

Blanke M M. 2010. Fruit photosynthesis. Plant Cell & Environment, 12(1): 31-46.

Diakou P, Svanella L, Raymond P, et al. 2000. Phosphoenolpyruvate carboxylase during grape berry development: protein level, enzyme activity and regulation. Australian Journal of Plant Physiology, 27(3): 221-229.

Etienne C, Annick M, Elisabeth D, et al. 2010. Isolation and characterization of six peach cDNAs encoding key proteins in organic acid metabolism and solute accumulation: involvement in regulating peach fruit acidity. Physiologia Plantarum, 114(2): 259-270.

Ge C L, Liu K P, Qu X Y, et al. 2013. Variation of Sugar, Acid and Vitamin C Contents in Fruit Development in Different Types of Kiwifruit. Agricultural Science & Technology, 14(12): 1772-1774, 1778.

Hirai M, Ueno I. 1977. Development of citrus fruits: fruit development and enzymatic changes in juice vesicle tissue. Plant & Cell Physiology, 18(4): 791-799.

Hua L N, Zang M, Wang S F, et al. 2016. Cloning, silencing, and prokaryotic expression of strawberry sucrose synthase gene FaSus1. Journal of Pomology & Horticultural Science, 92(1): 107-112.

Hulme A C. 1958. Quinic and shikimic acids in fruits. Qualitas Plantarum et Materiae Vegetabiles, 3-4(1): 468-473.

Hulme A C, Rhodes M J C, Wooltorton L S C. 1971. The effect of ethylene on the respiration, ethylene production, RNA and protein synthesis for apples stored in low oxygen and in air. Phytochemistry, 10(6): 1315-1323.

Kovermann P, Meyer S, Hörtensteiner S, et al. 2007. The Arabidopsis vacuolar malate channel is a member of the ALMT family. Plant Journal, 52(6): 1169-1180.

Leon P, Sheen J. 2003. Sugar and hormone connections. Trends in Plant Science, 8(3): 110-116.

Lombardo V A, Osorio S, Borsani J, et al. 2011. Metabolic profiling during peach fruit development and ripening reveals the metabolic networks that underpin each developmental stage. Plant Physiology, 157(4): 1696-1710.

Macrae E A, Bowen J H, Margaret G H. 2010. Maturation of kiwifruit (Actinidia deliciosa cv Hayward) from two orchards: differences in composition of the tissue zones. Journal of the Science of Food and Agriculture, 47(4): 401-416.

Marsh K, Rossiter K, Lau K, et al. 2003. The use of fruit pulps to explore flavour in kiwifruit. Acta Horticulturae, 610: 229-237.

Marsh K B, Boldingh H L, Shilton R S, et al. 2009. Changes in quinic acid metabolism during fruit development in three kiwifruit species. Functional Plant Biology, 36(5): 463-470.

Nishiyama I, Fukuda T, Shimohashi A, et al. 2008. Sugar and organic acid composition in the fruit juice of different Actinidia varieties. Food Science & Technology International Tokyo, 14(1): 67-73.

Notton B A, Blanke M M. 1993. Phosphoenolpyruvate carboxylase in avocado fruit: purification and properties. Phytochemistry, 33(6): 1333-1337.

Perotti V E, Figueroa C M, Andreo C S, et al. 2010. Cloning, expression, purification and physical and kinetic characterization of the phosphoenolpyruvate carboxylase from orange (Citrus sinensis osbeck var. Valencia) fruit juice sacs. Plant Science, 179(5): 527-535.

Popova T N, Carvalho M A, Pinheiro D. 1998. Citrate and isocitrate in plant metabolism. Biochimica et Biophysica Acta, 1364(3): 307-325.

Sadka A, Dahan E, Cohen L, et al. 2010. Aconitase activity and expression during the development of lemon fruit. Physiologia Plantarum, 108(3): 255-262.

Sadka A, Dahan E, Or E, et al. 2000. NADP(+)-isocitrate dehydrogenase gene expression and isozyme activity during citrus fruit development. Plant Science, 158(1): 173-181.

Sanz M L, Villamiel M, MartíNez-Castro I. 2004. Inositols and carbohydrates in different fresh fruit juices. Food Chemistry, 87(3): 325-328.

Taylor J S, Blake T J, Pharis R P. 1982. The role of plant hormones and carbohydrates in the growth and survival of coppiced *Eucalyptus*, seedlings. Physiologia Plantarum, 55(4): 421-430.

Terol J, Soler G, Talon M, et al. 2010. The aconitate hydratase family from citrus. BMC Plant Biology, 10(1): 222.

Yamaki Y T. 1990. Effect of lead arsenate on citrate synthase activity in fruit pulp of satsuma mandarin. Journal of the Japanese Society for Horticultural Science, 58(4): 899-905.

Yao Y X, Li M, Zhai H, et al. 2011. Isolation and characterization of an apple cytosolic malate dehydrogenase gene reveal its function in malate synthesis. Journal of Plant Physiology, 168(5): 474-480.

Zhang C, Yu M, Ma R, et al. 2015. Structure, expression profile, and evolution of the sucrose synthase gene family in peach (*Prunus persica*). Acta Physiologiae Plantarum, 37(4): 81.

第七章 毛花猕猴桃果肉色泽的研究

色泽是果实品质的重要组成部分,对果实及其加工产品的商品价值有重要影响。色素积累是果实色泽形成的物质基础,色素的种类和含量决定了果实的色质与呈色深度。果实色泽主要由叶绿素、类胡萝卜素和酚类色素(主要有花青苷、黄酮和黄酮醇等)三大类植物色素的含量与比例所决定。叶绿素(Chl)包括叶绿素a(Chl a)和叶绿素b(Chl b)两种类型,呈青绿色,主要存在于幼果和未充分脱青的果实中;类胡萝卜素在果实中的分布也十分广泛,但它是一类脂溶性色素,随种类不同,呈现无色、浅黄色、黄色、橙色到红色不等;花青苷呈红色,存在于苹果、桃、杨梅、草莓等红色果实中;黄酮类物质主要呈黄色,广泛存在于各种水果的果皮和果肉中,是一类水溶性色素。同一果实中可能存在多种色素,如未充分脱青的红苹果果皮中同时存在上述三大类色素。

第一节 猕猴桃果肉色泽的研究进展

果肉颜色是猕猴桃的重要经济性状,也是吸引消费者的关键性状之一。鲜艳的色泽可以促进食欲,给人以美的视觉享受。猕猴桃果肉颜色变化各异,但目前生产上主栽品种的果肉颜色为绿色('Hayward''金魁''徐香'等)、黄色('Hort16A''金艳'等)和红色('红阳''东红'等)三种。根据第八届国际猕猴桃会议资料,我国种植的猕猴桃品种按颜色类型来看,绿肉品种产量占总产量的75.3%,黄肉品种占7.7%,红肉品种占8.1%,其他品种如毛花猕猴桃和软枣猕猴桃占8.9%。从全球范围来看,猕猴桃种植面积中大约有85%为绿肉猕猴桃,15%为黄肉或红肉猕猴桃;从全球贸易来看,国际猕猴桃市场上绿肉猕猴桃仍占主导地位,拥有90%的市场份额,而黄肉和红肉猕猴桃仅占10%。从果实甜度上来看,一般是红肉猕猴桃为上,黄肉猕猴桃次之,绿肉猕猴桃较差(李文生等,2012)。因而,彼此市场售价相差悬殊,红肉和黄肉猕猴桃的市价显著高于绿肉猕猴桃,尤其是进口的红肉和黄肉猕猴桃的价格是国产绿肉猕猴桃的几倍。从不同猕猴桃种类来看,当前栽培品种中美味猕猴桃绿肉类型居多,少有红肉和黄肉类型;中华猕猴桃黄肉类型最多,红肉次之,绿肉较少;软枣猕猴桃绿肉类型居多,现也有不少红肉品种试种;而毛花猕猴桃目前发现的品种(系)均为绿肉类型,且其绿色程度深,常呈墨绿、翡翠色。猕猴桃果肉颜色已经引起人们的关注,相关的研究报道也越来越多。

一、绿肉猕猴桃着色的研究

（一）绿肉猕猴桃呈色色素研究

绿肉猕猴桃是最普通也是最常见的猕猴桃，世界上第一个猕猴桃品种'Hayward'果肉颜色即为绿色。我国北方主栽猕猴桃品种'秦美''徐香'和南方主栽猕猴桃品种'金魁'果肉也为绿色。在系统收集并分析了我国1978～2018年报道育成的猕猴桃品种后发现，在这191个猕猴桃品种中，雌性品种180个，按果肉颜色不同可分为黄肉品种、绿肉品种和红肉品种，其中黄肉品种84个，占46.67%；绿肉品种73个，占40.55%；红肉品种23个，占12.78%。绝大多数的美味猕猴桃和软枣猕猴桃果肉颜色为绿色，而毛花猕猴桃品种全部为绿色果肉（姜志强等，2019）。由此可见绿肉猕猴桃依然是当前猕猴桃产区的主打类型。

众所周知，叶绿素是植物叶绿体内参与光合作用的重要色素，同时也是植物呈现绿色的主要原因。叶绿素主要有叶绿素a和叶绿素b，一些藻类中还存在叶绿素c和叶绿素d。植物缺乏叶绿素会表现出叶黄化、白化，生长迟缓等症状，严重的会导致植株死亡。目前的研究结果已基本阐释和确定了叶绿素代谢途径中所有步骤的关键因子，并将叶绿素代谢分为叶绿素合成、叶绿素转化和叶绿素降解这三个过程（Tanaka and Tanaka，2006）。

叶绿素合成由谷氨酰-tRNA经谷氨酰-tRNA还原酶（GluTR）和谷氨酸酯-1-半醛-2,1-氨基变位酶的催化，形成δ-氨基酮戊酸（ALA）；ALA再在一系列酶的作用下，经过6次反应形成原卟啉IX；原卟啉IX插入镁离子后形成镁原卟啉IX，再经过一系列甲酯化、环化和还原反应后，形成原叶绿素酸酯；叶绿素酸酯又在光还原D环上接受NADPH提供的H，催化形成叶绿素酸酯a；酯化后由NADPH提供的H还原成叶绿醇，再形成叶绿素a；叶绿素a在叶绿素a氧化酶的两次氧化作用下可形成叶绿素b。整个过程共经历了16步反应，涉及多种酶。目前编码这些酶的基因已经陆续从拟南芥、烟草、豌豆、水稻、大豆、大麦、玉米等植物中分离出来。

叶绿素降解是极其普遍的自然现象，它是植物叶片衰老的主要标志，是果实褪去绿色进而成熟的重要感官指标。20世纪初叶绿素酶被报道出来，在其后长达80年的时间中未分离到人们所认可的叶绿素降解代谢途径中的其他酶，直到降解产物结构分析和叶绿素酶等酶基因克隆的成功，叶绿素降解过程才逐渐被人们了解。高等植物的叶绿素降解途径经由叶绿素b通过叶绿素b还原酶转化为叶绿素a，再在叶绿素降解酶和脱镁螯合酶（MCS）催化下形成脱镁叶绿酸a，其后又在脱镁叶绿酸a氧化酶的催化下生成红色叶绿素代谢产物，最后在红色叶绿素代谢产物还原酶（RCCR）的作用下形成无荧光代谢产物。大量研究结果显示，植物中叶绿素降解途径主要的几种酶有叶绿素酶、脱镁叶绿素酶、脱镁叶绿酸a氧化酶、叶绿素b还原酶（唐蕾和毛忠贵，2011；Adriana et al.，2003）。有学者认为叶绿素降解存在酶促降解和非酶促降解两种方式，后者主要是通过与活性氧反应进行（Pongprasert et al.，2011）。Zhang等（2011）认为植物叶片叶绿素降解能力是由*PAO/RCCR*基因表达量决定的，而不是叶绿素降解酶基因及酶活的变化决定的。

（二）绿肉猕猴桃着色机制研究

猕猴桃果实中的叶绿素含量很高，对多个猕猴桃品种叶绿素含量的测定表明，在幼果期总叶绿素含量可达2000～3000mg/100g，随着果实的生长发育，其含量逐渐下降，到成熟时下降到1200～1300mg/100g；其中叶绿素b的含量下降较少，叶绿素a的含量下降较多（徐小彪，2004）。这也是无论绿肉、黄肉还是红肉猕猴桃品种，其幼果果肉颜色均呈绿色的原因。但对于绿肉猕猴桃品种果实在成熟期仍然保持较高含量的叶绿素，代表品种为美味猕猴桃'Hayward'，即'Hayward'果实外果皮和果肉在3个月的成熟期和软化过程中叶绿素的含量略有变化，但是果实软化后其含量仍很高（Montefiori et al.，2009）。果肉中叶绿素a、叶绿素b和类胡萝卜素的绝对含量和相对比例决定了果肉是呈现绿色还是黄色或者介于这两种颜色之间。

比较猕猴桃'秦美'采前与采后叶绿素代谢，不同贮藏温度对果实叶绿素代谢及生理特性的影响，植物生长调节剂1-MCP、NO和6-BA处理对叶绿素代谢、果实品质、活性氧代谢和细胞超微结构的影响进行了研究，发现猕猴桃'秦美'在盛花后70～165天的生长过程中，叶绿素a、叶绿素b、总叶绿素、类胡萝卜素含量逐渐增加，叶绿素酶和脱镁螯合酶活性变化与叶绿素含量的变化趋势相反；猕猴桃在20℃±1℃下贮藏，各色素含量均迅速下降，降解速度叶绿素b>叶绿素a>类胡萝卜素，果实很快转变为黄绿色。猕猴桃果实在生长过程中，细胞壁结构逐渐完整、致密，叶绿体逐渐形成，淀粉颗粒聚集在叶绿体被膜中，叶绿体趋于完整，叶绿体数量逐渐增多。果肉硬度和叶绿素含量的变化与细胞壁和叶绿体超微结构的变化有直接的关系。叶绿素含量与果肉硬度呈线性负相关，与可溶性固形物含量（SSC）、可滴定酸含量、果肉和叶绿体中过氧化物酶（POD）与超氧化物歧化酶（SOD）活性、·O_2^-和丙二醛（MDA）含量呈线性正相关，与果肉中脱镁螯合酶活性、pH、呼吸速率和乙烯释放量相关性不大。张晓平等（2007）以猕猴桃'秦美'为试材，研究了不同浓度的NO处理对猕猴桃贮藏效果的影响，结果表明，适当浓度的NO处理后的果实中叶绿素降解速率比对照慢，尤其是在贮藏第4周后效果明显。通过研究黄肉和绿肉猕猴桃中叶绿素合成和降解途径中各基因的表达发现，*GLUTR*、*CAO*、*RBCS*、*PAO*等基因表达有明显差异，保持绿色的同源基因*SGR2*在黄肉猕猴桃中的表达高于绿肉猕猴桃，且在转基因烟草中瞬时表达*SGR2*基因可以使叶片褪绿。

Montefiori等（2009）研究表明叶绿素的性质极不稳定，强光、强酸等都会使其降解。尽管叶绿素的代谢途径可以分为叶绿素合成、叶绿素转换及叶绿素降解三个过程，但在时空上是可以同时发生的。Barry（2009）研究表明果实的褪绿过程不是一个单一的过程，而是叶绿素生物合成下降和降解加强的协调过程，叶绿素降解受遗传调控和环境刺激的影响。有多项研究表明，叶绿素合成和降解相关基因在绿肉和黄肉猕猴桃中均有表达，区别在于表达时期和表达量的不同，这是果肉中叶绿素含量的关键调节点。

二、黄肉猕猴桃着色的研究

（一）黄肉猕猴桃呈色色素研究

如今绿肉猕猴桃一统国际市场的局面正逐步被打破，市场上出现了绿肉、红肉、黄肉猕猴桃并存的格局。绿肉猕猴桃因驯化早、耐贮性出色仍主导市场，但销售价格呈现下跌趋势。而市场新秀红肉猕猴桃由于果实偏小、抗病及耐贮性的不尽如人意，大大增加了贮运保鲜的成本和产业化推广风险。因而选育优质耐贮、美味丰产的黄肉猕猴桃新品种，对提升猕猴桃产业的竞争力和效益意义非常重大（黄宏文，2009）。到目前为止，国内外已经选育出多个优质黄肉猕猴桃品种，如'Hort16A'　'G3'　'G9'　'金丰'　'金霞'　'金桃'　'鄂猕猴桃系列'　'云海一号'　'金艳'　'金瑞'　'金圆'　'璞玉'　'金喜'　'金实1号'　'贝木'等。在调查统计的180个猕猴桃品种中，黄肉猕猴桃占46.67%（姜志强等，2019）。Montefiori等（2009）调查分析了200个中华猕猴桃的基因型，其中保持原有绿色果肉的仅占2.2%（色相角＞110°），黄绿果肉的占57.3%（100°＜色相角＜110°），黄肉的占40.5%（色相角＜100°）。黄肉中华猕猴桃果实含有的主要色素物质有类胡萝卜素、叶绿素，猕猴桃果实的颜色与果肉中色素的含量密切相关。黄肉中华猕猴桃在果实发育的初期，果肉含有的叶绿素比类胡萝卜素多，叶绿素掩盖了类胡萝卜素的颜色，所以果肉此时呈绿色；随着果实的发育成熟，果肉中的叶绿素含量显著减少，而类胡萝卜素相对稳定，便使类胡萝卜素的黄色显现出来，所以果肉此时呈黄色（Pilkington et al.，2012）。Montefiori等（2009）利用高效液相色谱法对美味猕猴桃和中华猕猴桃果实的色素成分进行分析，发现主要色素物质是类胡萝卜素、叶绿素及其衍生物，其中类胡萝卜素主要是叶黄素和胡萝卜素。叶黄素包括9′-顺式-新黄质、紫黄质、叶黄素、玉米黄质、β-隐黄素等，胡萝卜素主要是β-胡萝卜素。

类胡萝卜素为异戊二烯化合物，在植物体内的调色范围是黄色、橙色及红色，但与类黄酮等其他色素类物质不一样，其不仅为植物的调色物质，同时在植物光合作用过程中起光保护作用，而且为植物生长调节剂脱落酸的合成提供了基质。此外，类胡萝卜素在人体营养与健康中也起重要作用，为人体所需维生素A的前体物质，且本身具有较好的抗氧化特性，对防癌、抗衰老等起重要作用。从20世纪五六十年代开始，人们逐步开始探索和研究类胡萝卜素的生物合成途径。为了进一步了解类胡萝卜素的生物合成途径及相关基因表达和调控，并掌握各种代谢酶的功能与结构，科学家们采用了转座子标签法、反向遗传学技术、基因图位克隆及工程大肠杆菌"颜色互补"等技术，类胡萝卜素相关的研究进展在近几年也取得了不小的成果。李永平（2009）以草莓'丰香'果实为试验材料，克隆出了草莓类胡萝卜素合成中的关键基因PSY、ZDS和PDS。仝涛（2008）利用童期较短的'早实枳'建立了高效的遗传转化体系，利用这种高效的转化体系配合RNA干涉技术，获得了一批与柑橘类胡萝卜素代谢相关基因的遗传转化材料，并对这些材料进行了分子鉴定和基因表达的初步分析。

　　类胡萝卜素的合成主要是在质体中进行，其合成的前体物质是异戊烯基焦磷酸（IPP），其在异戊烯基焦磷酸异构酶的催化下转变成二甲基丙烯基二磷酸，由IPI基因编码，IPP为类胡萝卜素的合成提供了C5基本前体物质，因此可以说IPI是下游代谢途径的总开关（Cunningham and Ganttantt，2000），目前已经从拟南芥、玉米、甘薯、枸杞等植物中分离出了该基因。在八氢番茄红素合成酶（PSY）的催化下，四分子的IPP集结成为C20的牻牛儿基焦磷酸（GGPP），两个牻牛儿基焦磷酸在八氢番茄红素合成酶的作用下合成第一个C40类胡萝卜素——八氢番茄红素，PSY是公认的类胡萝卜素合成关键酶，目前PSY编码基因已经从拟南芥、甘薯、西瓜、枸杞、红肉脐橙等植物中得到分离，在许多植物中PSY编码基因都是以家族形式存在，如在番茄果实中的PSY1及叶片中的PSY2（惠伯棣等，2003）。无色的八氢番茄红素在八氢番茄红素脱氢酶（PDS）和ζ-类胡萝卜素脱氢酶（ZDS）的作用下合成了无色的六氢番茄红素、淡黄色的ζ-类胡萝卜素和橙黄色的链孢红素，此时类胡萝卜素异构酶的出现将多聚顺式番茄红素（原无色的八氢番茄红素）异构成粉红色的番茄红素，目前已经从玉米、水仙等植物中分离了PDS编码基因，而ZDS编码基因也已经从番茄、中国水仙、小麦、甘薯等植物中得到分离。番茄红素的环化成为类胡萝卜素合成途径中的一个分支点，根据环化双键位置的不同，类胡萝卜素的合成分为两条途径，且各自受番茄红素β-环化酶（CYC-B）和番茄红素ε-环化酶（LCY-E）调控，在番茄中LCY-E作用于组织中进行反应，而CYC-B作用于有色体中，目前这两个酶基因已经从红肉脐橙、枇杷、甘薯、枸杞等植物分离出来。在CYC-B的作用下番茄红素被转化为含有一个β-环的γ-胡萝卜素，且随后在同一环化酶的作用下被转化为β-胡萝卜素，而在LCY-E的作用下番茄红素被催化合成δ-胡萝卜素，且在CYC-B的作用下在δ-胡萝卜素上合成一个β-环，转化成为α-胡萝卜素。之后α-胡萝卜素在类胡萝卜素β-环羟化酶和类胡萝卜素ε-环羟化酶的作用下最终形成叶黄素，而β-胡萝卜素在类胡萝卜素β-环羟化酶（HYD）的作用下被催化合成玉米黄质，且可通过进一步的作用形成虾青素。

（二）黄肉猕猴桃着色机制研究

　　研究表明，在果实发育的早期（盛花后148天），黄肉猕猴桃'Hort16A'的叶绿素在内外果皮中呈均一分布，随着果实的进一步发育（盛花后178天），叶绿素只在少数细胞中存在，而在成熟阶段（盛花后230天）已经检测不到叶绿素的存在（Montefiori et al.，2009）。此外，还检测到中华猕猴桃'武植3号''Hort16A''金丰'的色相角随果实发育而显著下降，其中'Hort16A'和'金丰'的下降幅度更大。Tony和Gary（2002）以绿肉型美味猕猴桃'海沃德'和黄肉型中华猕猴桃'Hort16A'为材料，研究色泽相关的化学基础时，认为中华猕猴桃果肉呈现黄色主要是由于叶绿素含量的减少，而不是类胡萝卜素含量的增加。黄春辉等（2014）以中华猕猴桃'金丰'为试材，于盛花后30天开始，每15天取样一次，研究类胡萝卜素和叶绿素与果肉黄化的关系，结果表明，类胡萝卜素含量从果实生长初期直至成熟采收期一直保持比较稳定的状态，果实生长期间类胡萝卜素与总叶绿素含量的比值一直呈上升趋势，这可能是'金丰'猕猴桃果肉前期为绿色，后期转黄的原因之一。Charles等（2009）在研究猕猴桃果实发育后期类胡萝卜素的积累时发现，其积累主要被*LCY-β*基因的表达水平控制。Kim等（2010）采用多克隆位点（MCS）技术改善'海沃德'猕猴桃中的类胡萝卜素含量，研究的基因有*GGPS*、*PDS*、*ZDS*、*CHX*和*PSY*，最后得出结果，推测*GGPS*和*PSY*基因是增加猕猴桃类胡萝卜素含量的主要目标基因。

　　利用Illimina/Hisseq测序技术构建了中华猕猴桃'金丰'3个不同转色时期数字基因表达谱，以寻找调控黄肉猕猴桃果实呈色的潜在关键基因，最终推测呈色的关键基因存在于具有显著差异表达的12条调控叶绿素合成及14条调控类胡萝卜素合成的Unigenes之中（高洁等，2013）。基于此，选取8个重要的转色时期提取果肉RNA，利用实时荧光定量PCR技术对黄肉型中华猕猴桃'金丰'果实发育过程中与果肉类胡萝卜素合成相关的11个差异基因进行了表达分析，并对其与色素含量作相关性分析，各基因作聚类分析，结果表明，11个差异基因在果肉中均有表达，但各基因的表达水平各不相同；从色素含量与相关差异基因相对表达量的相关性分析来看，类胡萝卜素含量与*Unigenes11266*、*Unigenes23885*、*Unigenes2673*三个基因相对表达量呈显著相关关系；聚类分析结果显示，基因*Unigenes11266*和*Unigenes23885*、基因*CL1511*和*CL10798*分别被聚为一类，且与其他基因明显分开，基因*CL10467*与它们的距离最近，同时基因*Unigenes12775*与*Unigenes23823*聚在一起。综合分析表明，*Unigenes11266*、*Unigenes23885*可能是类胡萝卜素合成的关键基因。此外，基因*Unigenes12775*、*CL10467*、*CL1511*、*CL10798*、*Unigenes2673*可能与类胡萝卜素的合成关系密切。利用基因克隆技术对黄肉型中华猕猴桃'金丰'中编码番茄红素β-环化酶的*Unigenes11266*与P450基因家族的*CL1511*、*CL10467*三个基因进行克隆，并将其分别命名为*AcLCYB-1*、*AcP450-1*、*AcP450-2*。研究结果如下。

（1）*AcLCYB-1*具有一个1482bp的可读框，编码493个氨基酸；将该基因编码的蛋白质序列比对到红阳猕猴桃基因组草图中的Achn347121蛋白，相似性达到99%，仅有1个氨基酸位点存在差异；氨基酸序列中包含一些植物LCYB的特征序列，都含有一段FLYAMP序列，都存在FAD/NAD(P)结合区；系统进化树分析显示，该蛋白质与猕猴桃属的中华猕猴桃、美味猕猴桃及属于浆果的葡萄和草莓的LCYB蛋白距离较近，而与辣椒、烟草、拟南芥等距离较远。

（2）*AcP450-1*具有一个1449bp的可读框，编码482个氨基酸；将该基因编码的蛋白质序列比对到红阳猕猴桃基因组草图中的Achn313551蛋白，两序列相似性达到99%，中间部分多了33个氨基酸，另外有3个氨基酸不一样；氨基酸序列符合P450基因家族中特征性血红素结合位点序列、螺旋K区、螺旋I区的基本特征；系统进化树分析显示，该蛋白与可可、拟南芥、丹参等距离较近，而与葡萄距离较远。

（3）*AcP450-2*具有一个1458bp的可读框，编码485个氨基酸；将该蛋白序列比对到红阳猕猴桃基因组草图中的Achn223051蛋白，相似性达到100%；氨基酸序列符合P450基因家族中螺旋K区及特征性血红素结合位点序列等的基本特征；系统进化树分析显示，该基因与马铃薯、葡萄、蓖麻等距离较近，而与可可、拟南芥等距离很远。

尽管关于黄肉猕猴桃果肉着色机制的研究已有很大进展，但是类胡萝卜素的合成代谢是个复杂的调控网络，当前研究还不足以揭示黄肉猕猴桃类胡萝卜素生物合成代谢的全貌。随着分子生物学技术的不断发展，将会不断克隆获得与黄肉猕猴桃类胡萝卜素生物合成有关的基因，各种转录因子的功能及其相互作用的机制仍是当前的研究热点，需要借助如转基因技术、二代三代测序技术、RNA干涉技术、功能基因组学和蛋白质组学等新技术，进一步鉴定类胡萝卜素合成的相关基因及其调控因子。

三、红肉猕猴桃着色的研究

（一）红肉猕猴桃品种选育

红肉猕猴桃不仅改善了果实的感观品质，而且还增加了果实的风味品质、营养品质，备受广大消费者的青睐，具有广阔的发展前景和巨大的商业价值。我国选育的红肉猕猴桃新品种（系）主要来源于中华猕猴桃的红肉变种红肉猕猴桃、美味猕猴桃的红心变种彩色猕猴桃、软枣猕猴桃的变种紫果猕猴桃、陕西猕猴桃和河南猕猴桃（王明忠，2003），其中中华猕猴桃和美味猕猴桃经济利用价值最高，选育的红肉新品种（系）最多。1997年世界上第一个红肉猕猴桃品种'红阳'通过四川省农作物品种审定后，便拉开了红肉猕猴桃育种的序幕（Wang et al.，2003）。1998年，新西兰人用软枣猕猴桃与黑蕊猕猴桃杂交，选育出味甜、红心的猕猴桃新品种（Seal and Mcneilage，1998）。随着产业发展需要及育种工作的开展，全红型且可以采后即食的软枣猕猴桃'天源红'（齐秀娟等，2011a）、'红宝石星'（齐秀娟等，2011b）等品种的出现，一改大众对猕猴桃果品的传统认识，红肉猕猴桃由仅内果皮着红色的品种发展为整个果肉着红色的品种。从现有的科技文献检索中，我国科研人员利用野生选种、实生选种、芽变选种、杂交育种等手段，选育出近30个优良红肉品种（系）（韩明丽等，2014）。目前，红肉猕猴桃在我国四川、陕西、湖北、河南、重庆、贵州、云南、浙江、江苏、江西等猕猴桃产区均有种植。

（二）红肉猕猴桃花青苷种类

红肉猕猴桃与苹果、桃、李等红肉型水果的着色特征显著不同（葛翠莲等，2014）。红肉猕猴桃在果实发育前期果肉为绿色，'红阳'等绝大多数红肉猕猴桃品种随着果实的成熟，果心附近、种子周围的果肉，即内果皮沿中轴放射状逐渐呈现红色；而另一部分果肉，即中果皮仍呈现绿色或黄色；由此说明该类型的红肉猕猴桃果肉着色具有明显的组织特异性。而仅少部分的软枣猕猴桃如'红宝石星'，其果皮、果肉随着果成熟均为红色。而无论是内果皮呈红色，还是整个果实呈红色，其呈色物质都是花青素（Montefiori et al.，2005）。

花青素是一类植物中的次生代谢产物，积累在植物细胞的液泡中，以糖苷的形式存在，具有吸光性而使植物的花、果、叶、茎等组织产生红色、粉色、蓝色及紫色等鲜艳的色彩。它能够吸引昆虫传粉，所以在植物繁殖过程中起重要作用。另外，其还能保护植物免受光氧化胁迫。花青素广泛分布于自然界中，目前发现的花青素有18种（唐传核，2005），但在高等植物中主要有天竺葵色素、矢车菊色素及翠雀素，由此再衍生出其他3种：翠雀素不同程度的甲基化能够产生锦葵色素、矮牵牛花色素；矢车菊色素甲基化产生芍药花色素。芍药花色素和矢车菊色素表现为紫红色系，天竺葵色素表现为砖红色系，而翠雀素、锦葵色素和矮牵牛花色素则表现为蓝紫色系。花青素很少为游离状态，主要以糖苷形式存在，常见的花色素的糖苷有4种：3-单糖苷、3-双糖苷、3,5-双糖苷和3,7-双糖苷，其中3-单糖苷出现的频率比3,5-双糖苷高2.5倍。单糖苷最普遍的是葡萄糖苷，此外也有半乳糖苷、鼠李糖苷和芸香糖苷。在自然界中最常见的花青苷为矢车菊色素-3-葡萄糖苷。

利用高效液相色谱、高效液相色谱-三重四级杆质谱联用技术，定性定量分析'红宝石星'及'红阳'两种猕猴桃的花青苷组分，确定成熟'红宝石星'含有5种花青苷，分别是未知矢车菊色素、矢车菊色素-3-O-木糖(1-2)-半乳糖苷、飞燕草素-3-O-木糖(1-2)-半乳糖苷、矢车菊色素-3-O-半乳糖苷和飞燕草素-3-O-半乳糖苷；成熟'红阳'中有两种组分：矢车菊色素-3-O-木糖(1-2)-半乳糖苷和极少量的矢车菊色素-3-O-半乳糖苷（刘颖等，2012）。另外，软枣猕猴桃、黑蕊猕猴桃、美味猕猴桃、中华猕猴桃4种红肉或红心猕猴桃中花青苷组分主要为花青素-3-[2-(木糖)半乳糖苷]、花青素-3-半乳糖苷、花青素-3-[2-(木糖基)半乳糖苷]、矢车菊色素-3-葡萄糖苷、矢车菊色素-3-半乳糖苷，与大多数植物花青素与糖通过糖基化作用形成稳定的花青苷和存在第1次糖基化作用不同，其存在第2次糖基化作用（Comeskey et al.，2009）。

（三）红肉猕猴桃花青苷积聚规律

'红阳'是世界上第一个商业化栽培的红肉猕猴桃品种，自1998年其在四川苍溪种植后，四川周边的陕西、重庆、贵州等，以及江西、湖南、湖北、江苏等地都在引种栽培。但是，各地的栽培实践表明，果肉红色是'红阳'推向国内外市场的关键特性，'红阳'果肉颜色在不同地区甚至同一地区不同年份存在着显著差异。因此，'红阳'果肉着色规律成为研究热点。杨刚（2011）研究表明'红阳'果肉红色性状的变化规律可分为三个阶段：第一阶段为花后0～25天，红色性状首先出现在外果肉，而中果肉和中轴胎座无红色出现。第二阶段为花后25～59天，整个果肉为浅绿色，无红色性状出现。第三阶段为花后59～131天，红色性状转为在中果肉出现，外果肉和中轴胎座无红色出现。尹翠波（2008）的研究也表明，'红阳'果肉是在盛花后69天（6月中下旬）开始呈现红色，并随着果实发育，红色着色程度越来越深，花青苷含量也逐渐增加。利用光学显微镜和透射电子显微镜，观察其果实内果皮横剖面着色组织的解剖特征，结果显示，开花后随着时间增加，色素载体发生不同程度的液泡化，推测其色素体的形成部位、细胞学形态特征、色素体的解体及花青苷释放的过程（骆彬彬等，2012）。

在以'红阳'突变体'HY-09'果实的内果皮和中果皮为试验材料的研究中，探究了该突变体在盛花后各个时期色素的动态变化规律，并分析了花青苷与果实色泽之间的关系。猕猴桃'HY-09'在盛花后37～47天果皮中没有花青苷的积累，在盛花后67天开始出现花青苷的积累，并随着果实发育其含量在快速上升，并在盛花后122天达到最大值（4.32mg/100g FW），在盛花后132天（采收时）略有下降。红肉软枣猕猴桃'天源红'在幼果期果实为绿色，随着果实生长发育，绿色逐渐变浅，红色逐渐加深，至盛花后120天红色最深；盛花后90天初次检测到花青苷，之后花青苷含量逐渐增加，至盛花后120天达到最大值。

（四）红肉猕猴桃花青苷合成机制

花青素生物合成是通过莽草酸途径经苯丙氨酸支路完成，此过程包含许多步骤，并由不同种类的酶催化（葛翠莲等，2012）。而编码合成这些代谢相关酶类的基因是控制植物花青苷代谢的结构基因，直接参与花青苷合成；通过其表达的蛋白质调控结构基因的表达（Holton and Cornish，1995）。这两类基因的研究在其他的果树品种中已有报道，如已从西洋梨中克隆到了*PAL*、*CHS*、*CHI*、*F3H*、*FLS*、*ANS*、*DFR*、*ANR*等结构基因（Fischer et al.，2007）；从'美人酥'梨果实中分离出*PpPAL*、*PpCHI*、*PpCHS*、*PpDFR*、*PpF3H*、*PpANS*和*PpUFGT*等调节基因，并且认为中国红色砂梨中花青素的积累水平与*PyMYB10*和多生物合成基因水平的协调表达密切相关（Yu et al.，2012）。此外，从苹果、葡萄、草莓、蓝莓中克隆出了*CHS*、*CHI*、*F3H*、*DFR*、*ANS*、*UFGT*等结构基因。在葡萄果皮中，花青苷生物合成的控制位点是*UFGT*（Kobayashi et al.，2001）。在苹果果实发育过程中，*CHS*、*F3H*、*DFR*、*ANS*、*UFGT* 5个基因协同表达，其表达水平与花青苷积累呈正相关（Kondo et al.，2002）。*CHS*和*DFR*分别是红肉桃与油桃果实中花青苷合成的关键调节基因（Tsuda et al.，2004）。在草莓果实中，*DFR*对花青苷合成起关键的调节作用（Li et al.，2001）；另外，*FaPAL6*表达和活性较高与花青苷含量较高相关联（Pomboa et al.，2011）。

红肉猕猴桃着色机制的研究比较热门，杨红丽等（2009）利用RNA转录5′末端转换技术（SMART）构建了红肉猕猴桃品种'红阳'内果皮组织的全长cDNA文库，此文库的构建有助于克隆分离出与花青苷合成相关的基因，特别是红肉猕猴桃花青苷合成代谢的结构基因，如*AcF3H*、*AcDFR1*、*AcCHS*、*AcLDOX*、*ANS*、*UFGT*。以红心猕猴桃品种'Hort22D'为试材的研究结果显示，上述结构基因在红肉猕猴桃中均以基因家族形式存在，而且各种基因的表达量及表达位置存在差异（Montefiori et al.，2011）。Montefiori等（2011）分离到*F'3H1*和*F'3H2*两个片段，其中*F'3H1*的表达变化与红肉猕猴桃'Hort22D'内果皮着色没有明显的相关关系，但*F'3H2*的表达变化与开花期及果实发育过程的着色具有一致的变化趋势，可见在猕猴桃的花青素合成途径中同一催化酶可能存在不同的转录本，但还有待于进一步展开分析。*CHS*家族存在3个明显差异片段，且在果实组织中均有表达，但*CHS2*的表达量明显比*CHS1*和*CHS3*高（贾赵东等，2014）。最近，将猕猴桃'红阳'中*CHS*基因片段插入到载体pHB和pTCK303中，构建35S::CHS-RNAi和UBI::CHS-RNAi 2个载体，并将其转入根癌土壤杆菌EHA105中，分别将0.7ml农杆菌（OD=0.8）从果实底部注入果肉开始变红（花后106天）的猕猴桃果实中；5天后，与空载体相比，注射CHS-RNAi载体的猕猴桃果肉颜色变浅，花青素含量、*CHS*的表达量显著降低，推测这种快捷瞬时表达系统将为猕猴桃基因的功能研究提供有效手段（孙家旗等，2014）。*UFGT*基因家族中的*F3GT1*和*F3GT2*基因分别对矢车菊-3-*O*-木糖苷-半乳糖苷和矢车菊-3-*O*-半乳糖苷起关键的调控作用（Montefiori et al.，2011）。张亮等（2012）通过对包括'红阳'在内的6个不同果肉颜色的猕猴桃品种中*CHS*、*CHI*、*F3H*、*DFR*、*LDOX*、*UFGT*等结构基因表达量的对比分析，结果显示，*UFGT*只在红肉品种中有较高的表达量，具有明显的品种特异性；其他基因在不同果肉颜色的品种中均有较高的表达量，不表现明显的品种特异性。另外，全红型软枣猕猴桃'天源红'在受精完成后，CHS、F3H等类黄酮合成途径中的关键酶表达上调，这可能意味着花青素合成基因在受精后就开始启动了（齐秀娟等，2012）。

　　调节基因通过编码转录因子蛋白影响结构基因的表达从而间接调节花青苷的合成，*MYBs*、*bHLHs*和*WD40s*三大类转录因子通过形成MBW复合体来调控花青苷的合成（Gonzalez et al.，2008）。研究表明，*AcMYB*基因随着'红阳'果实的发育，其表达水平呈先上升后下降的趋势，在开花后30天的果实中表达量最低，在花后80～120天的果实中表达量较高。比较不同栽培区不同发育阶段*AcMYB*的表达情况，发现苍溪中海拔地区着色优良的果实中，*AcMYB*的转录水平明显高于武汉栽培区红色淡的果实，这表明*AcMYB*在红肉猕猴桃果实花青苷的合成中起重要作用（满玉萍，2012）。陈佳莹（2014）利用反转录聚合酶链式反应（RT-PCR）结合cDNA末端快速扩增（RACE）技术分别克隆了猕猴桃'红阳''华特'*MYBs*转录因子的全长cDNA，命名为*HYAcMYB*和*WtAeMYB*，序列比较分析发现在3'端非翻译区（3'UTR区）*HYAcMYB*比*WtAeMYB*长67bp；利用real-time PCR技术分析*HYAcMYB*和*WtAeMYB*在'红阳'与'华特'果实不同发育时期的表达调控，结果表明，*HYAcMYB*的表达变化趋势与'红阳'猕猴桃花青苷含量的变化趋势基本一致，*HYAcMYB*在'红阳'发育过程中表达量显著高于'华特'，在花后65天，*HYAcMYB*的表达量约是*WtAeMYB*的9倍。因此，结合果实花青苷积累规律及*HYAcMYB*表达调控特性，推测*MYBs*转录因子在猕猴桃果肉的花青苷调控途径中发挥了重要的作用。

　　从'红阳'突变体'HY-09'的成熟果实的内果皮中克隆了一个转录因子*AcMYB1*基因，全长896bp，存在一个长为783bp的可读框，可编码260个氨基酸，并具有R2R3结构域。通过与其他物种上的*R2R3-MYBs*转录因子进行比对发现，*AcMYB1*与其他物种中花青苷合成有关的*MYB*转录因子如矮牵牛*AN2*、拟南芥*AtMYB90*的相似性在30%左右，与猕猴桃中与花青苷合成有关的*AcMYB*的相似性低，与拟南芥中具有负向调控的转录因子*AtMYB4*的相似较高（51.77%），通过进一步分析*AcMYB1*的氨基酸结构发现，其不具有*AtMYB4*中的pdLNLD/ELXiG/S结构。利用qPCR技术对果实发育过程中内果皮和中果皮内与花青苷生物合成的转录因子*AcMYB1*及结构基因进行了表达分析，结果表明，*AcMYB1*在内果皮中的表达水平始终高于中果皮，且内果皮中*AcMYB1*的转录水平与花青苷含量呈正相关。由此可推测*AcMYB1*是一个新的*MYB*转录因子，在猕猴桃果实花青苷生物合成中发挥着调节作用。而8个与花青苷合成相关的结构基因在中果皮和内果皮中都有表达，但是整体而言在内果皮中相对表达量高于中果皮。尤其是*F3H2*和*F3GT1*基因，在任何时期，其在内果皮中的表达水平明显高于中果皮，且在花青苷积累阶段仍保持高表达水平。*F3GT1*在盛花后67天和122天的转录水平比任何时期的都高，正好与内果皮中花青苷开始积累和含量最高的时期相一致。此外，层次聚类分析揭示了相关基因的表达模式，*AcMYB1*与结构基因*F3GT1*和*F3H2*聚集在一起，明显与其他基因分开。这表明，*AcMYB1*、*F3H2*和*F3GT1*在花青苷生物合成过程中起着非常重要的作用。

目前，已经从'红阳'猕猴桃果肉中克隆到一个bHLH型转录调控因子*AdGL3*，实时荧光定量PCR分析结果表明，*AdGL3*基因的表达水平与猕猴桃花青苷的净积累过程基本一致，即在净积累过程中其表达水平比较高，而净积累停止后，该基因的表达水平也相应降低。由此表明该基因是参与猕猴桃花青苷合成的重要调控因子之一（李文彬等，2014）。此外，研究表明猕猴桃树种在花青苷合成途径中也存在负调控因子参与，如最近研究发现，MADS-Box蛋白基因*SVP3*在毛花猕猴桃及烟草中异源表达，可通过分别抑制关键*R2R3-MYBs*转录因子基因*MYB110a*和*NtAN2*表达，从而减少花器官中色素的积累，其具体调节机制有待进一步研究（Wu et al.，2014）。

尽管目前已经广泛开展了红肉猕猴桃着色机理的研究，但是花青苷合成代谢是个复杂的调控网络，当前的研究结果还不足以揭示红肉猕猴桃中花青素生物合成代谢的全貌。而且代谢途径中相关基因的功能和调控还会受到外界环境条件、内部植物激素水平等的影响，花青苷合成过程中关键酶基因的表达涉及多种调控因子，且调控因子调控的关键酶基因也不一致。目前，生产中培育的红肉猕猴桃多为大果类型的中华猕猴桃或美味猕猴桃，而全红型猕猴桃仅为软枣猕猴桃，属于不同种类。这种遗传上的差异使红肉猕猴桃着色机制的解析更加错综复杂。

第二节　毛花猕猴桃果实发育期间色素变化及呈色分析

作为中国特有资源，毛花猕猴桃以果肉翠绿、风味较浓等特点被研究者所关注，具有广阔的开发利用前景。以毛花猕猴桃'赣猕6号'为试材，对其果实发育期间色素含量的动态变化进行分析，探讨'赣猕6号'果肉色泽形成的主要原因，以揭示毛花猕猴桃的呈色规律，可为阐明叶绿素合成代谢及其调控途径奠定理论基础，也可为探索果实品质调控和果肉色泽育种提供理论依据。

一、果实发育过程中果肉色泽的变化

果实发育过程中，'赣猕6号'果肉色度角表现为随着果实的成熟稳步上升的趋势，每个时期上升的幅度均不大，每隔30天上升率分别为2.94%、0.55%、1.29%、0.34%和0.47%，只有盛花后20～50天和盛花后80～95天这两个时期色度角变化较明显，分别为从118.55°上升到120.45°、从121.66°上升到122.38°。第一个阶段（盛花后20天）果肉颜色表现为黄绿色或浅绿色，中期绿色逐渐加深，直至采收期（盛花后170天）变为深绿色（图7-1）。

二、果实发育过程中果肉叶绿素a与叶绿素b含量的变化

如图7-2所示，'赣猕6号'果实发育过程中果肉叶绿素a的含量在盛花后20～50天呈下降趋势，盛花后80天之前趋势较稳定，在盛花后95天上升至4.66mg/100g；

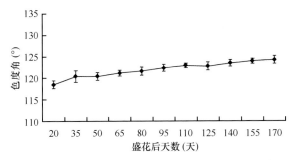

图7-1 '赣猕6号'果实发育过程中果肉色度角的变化

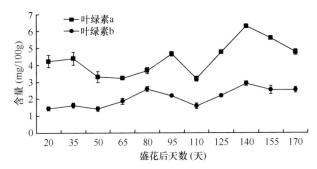

图7-2 '赣猕6号'果实发育过程中果肉叶绿素a、叶绿素b含量的变化

此后在盛花后110天降至波谷3.19mg/100g，也是整个时期的最小值，之后又在盛花后140天达到整个果实发育过程的最大值（6.29mg/100g），这30天内叶绿素a的日增长量为0.103mg/100g，后期30天内又处于下降过程，盛花后170天叶绿素a的含量为4.79mg/100g。

果实发育过程中果肉叶绿素b的含量在前50天基本无变化，随后的30天快速上升，在盛花后80天达到第一个峰值2.58mg/100g，比盛花后20天的含量高1.14mg/100g；盛花后80～110天下降至1.58mg/100g，之后30天又上升至2.91mg/100g，达到第二个峰值，这也是整个果实发育过程中叶绿素b含量最高的阶段；两次叶绿素b含量高峰时增加率分别为82.22%和84.97%；盛花后170天又小幅度地下降到2.54mg/100g。

三、果实发育过程中果肉叶绿素与类胡萝卜素含量的变化

从图7-3中可以看出，'赣猕6号'果实发育过程中叶绿素总含量的变化趋势与叶绿素a高度相似，均表现为盛花后110天之前下降—上升—下降趋势，且含量变化不大，从初期的5.67mg/100g变化至盛花后50天的4.73mg/100g，后又经历上升—下降过程，于盛花后110天达到低谷4.77mg/100g；盛花后110～140天快速上升至9.20mg/100g，此阶段是叶绿素的大量合成时期，叶绿素含量达到整个果实发育过程

的最大值，之后下降到7.30mg/100g（盛花后170天）。

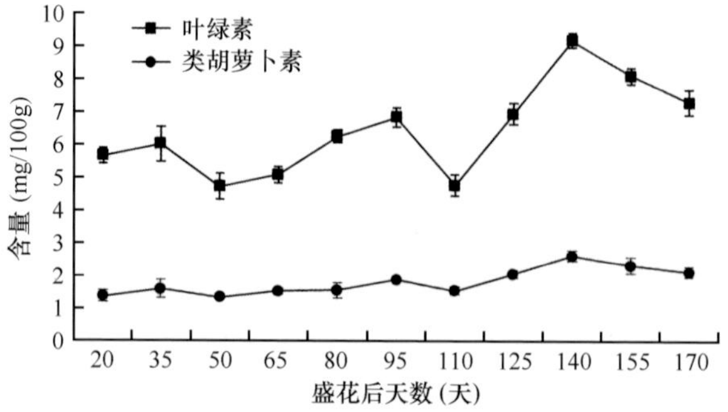

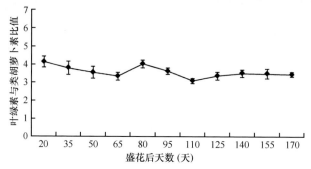

图7-3 '赣猕6号'果实发育过程中果肉叶绿素和类胡萝卜素含量的变化

对比果实发育过程中叶绿素含量的变化，由图7-3可知类胡萝卜素含量的变化相对简单明了：盛花后110天之前均无明显变化，从初期的1.37mg/100g变化到1.54mg/100g，只有小范围的上下波动，盛花后110～140天，其含量迅速上升至2.63mg/100g，比盛花后110天高1.09mg/100g，到采收期又下降至2.12mg/100g。

四、果实发育过程中果肉叶绿素与类胡萝卜素比值的变化

通过观察图7-4发现，'赣猕6号'叶绿素与类胡萝卜素比值表现为下降—上升—下降—上升趋势，总体呈现下降趋势，盛花后20天为整个时期的最大值（4.12），之后在盛花后65天到达波谷（3.34），盛花后80天上升到4.02，然后又在盛花后110天达到最小值3.09，盛花后140天上升至3.51，后期保持较平稳状态，至采收期为3.44。

图7-4 '赣猕6号'果实发育过程中叶绿素与类胡萝卜素比值的变化

五、果肉色素指标的相关性分析

多个色素指标综合作用才会使猕猴桃果肉呈现不同的颜色，而颜色的差异又是由各色素成分的比例不同导致的。表7-1的相关性分析显示，叶绿素a与各色素均呈极显著正相关，且相关系数从高到低依次为叶绿素、类胡萝卜素、叶绿素b，也与色度角呈极显著正相关；叶绿素b除了与叶绿素与类胡萝卜素的比值无显著相关性外，与

其余各指标均呈极显著正相关；叶绿素与叶绿素a、叶绿素b、类胡萝卜素、色度角
呈现极显著正相关；类胡萝卜素也是与叶绿素a、叶绿素b、类胡萝卜素及色度角呈
极显著正相关；叶绿素与胡萝卜素比值与色度角呈极显著负相关。

表7-1　'赣猕6号'果实发育过程中色素指标相关性分析

指标	叶绿素b	叶绿素	类胡萝卜素	叶绿素与类胡萝卜素比值	色度角
叶绿素a	0.704**	0.964**	0.907**	0.046	0.459**
叶绿素b		0.867**	0.835**	−0.04	0.662**
叶绿素			0.948**	0.017	0.569**
类胡萝卜素				−0.300	0.733**
叶绿素与类胡萝卜素比值					−0.610**

*表示相关性显著（$P<0.05$）；**表示相关性极显著（$P<0.01$）

六、套袋对果肉着色的影响

果实套袋在一定程度上可以改善果实的外观和内在品质，明显降低农药残留
量，提高果品的食用安全性和商品性。但其同时对果实品质具有一定的负面影响，
也会改变果肉色泽。本研究以3份毛花猕猴桃优株为材料，研究套袋与无袋栽培对毛
花猕猴桃果肉色泽的影响，为深入研究毛花猕猴桃果肉色泽的基因调控机制提供理
论依据，进一步为毛花猕猴桃生产和良种选育提供科学依据。试验于2018年在江西
省信丰县芢楚果业有限公司猕猴桃种质资源圃进行，栽培架式为大棚架，单主干多
主蔓形整枝。以前期在江西省境内搜集、保存的3份果实大小一致的毛花猕猴桃优株
'G19''G21'和'G28'为材料，选用生产上常用的外黄内黑单层纸袋对其盛花
后30天的果实进行套袋处理，以不套袋为对照，于成熟期采集果实并放置在室温下
后熟，测定果实内在品质（Liao et al.，2019）。

利用色差仪测定果肉a、b值，其中a值代表色度中红绿色差指标，正值越大则红
色越深，负值越小则绿色越深；b值代表黄蓝色差指标，正值越大则黄色越深，负值
越小则蓝色越深。根据a、b值计算出综合色度指标h^* [$h^*=\tan^{-1}(b/a)$，从0°至180°分别
代表紫红色、红色、黄色、黄绿色、绿色及蓝绿色，其中$h^*=0°$代表紫红色；$h^*=90°$
代表黄色；$h^*=180°$代表蓝绿色]。从图7-5可以看出，套袋处理与未套袋处理间色差
角存在显著差异，其中'G21'最为显著。套袋处理后，毛花猕猴桃果肉色泽有明显
变化。如图7-6所示，3份毛花猕猴桃优株果肉颜色均由翠绿色转变为黄绿色。

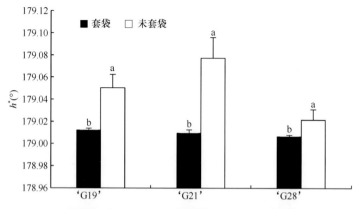

图7-5　套袋对毛花猕猴桃果实色差角的影响

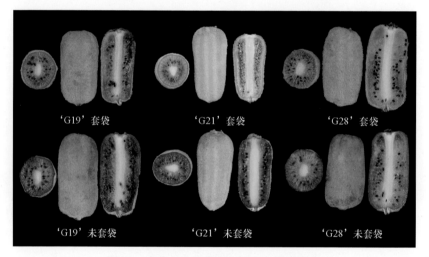

图7-6　套袋对毛花猕猴桃果实色泽的影响

第三节　毛花猕猴桃果肉色泽形成的分子机制

通过分析果实发育过程中的色素含量变化，明确了毛花猕猴桃果实色泽的变化规律。于是基于课题组前期转录组测序和DGE文库分析的结果（高洁等，2013），通过检测毛花猕猴桃叶绿素合成相关基因的表达，探究不同发育时期果实叶绿素的含量变化及其相关基因的表达关系，试图找出叶绿素合成可能的关键基因，并分离找出其候选基因，以期为阐明叶绿素合成代谢及其调控途径奠定理论基础，也可为揭示毛花猕猴桃'赣猕6号'叶绿素富集现象及绿肉猕猴桃叶绿素合成相关基因的功能提供理论依据。

一、合成相关差异基因的实时荧光定量PCR分析

与叶绿素合成相关的差异基因在毛花猕猴桃'赣猕6号'果肉色泽变化过程中的实时定量表达情况如图7-7所示。从图7-7可以看出，12个相关基因在果肉中均

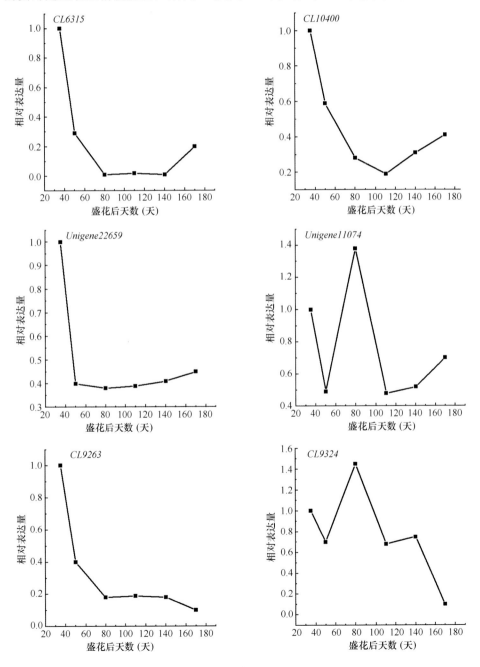

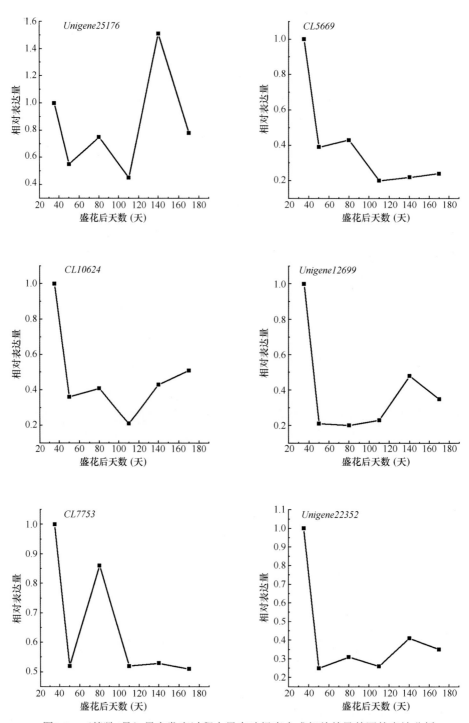

图7-7　'赣猕6号'果实发育过程中果肉叶绿素合成相关差异基因的表达分析

有表达，但变化规律不同。以第一时期（盛花后35天）的合成相关基因的相对表达量为参照，发现12个基因的相对表达量在果实发育前期均较高，只有CL9324、Unigene11074、Unigene25176这3个基因的相对表达量在后期超过了第一时期，其余9个基因的相对表达量最高时期均为盛花后35天。Unigene25176相对表达量在果实发育过程中呈下降—上升—下降—上升—下降趋势，先于盛花后110天下降至最小值，盛花后140天达到最大值，后又下降；CL9324、Unigene11074相对表达量均在盛花后80天达到最大值，之后CL9324相对表达量持续下降，而Unigene11074下降至盛花后110天之后又存在一个上升过程，CL10624相对表达量在此时期也上升；CL6315、CL10400、Unigene22659相对表达量在果实发育过程中均呈先下降后上升的趋势；CL7753、CL5669相对表达量在盛花后50~80天均上升，后期下降；CL9263相对表达量表现为一直下降趋势。

二、叶绿素含量与相关基因表达量的相关性分析

从表7-2可以看出，叶绿素含量仅与基因Unigene25176的相对表达量呈极显著相关，与其他基因相对表达量均无显著相关性，且Unigene25176与其他11个基因相对表达量也无显著相关性。

三、叶绿素合成相关基因的聚类分析

利用聚类分析软件对叶绿素合成相关基因的表达进行聚类（图7-8），聚类分析结果显示，基因Unigene25176在叶绿素合成中表达水平最高，且单独聚成一类，与其他基因明显不同，这与相关基因相对表达量的相关性分析结果一致。基因CL9324和CL7753被聚为一类，又与Unigene11074被聚为同一大类而与其他基因分开，说明其表达模式相近。

本研究利用实时荧光定量PCR技术检测了绿肉型毛花猕猴桃'赣猕6号'果实发育过程中与果肉叶绿素合成相关的12个差异基因的表达水平，各基因表达水平各不相同，其中Unigene25176、CL9324、Unigene11074这3个基因的相对表达量较高，其余9个基因的相对表达量均较低。从不同发育时期果肉叶绿素合成相关的差异基因相对表达量与色素含量的相关性分析来看，叶绿素含量仅与基因Unigene25176的相对表达量呈极显著相关；聚类分析结果显示，基因Unigene25176在叶绿素合成中表达水平最高，且单独聚成一类，与其他基因明显不同，表明Unigene25176可能是叶绿素合成的关键基因。

基因Unigene25176被注释为预测编码葡萄中生色团的铁氧还蛋白-NADP$^+$氧化还原酶（FNR）。生色团是指分子中含有的、能对光辐射产生吸收、具有跃迁的不饱和基团及其相关的化学键。当用远红光/红光照射植物时，植物中的生色团线形四

表7-2 叶绿素含量与相关基因表达量的相关性

	CL6315相对表达量	CL9324相对表达量	CL10624相对表达量	Unigene12699相对表达量	CL9263相对表达量	Unigene22659相对表达量	CL7753相对表达量	CL10400相对表达量	Unigene22352相对表达量	CL5669相对表达量	Unigene11074相对表达量	Unigene25176相对表达量
叶绿素含量	-0.0293	-0.0111	0.243	0.205	-0.281	0.049	-0.040	-0.075	0.110	-0.134	0.271	0.843**
CL6315相对表达量		0.072	0.702**	0.832**	0.969**	0.893**	0.575**	0.922**	0.851**	0.882**	0.050	0.016
CL9324相对表达量			0.271	0.094	0.274	-0.066	0.727**	-0.013	0.288	0.443	0.419	0.268
CL10624相对表达量				0.801**	0.699**	0.832**	0.807**	0.762**	0.890**	0.871**	0.672**	0.426
Unigene12699相对表达量					0.837**	0.927**	0.616**	0.770**	0.952**	0.818**	0.146	0.461
CL9263相对表达量						0.839**	0.682**	0.867**	0.876**	0.932**	0.075	0.118
Unigene22659相对表达量							0.572*	0.853**	0.906**	0.820**	0.236	0.222
CL7753相对表达量								0.507**	0.796**	0.864**	0.646**	0.295
CL10400相对表达量									0.805**	0.834**	0.165	0.166
Unigene22352相对表达量										0.921**	0.331	0.419
CL5669相对表达量											0.408	0.240
Unigene11074相对表达量												0.241

*表示相关性显著 ($P < 0.05$) ；**表示相关性极显著 ($P < 0.01$)

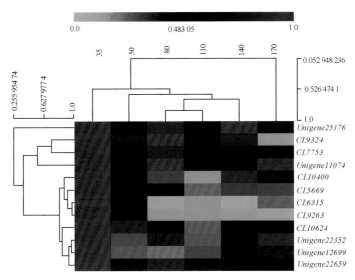

图7-8　叶绿素合成相关基因的聚类分析
红色代表高水平表达，绿色代表低水平表达

吡咯环可形成远红光型或红光型光敏色素分子（Andel et al.，1997）。光敏色素是吸收远红光或红光可逆转换的色素，以远红光吸收型（λ_{max}=730nm）和红光吸收型（λ_{max}=660nm）这两种较稳定的状态存在于植物中（Rockwell et al.，2006）。作为植物个体发育过程中主要的光受体，光敏色素不仅通过对植物激素及其他化学成分的调节作用来影响植物的形态，如种子萌发、茎的伸长、叶的扩展及开花诱导等，而且调控基因表达（Smith，2000）。有研究表明，果实中的光敏色素能够起到调节果皮中类黄酮聚集的作用（Piringer and Heinze，1954）；随后，又有学者在番茄中发现果实中的光敏色素还可以调节光诱导类胡萝卜素的生物合成和番茄红素的积累过程（Alba et al.，2000）。光敏色素调控基因表达一般是在转录水平上进行的，这个过程需要一系列信号转导中间体，其信号转导组分有G蛋白、Ca^{2+}、环鸟苷酸（cGMP）和二酰甘油等，这些第二信使不仅诱导光调控基因的表达，如叶绿素a或叶绿素b的结合蛋白基因、FNR和查尔酮合成酶基因，还诱导花青素及叶绿素生物合成酶基因的表达（Bowler et al.，1994）。

　　FNR和铁氧还蛋白（Fd）都是存在于类囊体膜表面的蛋白质，是氧化还原代谢的中心，广泛存在于各种藻类、自养光合细菌和高等植物中。叶片中的FNR是光合电子传递链的末端氧化酶，主要催化电子从还原态的Fd传递给$NADP^+$，反应式为：$2Fd_{还原}+NADP^++H^+ \longrightarrow 2Fd_{氧化}+NADPH$，生成的NADPH主要作用于卡尔文循环中$CO_2$的固定和叶绿体的其他代谢过程（Carrillo et al.，2003）。除此之外，$Fd_{还原}$还可将电子用于氮同化和叶绿素合成等其他反应，如Chl的生物合成途径中，从原叶绿素酸酯到叶绿素a的过程需要两次接受NADPH提供的H$^+$，FNR为此反应的有效进行提供了有利条件（杨超等，2014）。可见，在同等光照条件下，FNR的数量和活性可决定光合作用效率。Fd是结合在FNR与黄素腺嘌呤二核苷酸（FAD）辅基结合部位结构域的凹陷区，二者的氧化还原中心均在这个区域，电子可以在这个区域通过两个辅基传递（苟萍等，2007）。有研究表明，小麦FNR蛋白N端的差异可能会改变自身FNR活性、叶绿体内分布情况及对不同Fd的亲和力（Moolna and Bowsher，2010）（图7-9）。

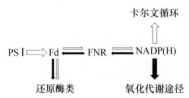

图7-9　FNR在光合和非光合组织中的电子传递

白色箭头代表FNR在光合组织中的电子传递；黑色箭头代表FNR在非光合组织中的电子传递

目前针对不同光敏色素分子的研究已取得可观进展。随着各项生物技术的发展，如今研究学者更侧重了解光敏色素信号传导的调节过程，这将为培育适于不同光环境，尤其是弱光环境下的作物新品种打下良好基础。而近年来对植物FNR蛋白的研究也为深入探讨光合电子传递过程和植物抵抗氧化胁迫提供了有利信息，但关于FNR参与叶绿体代谢过程的一些细节还需进一步研究。

四、套袋对果实叶绿素和类胡萝卜素合成相关基因表达的影响

为了探明成熟期果实套袋与不套袋处理间果肉色素积累差异形成的分子机制，本研究调查了猕猴桃果肉色素合成与降解的关键基因在3个毛花猕猴桃优株果肉组织中的表达水平。对叶绿素合成途径中的关键基因表达进行分析发现，在套袋和对照组中*GluTR*、*CLH1*、*CLH2*表达量与叶绿素含量的积累特征一致，套袋后的基因表达量均显著性低于对照；而对在叶绿素降解途径中的关键基因表达进行分析发现，仅有*SGR2*显著性高于对照。对类胡萝卜素合成途径中的关键基因表达进行分析发现，*PSY2*、*PTOX1*、*ZDS1*、*LCYE1*在套袋和对照组中表达量与类胡萝卜素含量的积累特征一致，套袋后的基因表达量均显著低于对照；而对在类胡萝卜素降解途径中的关键基因表达进行分析发现，仅有*NCED2*、*VDE2*显著高于对照。推测*GluTR*、*CLH1*、*CLH2*、*SGR2*、*PSY2*、*PTOX1*、*ZDS1*、*LCYE1*、*NCED2*、*VDE2*基因的差异表达是造成套袋和对照间果肉色泽改变的关键（图7-10）。

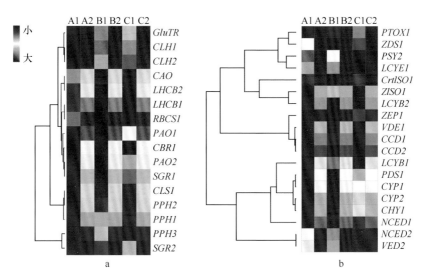

图7-10　套袋对毛花猕猴桃果实叶绿素、类胡萝卜素合成与降解相关基因表达的影响

a. 叶绿素，b. 类胡萝卜素。A1. 'G19'套袋处理；A2. 'G19'未套袋处理；B1. 'G21'套袋处理；B2. 'G21' 未套袋处理；C1. 'G28'套袋处理；C2. 'G28'未套袋处理

主要参考文献

陈佳莹. 2014. 猕猴桃果肉花青苷积累相关MYB转录因子的克隆及表达分析. 浙江农林大学硕士学位论文.

高洁, 黄春辉, 葛翠莲, 等. 2013. 利用DGE对黄肉猕猴桃果实着色过程中相关差异基因表达的解析. 果树学报, 30(3): 361-368.

葛翠莲, 黄春辉, 徐小彪. 2012. 果实花青素生物合成研究进展. 园艺学报, 39(9): 1655-1664.

葛翠莲, 黄春辉, 张晓慧, 等. 2014. 红肉猕猴桃不同色泽组织色素及糖、酸含量差异分析. 江西农业大学学报, 36(4): 743-749.

苟萍, 索菲娅, 马东建. 2007. 高等植物铁氧还蛋白的结构与功能. 生命的化学, 27(1): 51-53.

韩明丽, 张志友, 赵根, 等. 2014. 我国红果肉猕猴桃育种研究现状与展望. 北方园艺, (1): 182-187.

黄春辉, 高洁, 张晓慧, 等. 2014. 黄肉猕猴桃果实发育期间色素变化及呈色分析. 果树学报, 31(4): 617-623.

黄宏文. 2009. 猕猴桃驯化改良百年启示及天然居群遗传渐渗的基因发掘. 植物学报, 44(2): 127-142.

惠伯棣, 钟栗, 朱蕾, 等. 2003. 类胡萝卜素生物合成的分子生物学研究. 食品工业科技, 24(5): 106-109.

贾赵东, 马佩勇, 边小峰, 等. 2014. 植物花青素合成代谢途径及其分子调控. 西北植物学报, 34(7): 1496-1506.

姜志强, 贾东峰, 廖光联, 等. 2019. 中国育成的猕猴桃品种(系)及其系谱分析. 中国南方果树, 48(6): 142-148.

李文彬, 刘义飞, 彭明. 2014. '红阳'猕猴桃中花青素转录调控因子AdGL3的克隆及表达分析. 热带作物学报, 35(9): 1741-1746.

李文生, 石磊, 王宝刚, 等. 2012. 不同颜色果肉猕猴桃营养品质的比较. 食品科技, 37(7): 47-52.

李永平. 2009. 草莓类胡萝卜素合成相关基因的克隆. 福建农林大学硕士学位论文.

刘颖, 赵长竹, 吴丰魁, 等. 2012. 红肉猕猴桃花色苷组成及浸提研究. 果树学报, 29(3): 493-497.

骆彬彬, 王冬良, 满玉萍, 等. 2012. 红肉猕猴桃品种'红阳'果实中花青素体的细胞学特征. 安徽农业大学学报, 39(5): 702-706.

满玉萍, 李刚, 刘虹, 等. 2012. '红阳'猕猴桃MYB基因的克隆与表达. 华中农业大学学报, 31(6): 679-685.

齐秀娟, 方金豹, 陈锦永, 等. 2012. 软枣猕猴桃受精后子房蛋白表达的2D-DIGE分析. 中国农业科学, 4(17): 3646-3652.

齐秀娟, 方金豹, 韩礼星, 等. 2011a. 全红型软枣猕猴桃品种'天源红'的选育//黄宏文. 猕猴桃研究进展(VI). 北京: 科学出版社: 49-50.

齐秀娟, 韩礼星, 李明, 等. 2011b. 全红型猕猴桃新品种'红宝石星'. 园艺学报, 38(3): 601-602.

孙家旗, 唐维, 刘永胜. 2014. 猕猴桃CHS基因RNA干涉载体在果实中的瞬时表达可以有效影响花青素积累. 应用与环境生物学报, 20(5): 929-933.

唐传核. 2005. 植物生物活性物质. 北京: 化学工业出版社.

唐蕾, 毛忠贵. 2011. 植物叶绿素降解途径及其分子调控. 植物生理学报, 47(10): 936-942.

仝涛. 2008. 柑橘高效遗传转化体系的建立与类胡萝卜素代谢相关基因的遗传转化. 华中农业大学博士学位论文.

王明忠. 2003. 红肉猕猴桃可持续育种研究. 资源开发与市场, 19(5): 309-310.

徐小彪. 2004. 猕猴桃属植物的多样性及种质超低温保存研究. 湖南农业大学博士学位论文.

杨超, 胡红涛, 吴平, 等. 2014. 高等植物铁氧还蛋白-NADP$^+$氧化还原酶研究进展. 植物生理学报, 50(9): 1353-1366.

杨刚. 2011. 红阳猕猴桃果实色素变化规律和影响因素的研究. 四川农业大学硕士学位论文.

杨红丽, 王彦昌, 姜正旺, 等. 2009. '红阳'猕猴桃cDNA文库构建及*F3H*基因的表达初探. 遗传, 31(11): 1-12.

尹翠波. 2008. 红阳猕猴桃生物学特性及果实生长发育规律的初步研究. 四川农业大学硕士学位论文.

张亮, 满玉萍, 姜正旺, 等. 2012. 猕猴桃花青素合成途径基因*AcCHS*和*AcLDOX*的克隆与表达分析. 园艺学报, 39(11): 2124-2132.

张晓平, 任小林, 任亚梅, 等. 2007. NO处理对采后猕猴桃贮藏性及叶绿素含量的影响. 食品研究与开发, 128(1): 145-148.

Adriana P, Gaby T, Iwona A, et al. 2003. Chlorophyll breakdown: pheophorbide a oxygenase is a Rieske-type iron-sulfur protein, encoded by the accelerated cell death 1 gene. Proceedings of the National Academy of Sciences of the United States of America, 100(25): 15259-15264.

Alba R, Cordonnier-Pratt M M, Pratt L H. 2000. Fruit-localized phytochromes regulate lycopene accumulation independently of ethylene production in tomato. Plant Physiology, 123(1): 363-370.

Andel F, Lagarias J C, Mathies R A. 1997. Resonance Raman analysis of chromophore structure in the lumi-R photoproduct of phytochrome. Biochemistry, 35(50): 15997-16008.

Barry C S. 2009. The stay-green revolution: recent progress in deciphering the mechanism of chlorophyll degradation in higher plants. Plant Science, 176(3): 325-333.

Bowler C, Neuhaus G, Yamagata H, et al. 1994. Cyclic GMP and calcium mediate phytochrome phototransduction. Cell, 77(1): 73-81.

Carrillo N, Ceccarelli E A. 2003. Open questions in ferredoxin-NADP$^+$ reductase catalytic mechanism. European Journal of Biochemistry, 270(9): 1900-1915.

Charles A D, Tony K M, Reginald W, et al. 2009. The kiwifruit lycopene beta-cyclase plays a significant role in carotenoid accumulation in fruit. Journal of Experimental Botany, 60(13): 3765-3779.

Comeskey D J, Montefiori M, Edwards P B. 2009. Isolation and structural identification of the anthocyanin components of red kiwifruit. Journal of Agricultural and Food Chemistry, 57(5): 2035-2039.

Cunningham F X, Ganttantt E. 2000. Identification of multi gene families encoding isopentenyl diphosphate isomerase in plants by heterologous complementation in *Escherichia coli*. Plant Cell Physiology, 41: 119-123.

Fischer T C, Gosch C, Pfeiffer J, et al. 2007. Flavonoid genes of pear (*Pyrus communis*). Trees, 21(5): 521-529.

Gonzalez A, Zhao M, Leavitt J M, et al. 2008. Regulation of the anthocyanin biosynthetic pathway by the TTG1/bHLH/Myb transcriptional complex in *Arabidopsis* seedlings. The Plant Journal, 53(5): 814-827.

Holton T A, Cornish E C. 1995. Genetics and biochemistry of anthocyanin biosynthesis. Plant Cell, 7(7): 1071-1083.

Kim M, Kim S C, Kwan J S, et al. 2010. Transformation of carotenoid biosynthetic genes using a micro-cross section method in kiwifruit (*Actinidia deliciosa* cv. Hayward). Plant Cell Rep, 29: 1339-1349.

Kobayashi S, Ishimaru M, Ding C K, et al. 2001. Comparison of UDP-glucose: flavonoid 3-*O*-glucosyltransferase (UFGT) gene sequences between white grapes (*Vitis vinifera*) and their sports with red skin. Plant Science, 160: 543-550.

Kondo S, Hiraoka K, Kobayashi S, et al. 2002. Changes in the expression of anthocyanin biosynthetic genes during apple development. Journal of the American Society for Horticultural Science, 127: 971-976.

Li Y H, Sakiyama R, Maruyama H, et al. 2001. Regulation of anthocyanin biosynthesis during fruit development in 'Nyoho' strawberry. Journal of the Japanese Society for Horticultural Science, 70(1): 28-32.

Liao G L, He Y Q, Huang C H, et al. 2019. Effects of bagging on fruit flavor quality and related gene expression of AsA synthesis in *Actinidia eriantha*. Scientia Horticulturae, 256: 108511.

Montefiori M, McGhie T K, Hallett I C, et al. 2009. Changes in pigments and plastid ultrastructure during ripening of green-fleshed and yellow-fleshed kiwifruit. Scientia Horticulturae, 119(4): 377-387.

Montefiori M, McGhie T K, Costa G, et al. 2005. Pigments in the fruit of red-fleshed kiwifruit (*Actinidia chinensis* and *Actinidia deliciosa*). Journal of Agricultural and Food Chemistry, 53(24): 9526-9530.

Montefiori M, Espley R V, Stevenson D, et al. 2011. Identification and characterisation of *F3GT1* and *F3GGT1*, two glycosyltransferases responsible for anthocyanin biosynthesis in red-fleshed kiwifruit (*Actinidia chinensis*). The Plant Journal, 65: 106-118.

Moolna A, Bowsher C G. 2010. The physiological importance of photosynthetic ferredoxin NADP$^+$ oxidoreductase (FNR) isoforms in wheat. Journal of Experimental Botany, 61(10): 2669-2681.

Pilkington S M, Montefiori M, Jameson P E, et al. 2012. The control of chlorophyll levels in maturing kiwifruit. Planta, 236(5): 1615-1628.

Piringer A A, Heinze P H. 1954. Effect of light on the formation of a pigment in the tomato fruit cuticle. Plant Physiol, 29(5): 467-472.

Pomboa M A, Martínez G A, Civello P M. 2011. Cloning of *FaPAL6* gene from strawberry fruit and characterization of its expression and enzymatic activity in two cultivars with different anthocyanin accumulation. Plant Science, 181: 111-118.

Pongprasert N, Sekozawa Y, Sugaya S, et al. 2011. A novel postharvest UV-C treatment to reduce chilling injury (membrane damage, browning and chlorophyll degradation) in banana peel. Scientia Horticulturae, 130(1): 73-77.

Rockwell N C, Su Y S, Lagarias J C. 2006. Phytochrome structure and signaling mechanisms. Annu Rev Plant Biol, 57(57): 837-858.

Seal A G, Mcneilage M. 1998. New red and green fleshed *Actinidia*. New Zealand Kiwifruit Journal, (2): 9.

Smith H. 2000. Phytochromes and light signal perception by plants-an emerging synthesis. Nature, 407(6804): 585-591.

Tanaka A, Tanaka R. 2006. Chlorophyll metabolism. Current Opinion in Plant Biology, 9(3): 248-255.

Tony K M, Gary D. 2002. A color in fruit of the genus *Actinidia*: carotenoid and chlorophyll compositions. Agricultural and Food Chemistry, 50(1): 117-121.

Tsuda T, Yamaguchi M, Honda C. 2004. Expression of anthocyanin biosynthesis genes in the skin of peach and nectarine fruit. Journal of the American Society for Horticultural Science, 129(6): 857-862.

Wang M, Li M, Meng A. 2003. Selection of a new red-fleshed kiwifruit cultivar 'Hongyang'. Acta Horticulturae (ISHS), 610: 115-117.

Wu R, Wang T, Mcgie T, et al. 2014. Overexpression of the kiwifruit SVP3 gene affects reproductive development and suppresses anthocyanin biosynthesis in petals, but has no effect on vegetative growth, dormancy, or flowering time. Journal of Experimental Botany, 65(13): 264-275.

Yu B, Zhang D, Huang C H, et al. 2012. Isolation of anthocyanin biosynthetic genes in red Chinese sand pear (*Pyrus pyrifolia* Nakai) and their expression as affected by organ/tissue, cultivar, bagging and fruit side. Scientia Horticulturae, 136: 29-37.

Zhang X L, Zhang Z Q, Li J, et al. 2011. Correlation of leaf senescence and gene expression/activities of chlorophyll degradation enzymes in harvested Chinese flowering cabbage (*Brassica rapa* var. *parachinensis*). Journal of Plant Physiology, 168(168): 2081-2087.

第八章　毛花猕猴桃耐热性的研究

第一节　植物耐热性的研究进展

一、高温胁迫对植物解剖结构及细胞显微结构的影响

自然环境中，植物的生长可能受到多种逆境因子的影响，高温胁迫只是当今最常见的一种，而植物本身对逆境也具有一定的适应性和抵抗力。植物对逆境的响应和适应过程主要通过形态结构、解剖结构和生理生化指标来体现。而且不同逆境下，植物的形态结构、解剖结构和生理生化指标的变化都不同。高温胁迫在伤害植物组织及细胞结构时，叶片是对热胁迫反应最敏感的器官。不同逆境环境下，植物叶片的各个结构有不同的响应特征。

研究表明，高温胁迫会影响植物叶片的显微结构。一般情况下，感热品种叶片的气孔密度较小，气孔腔、气孔体积和开张度均较大，上表皮气孔呈关闭状态（王光耀等，1999）；此外，在对猕猴桃的研究中发现，耐热猕猴桃品种的叶片和栅栏组织厚度都较厚，栅栏组织/海绵组织的值也较大（彭永宏和章文才，1995）。与耐热品种相比，感热品种的叶肉组织细胞、形成层及厚壁组织都排列较疏松，质壁分离较多，叶脉中的维管束较不发达，木质部导管数少且孔径也较小（韩笑冰等，1997）。

此外，花器官对高温也非常敏感，高温会阻碍花粉的萌发、花粉管的伸长、花粉的成熟和花药的开裂等，由于无法受精导致花粉不育、结实率低，最终影响产量。张桂莲等（2008）对水稻花药细胞组织显微结构及花粉粒性状进行研究发现，高温下耐热品系的花药壁的表皮细胞、维管束鞘细胞和薄壁细胞都排列整齐，木质部和韧皮部清楚可辨，药隔维管束较大；而感热品系花药壁的表皮细胞排列疏松，形状异常，维管束鞘细胞形状和排列均无序，韧皮部和木质部也混淆，药隔维管组织受破坏严重。且耐热品系花药的花粉数、开裂系数、花粉活力和花粉萌发力都高于感热品系。

高温胁迫还影响植物细胞其他微观结构，易受高温影响的超微结构有叶绿体、线粒体、细胞核和液泡等。随着高温胁迫的加剧，细胞会发生质壁分离，叶绿体弯曲或膨大变形，线粒体外膜破裂，内膜和嵴发生断裂。严重时液泡膜破裂解体，叶绿体被膜出现不同程度的断裂和解体，类囊体片层松散或者断裂，基质片层拉长并大量外流；线粒体膜逐渐解体，细胞壁模糊不清，片层排列紊乱（王冬梅等，2004）。研究发现，在高温胁迫下，不同品种的超微结构呈现基本一致的变化规律，但遭受破坏的程度不同。一系列研究表明，细胞膜的热稳定性与耐热性相关，

且在高温胁迫下，液泡膜比质膜敏感，叶绿体类囊体膜比被膜敏感。同时，研究发现，核仁是叶肉细胞中最敏感的细胞器，叶绿体比线粒体敏感，但线粒体却总是比叶绿体和细胞核先遭受破坏，可能是线粒体耐热性更差的缘故（马晓娣等，2003）。

二、高温胁迫对植物生理生化的影响

（一）高温胁迫对植物细胞膜透性的影响

植物细胞与外界环境交流的重要媒介就是细胞膜，细胞膜不仅要维持细胞内稳定代谢的环境，还要调节和选择进出细胞的物质，所以外界环境对植物的伤害通常会在膜系统中表现出来。在高温胁迫下，细胞膜会遭受损伤，导致细胞膜透性增加。所以，通过测定相对电导率可以判断高温对其伤害的程度。项延军等（2010）在研究中发现高温胁迫下感热品种比耐热品种的电导率更大，植物细胞膜透性随胁迫温度的升高呈"S"形变化，可将细胞膜的相对透性与其他生理指标相结合作为植物耐热性评价。同时，将高温半致死温度作为植物耐热性评价指标已被广泛使用，半致死温度是由电导率结合Logistic曲线方程推导而出，它能更准确地反映植物所能承受的极限温度。但有研究者认为，高温半致死温度是植物部分离体组织反映出来的，不一定能代表植株本体。所以，叶片的电导率只能作为植物耐热性评价的参考指标，不一定能真实反映植物在自然环境中的耐热性。

丙二醛（MDA）是膜脂过氧化的终产物，由于过量的MDA会对细胞膜造成伤害，因此其含量的高低不仅反映膜脂过氧化的情况，还能反映植物的抗氧化能力。大量研究发现，在高温逆境中，植物体内MDA含量随温度的升高而增加（曲复宁等，2002）。同时，研究还发现耐热品种在常温或者高温条件下叶片中MDA含量都比感热品种少，且随着胁迫程度的加重，耐热品种MDA含量的增幅比感热品种小，说明丙二醛含量可作为植物耐热性评价的指标。但也有研究表明，植物MDA含量变化与耐热性关系不大。

（二）高温胁迫对植物抗氧化系统的影响

逆境胁迫会导致植物体内$\cdot O_2^-$、$\cdot OH$和H_2O_2等活性氧物质的积累，它们可以破坏许多功能分子，引起蛋白质变性，从而对植物细胞造成伤害。因此植物本身具有相应的防御系统，SOD、过氧化氢酶（CAT）、POD等在一定程度上都能起到清除活性氧物质的作用，使活性氧维持在一个较低的水平，从而防止活性氧对细胞的毒害。例如，SOD可以消除$\cdot O_2^-$，CAT和POD具有分解和消除H_2O_2的作用。因此，把具有清除活性氧功能的酶统称为保护酶系统。除SOD、CAT、POD外，APX、DHAR、GR、GSH、谷胱甘肽过氧化物酶（GPX）等酶类及AsA、维生素E、类胡萝卜素和类黄酮等非酶抗氧化剂都具有清除活性氧的功能，共同维持着细胞内活性氧的稳定。由此说明抗氧化酶活性与植物耐热性相关，在高温胁迫下，植物的酶活性会增加，且耐热品种的抗氧化酶活性均明显高于感热品种（李荣华等，2012）。研究还发现，在适当的高温胁迫下，植物的抗氧化酶活性会增加，但随着胁迫的加剧，酶的活性遭到破坏，酶活性降低，植株体内的活性氧大量积累，说明植物对高温胁迫的响应具有时效性。

大量研究表明，同一物种（或品种）的各种抗氧化酶在高温胁迫下的变化趋势不一定相同，说明不同酶在清除活性氧时有其最适宜的温度。同时通过对番茄、仙客来、水稻和大白菜等植物的研究发现，在高温胁迫下，不同植物的抗氧化酶活性呈现不同的变化趋势。但也有研究表明，POD、CAT、APX的变化均与耐热性的相关性不强。

（三）高温胁迫对植物渗透调节物质的影响

细胞的渗透调节是指通过主动增加或者减少溶质，维持细胞液浓度和渗透势相对稳定的作用，是植物适应和抵御高温的重要生理机制之一。在高温胁迫下，植物体内会积累脯氨酸（Pro）和可溶性蛋白等渗透调节物质来维持细胞水势的平衡，减缓高温胁迫对植物造成的伤害。

脯氨酸以游离状态广泛分布于植物体内，在植物受到逆境胁迫时会大量积累。脯氨酸除作为渗透调节物质之外，还有降低细胞酸性、解除氨毒、作为能量库调节细胞氧化还原势、防止细胞组织脱水和保护质膜完整性等作用。研究表明，脯氨酸含量的增加不仅提高了渗透调节物质的含量和抗氧化酶活性，还有利于水分的保持和抑制丙二醛含量的增加（刘书仁等，2010），从而减轻高温胁迫造成的伤害。因此大多数研究用脯氨酸含量的变化来评价植物的耐热性。近年来研究表明，高温胁迫会诱导植物体内游离脯氨酸的积累，且耐热品种脯氨酸积累要更多。但也有研究发现，脯氨酸含量的高低与耐热性无关。

可溶性蛋白具有渗透调节和防止细胞质脱水的作用。研究认为，植物细胞在高温胁迫下能够通过大量积累可溶性蛋白增加细胞渗透压来抵御高温胁迫（陈钰等，2007）。研究表明，在高温胁迫下，与感热品种相比，耐热品种的蛋白质合成速率较高，蛋白质降解速率较慢。周莉娟（1998）研究黄瓜幼苗时发现，在高温胁迫下植物可溶性蛋白含量降低，耐热品种降幅较小，且在高温胁迫解除后，耐热品种的蛋白质合成能力恢复较快。此外，宋丽莉等（2011）研究认为可将可溶性蛋白作为耐热性评价的指标。但谷建田等（2006）认为可溶性蛋白含量不能作为植物耐热性评价的指标。

（四）高温胁迫对植物光合作用的影响

光合作用是将光能转换为有机物和能量的过程，是植物赖以生存的关键过程，也是受高温影响最明显的过程之一。高温会损伤叶绿体的结构，降解光合色素，降低净光合速率，从而抑制光合作用。所以，在高温环境下，植物需要具备高效的光合速率才能维持正常生长发育。

高温胁迫处理时间越长及胁迫温度越高，光合速率受抑制现象越明显。李建建等（2007）对黄瓜耐热品种'津春4号'的研究发现，高温胁迫处理后的黄瓜幼苗的净光合速率和气孔导度均明显降低；叶绿素荧光参数PSⅡ最大光化学量子产量和光化学猝灭系数等均降低，而非光化学猝灭系数升高，正常条件下恢复两天后各项指标仍不能恢复到正常水平，且胁迫处理的温度越高，各项指标越难恢复。

热胁迫会造成叶片气孔部分关闭，此时引起叶片净光合速率下降的主要因素是气孔开度的减小。而随着胁迫时间的延长或者胁迫温度的升高，植物的光合机构受到破坏，而此时叶片净光合速率的降低则主要由非气孔因素造成。

通常将叶绿素含量作为鉴定植物耐热性的指标，因为温度过高会延缓叶绿素的合成并加快叶绿素的降解，所以叶绿素含量的急剧减少是受热害影响的显著特征。但是高温胁迫下，叶片的蒸腾失水量也在不断增加，因此叶绿素相对含量因叶片失水而增加。此外，有研究表明叶绿素a与叶绿素b的比值越高，植物的耐热性越强。但郑军等（2008）对银杏的研究发现，银杏叶片的叶绿素含量和叶绿素a与叶绿素b的比值的变化在高温胁迫下并无规律。由于不同植物的叶绿素含量与高温胁迫正负相关情况都存在，因此，高温胁迫下叶绿素含量与耐热性无明显的相关性。

（五）高温胁迫对植物呼吸作用的影响

呼吸作用能为生命体的各种生理过程提供能量，其中间产物又能成为合成一些重要化合物的原料，其是高等植物代谢的枢纽，同时还可增强植物的抗病力。在高温条件下，呼吸作用会随着温度的升高而加强，能量消耗也就增加了。但是，又有研究证明，植物在高温胁迫下植物的呼吸作用会减弱，且耐热品种减弱程度明显较小。针对呼吸速率在高温胁迫时降低的原因，有学者认为是由温度过高时呼吸作用中酶变性和失活引起的。此外，有研究表明，植物的呼吸作用在高温胁迫下呈波动性变化。针对这一现象，马德华等（1999）认为是植物的气孔在处理前关闭，致使呼吸速率降低，随着温度的升高，呼吸作用的相关酶的活性增强，呼吸作用也增强，但随着胁迫的加剧，植物呼吸作用相关酶失活，呼吸速率又降低。

另外，研究还发现，植物的呼吸速率随节位由内向外增加，随叶位由下而上增加。同时，呼吸作用还与叶龄有关，幼叶的呼吸速率一般较低，可能与叶片的功能未发育完全有关，成年叶片呼吸作用加强，而后随叶片老化而降低。

（六）高温胁迫对植物蒸腾作用的影响

蒸腾作用除可以促进植物根部对矿质元素及水分的吸收外，还能降低植物叶表的温度，是植物体内十分重要的生命活动。在适当的温度下，植物的蒸腾作用随温度升高而增强，致使植物体内水分和气体交换的增强，达到降低叶面温度的效果。但随着高温胁迫的加剧，持续高强度的蒸腾作用会导致植物水分流失过多，此时植物会关闭气孔，防止因水分流失过量造成植株萎蔫或死亡。大量的研究表明，植物叶片蒸腾作用和植物耐热性相关。但对麝香百合的研究发现，其蒸腾作用的变化没有一定的规律，说明百合的蒸腾作用与耐热性相关性不大。在研究抗热强度不同的4种植物的过程中发现，在高温胁迫下，它们的蒸腾速率呈现差异性变化，表明植物的蒸腾速率与品种相关。赵玉国等（2012）在对水稻的研究中发现，水稻与陆生植物不同，水稻在高温胁迫下主动增加气孔导度来提高蒸腾速率，说明生长环境不同，植物蒸腾作用的变化也不同。

三、高温胁迫下热激蛋白的表达与调控

热激蛋白（heat shock protein，HSP）又称热休克蛋白或应激蛋白，是植物在受到高于最适生长温度5℃以上的热激条件下，正常蛋白质的合成受到抑制，一部分被诱导迅速合成的特异应激蛋白。其分布于细胞质、叶绿体、线粒体和内质网等结构中，具有保护细胞的作用。自Young（2001）发现热激蛋白以来，研究者们对热激蛋白的研究从开始的争议到现在取得的成功，表明热激蛋白一直是科研的热门研究。

现在已知的大多数热激蛋白常作为"分子伴侣"，在逆境环境下，它们的功能是参与细胞内变性蛋白质的复性和新蛋白的合成，以及修复受损蛋白与稳定蛋白和膜的结构。根据其分子量（kDa）大小可将热激蛋白分为5个家族：smHSPs、HSP60s、HSP70s、HSP90s和HSP100s。不同类型的分子伴侣作用于不同的底物蛋白，由于HSP90s在真核生物中对细胞的存活是必不可少的，因此真核生物关于HSP90s的研究报道较多。Pratt等（2003）研究发现，在高温胁迫下，水稻的HSP90s、HSP70s表达量大量增加，表明热激蛋白与水稻的耐热性有关。其中，HSP70s的表达最明显，是现如今研究最多的热激蛋白。

HSP70s是目前已知的最保守的蛋白家族之一。除正常生理功能外，HSP70s最重要的功能就是保护细胞和适应逆境。研究拟南芥HSP70s的突变体时发现，蛋白跨膜转运的前期阶段就有HSP70s的参与。在对苔藓的研究中发现，苔藓中有4种HSP70s的基因在叶绿体蛋白编码中起作用，其中任意一种遭到破坏，都会使叶绿体受损。研究还发现，叶绿体中的HSP70s不仅可以抵御光抑制，还能维护PSⅡ。HSP70s对耐热性的提高有一定的局限性，当逆境胁迫超出植物的承受范围时，HSP70s的相关酶失活，其基因表达量将降低，也就失去了对植物的保护作用。

杨传燕等（2008）研究番茄时发现，叶绿体smHSPs的高表达可以增强植物的耐热性。还有研究表明，在高温季节番茄花药，细胞质smHSPs和线粒体smHSPs基因的转录明显增强，且耐热型花药的smHSPs基因的转录高峰温度明显高于感热型。同时

刘箭和庄野真理子（2001）研究表明，线粒体smHSPs基因转录增强不仅能增加线粒体的耐热性，还能提高细胞的抗热能力。因此，深入研究热激蛋白（或基因）对植物耐热机制有着相当重要的意义。

四、生长调节剂和外源激素对植物耐热性的影响

自从高温伤害的日趋明显，近年来，人们发现通过喷施植物生长调节剂或者外源激素可以提高植物的耐热性，减少高温对植物造成的伤害。有研究表明，水杨酸（SA）、外源Ca^{2+}、AsA、壳聚糖、脱落酸（ABA）、油菜素内酯、茉莉酸甲酯等都具有抵抗热胁迫的作用。近来有研究表明，SA可以通过调节活性氧和抗氧化酶来使植物适应逆境，能显著提高植物的SOD和POD活性，却明显降低了植物的CAT活性；也有研究表明，SA能明显提高植物的SOD和CAT活性，但并不影响POD活性。由此可以推断出，SA对不同植物耐热性的影响并不一致，但确实可以提高抗氧化酶活性以使植物适应逆境。外源Ca^{2+}具有防止细胞膜损伤和维持细胞膜的完整性的功能。外源Ca^{2+}处理可以减轻细胞膜的破坏程度，增加叶绿素含量，缓解细胞膜透性增大和MDA含量增加，能不同程度地使植物的SOD、POD、CAT、GR和APX的活性得到增强（李卫和孙中海，1997）。外源Ca^{2+}处理还可以不同程度地增加GSH、Pro和AsA的含量，所以，外源Ca^{2+}也可能与抗氧化有关。AsA处理具有抑制膜脂过氧化、降低MDA含量、稳定细胞膜结构的作用。AsA处理还可以提高植物的抗氧化酶的活性，并能使它们的活性维持在较高水平，起到保护细胞内物质和膜系统的作用。壳聚糖不仅能增强植物的抗氧化酶的活性，还能减弱膜脂过氧化，减缓其对细胞膜的伤害；同时还能使细胞内渗透调节能力增强，维持植物的正常生理代谢。关于壳聚糖诱导植物耐热性的研究目前仅在蔬菜作物上有所报道。在植物上可以通过喷施植物生长调节剂来提高其耐热性，但要注意选择适宜药剂类型及把握好浓度，如低浓度的壳聚糖可以提高植物的抗逆性，但随着浓度的升高，植物的SOD、CAT和POD活性及脯氨酸与可溶性蛋白等抗逆指标的含量极显著下降，且极显著增加质膜透性和丙二醛含量，使植物受害加重。

通常植物的生长发育和外观形态是受高温影响的最直观表现，也最容易引起人们的重视，所以通常将形态指标作为植物耐热性鉴定的指标。冉茂林等（2006）从萝卜形态研究中发现，萝卜的外部形态可作为田间耐热性鉴定的简便方法。此法具有一定的实用价值，但易受外界环境的影响，所以需要通过多年多点试验来增加准确性和可靠性，因此，在实际操作中，形态鉴定常与其他鉴定指标结合来鉴定植物的耐热性。此外，大量研究将热害指数和细胞膜渗透率作为评价植物耐热性的重要参考指标，并广泛地将细胞膜渗透率结合Logistic曲线方程计算植物的半致死温度，而植物的半致死温度可以客观地反映植物所能承受的极限温度，并可利用半致死温度评价植物的耐热性，认为半致死温度越高的品种越耐热（张亚利等，2014）。

五、植物耐热性的综合鉴定

陈香波等（2009）对观赏山楂苗木在自然高温下叶片的叶绿素荧光参数进行分析，发现光合电子传递速率与转化效率及PSⅡ原始光能转化效率和潜在活性均与耐热性有一定的联系，认为可用叶绿素荧光参数对其进行耐热性综合分析及鉴定。此法也在冷季型草的耐热性鉴定中得到应用。王飞等（2013）对小麦热处理前后的三烯脂肪酸含量的变化进行分析，发现三烯脂肪酸含量变化值越大的品种耐热性越强，表明膜脂中饱和脂肪酸含量的变化与植物的耐热性相关。由此认为可将三烯脂肪酸作为植物耐热性鉴定的指标，但其精确度还有待进一步的研究。杨丽和杨际双（2010）采取综合形态指标与生理指标对切花菊的耐热性进行鉴定。但耐热性鉴定所测定的指标很多，从现有的报道和研究来看，耐热性鉴定测定的各个抗热指标不一，各指标也并非单独作用，因此单从一个或几个抗热指标对其进行耐热性评定是片面的，是不合理的。因此，用多个指标进行综合鉴定是必要的。近年来，模糊隶属函数法与主成分分析法在柑橘、苜蓿、核桃、杏、扁桃等植物中都得到了普遍的应用，结果与它们在田间的耐热表现基本一致，因此模糊隶属函数法和主成分分析法可以避免单一抗热指标的片面性，能较全面地鉴定植物的耐热性。虽然鉴定植物耐热性的方法繁多，但目前仍需一套既简便又可靠的植物耐热性鉴定体系，为植物耐热性的鉴定提供更简便直接的依据。

第二节　毛花猕猴桃幼苗耐热性评价

随着工业的迅速发展，甲烷、CO_2等温室气体排放量的增加，使全球气温呈逐步上升态势。根据相关研究表明，全球平均气温将每10年升高0.3℃（Jones et al.，1999）。近几年来，由于"温室效应"的加剧，全球气温不断上升，高温胁迫已影响到许多地区的农业产业（施正屏和林玉娟，2010；张志忠等，2001），研究植物在受到高温胁迫时的生理变化和抗逆性机制具有重大意义。近年来，植物抗热性研究已成为植物生理研究的热点之一，学者在甘蓝（闫圆圆等，2016）、芍药（张佳平等，2016）、苹果（庞勇，2004）等植物上的研究表明，在受到热胁迫时，植物体内的生理指标（如叶绿素、脯氨酸、丙二醛含量）和抗逆相关酶的活性都会发生变化，可以作为耐热性研究的指标。

猕猴桃是一种不耐高温的藤本果树，在气温达35℃时，其叶片和果实就极易发生灼烧而遭受高温伤害（张指南和侯志杰，1999）。高温可造成枝、叶和茎灼伤，使叶片衰老脱落，抑制芽和根的生长，严重时影响果实的颜色，甚至导致产量降低。已有研究者对美味猕猴桃进行热处理，探寻高温胁迫对美味猕猴桃的生理效应（耶兴元，2004）；并在不同高温胁迫处理下初步研究高温对毛花猕猴桃'赣猕6

号'和中华猕猴桃'庐山香'幼苗耐热性相关生理指标的影响，可为猕猴桃抗热栽培及耐热机制研究提供理论依据。

一、不同温度处理下幼苗叶绿素含量的变化

随着温度的升高，两种猕猴桃幼苗叶绿素含量都表现出持续降低的趋势，如图8-1所示。毛花猕猴桃和中华猕猴桃幼苗叶绿素含量在25～30℃分别降低13.83mg/100g和9.55mg/100g；在30～35℃分别降低11.06mg/100g和11.36mg/100g；在35～38℃分别降低1.07mg/100g和9.74mg/100g；在38～40℃分别降低12.73mg/100g和9.65mg/100g。

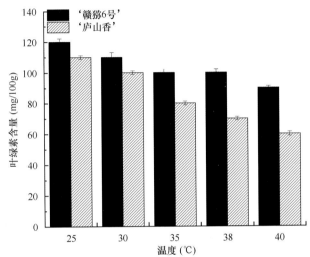

图8-1　毛花猕猴桃'赣猕6号'与中华猕猴桃'庐山香'幼苗的叶绿素含量变化

光合作用对高温较为敏感。叶绿素是植物进行光合作用的关键物质，高温胁迫会导致叶绿素含量明显降低（潘瑞炽，2001），叶绿素含量下降幅度小的品种耐热性较强（Tewari和Tripathy，1998；任昌福等，1990）。猕猴桃幼苗叶片中叶绿素含量随温度的增加而降低，其中中华猕猴桃幼苗叶绿素含量下降幅度明显大于毛花猕猴桃。

二、不同温度处理下幼苗脯氨酸含量的变化

不同温度处理后，猕猴桃叶片中脯氨酸含量变化如图8-2所示。两种猕猴桃幼苗的脯氨酸含量都在25～30℃时下降，且中华猕猴桃幼苗下降更为明显；温度超过30℃之后，脯氨酸含量随着温度的升高而增加，毛花猕猴桃和中华猕猴桃叶片中脯氨酸含量在30～35℃时分别增加25%和5%；在35～38℃增幅分别为227%和136%；在38～40℃增幅分别为221%和173%。可溶性蛋白具有渗透调节和防止细胞质脱水的作

用（杨华庚等，2011）。在高温胁迫下，植物失水严重，脯氨酸能提高原生质的亲水性，有利于保护细胞。多数学者认为，耐热性越好的品种，脯氨酸含量上升幅度越明显（王凯红等，2011）。两种猕猴桃幼苗中脯氨酸含量随温度升高表现出先下降后上升的趋势，这与辛雅芬等（2011）在水稻上的研究结果一致。

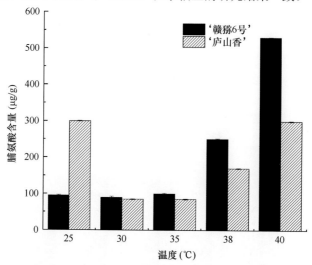

图8-2　毛花猕猴桃'赣猕6号'与中华猕猴桃'庐山香'幼苗的脯氨酸含量变化

三、不同温度处理下幼苗丙二醛含量的变化

从图8-3可以看出，两种猕猴桃幼苗的MDA含量都随着温度升高持续增加。毛花猕猴桃和中华猕猴桃叶片中的丙二醛含量在25～30℃增幅分别为22%和12%；在

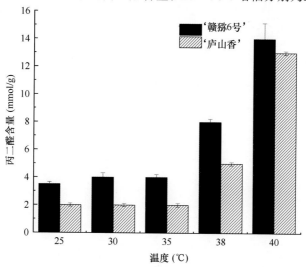

图8-3　毛花猕猴桃'赣猕6号'与中华猕猴桃'庐山香'幼苗的丙二醛含量变化

30～35℃增幅分别为2%和14%；在35～38℃增幅分别为77%和127%；在38～40℃增幅分别为86%和169%。随着温度的升高，两种猕猴桃幼苗叶片中丙二醛含量也上升。丙二醛是膜脂过氧化作用的最终产物，其含量高低标志着膜脂过氧化的程度，同时间接反映植物组织抗氧化能力的强弱（李成琼等，1998）。有研究表明，植物处于高温胁迫下，体内丙二醛含量随温度升高而增加，热敏感品种丙二醛含量上升幅度明显高于耐热性好的品种（Zhou et al.，2012）。试验结果表明，随着温度的增加，毛花猕猴桃与中华猕猴桃幼苗中丙二醛的含量均增加，其中中华猕猴桃幼苗丙二醛含量上升幅度大于毛花猕猴桃。

四、不同温度处理下幼苗过氧化物酶活性的变化

如图8-4所示，两种猕猴桃幼苗的过氧化物酶（POD）活性随温度的变化趋势都是先增加后降低再增加，且在25～30℃时都大幅度增加；'赣猕6号'幼苗的POD活性在30～35℃时继续增加，在35～38℃时降低，而中华猕猴桃幼苗的POD活性则在30～38℃时持续降低；在38～40℃时，两者都增加，'赣猕6号'幼苗增加明显，而'庐山香'幼苗较38℃时略有增加。

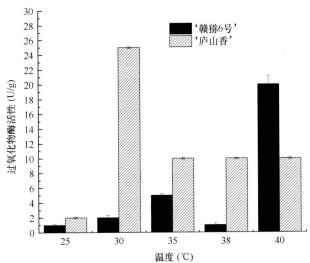

图8-4 毛花猕猴桃'赣猕6号'与中华猕猴桃'庐山香'幼苗的过氧化物酶活性变化

五、不同温度处理下幼苗过氧化氢酶活性的变化

植物体内的代谢及抗性与其过氧化氢酶（CAT）活性有关。CAT活性变化趋势与可溶性蛋白含量变化相似，如图8-5所示。两种猕猴桃幼苗的CAT活性都在25～30℃时增加，在30～35℃时降低，在35～38℃时再增加，且增幅最大，毛花猕猴桃幼苗中CAT活性在38～40℃时还在增加，而中华猕猴桃幼苗的CAT活性则在38～40℃时大幅降低。

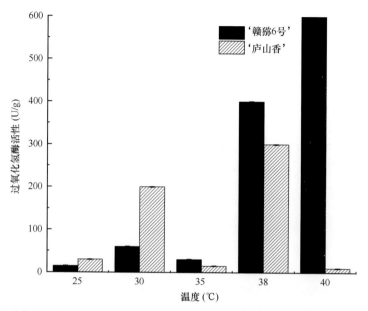

图8-5　毛花猕猴桃'赣猕6号'与中华猕猴桃'庐山香'幼苗的过氧化氢酶活性变化

六、不同温度处理下幼苗超氧化物歧化酶活性的变化

超氧化物歧化酶（SOD）的作用主要是把·O_2^-转化为H_2O_2和O_2（马德华等，2002）。两种猕猴桃幼苗中SOD活性均随温度升高先降低后增加。从图8-6可知，在25～35℃时，'赣猕6号'幼苗SOD活性随温度升高而降低，在35～40℃时持续增

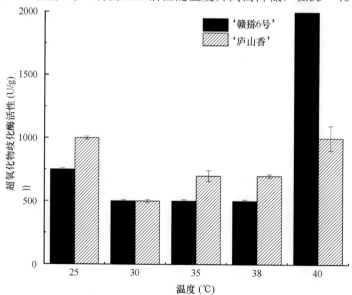

图8-6　毛花猕猴桃'赣猕6号'与中华猕猴桃'庐山香'幼苗的超氧化物歧化酶活性变化

加，在38～40℃增幅最大，在40℃时SOD活性达到1843.85U/g，为38℃时的3.29倍；'庐山香'幼苗的SOD活性在25～30℃时随温度升高而降低，在30～40℃时随温度升高而增加，且增幅较为稳定。

随着胁迫温度的持续增长，两种猕猴桃幼苗中POD、SOD和CAT活性均大体上呈现出先小幅波动再增加的规律，这与在菊花（刘易超等，2011）、观赏凤梨（段九菊等，2010）上的研究结果一致。植物一般在升温时会通过提高自身抗氧化酶活性来减少或清除活性氧，使细胞尽量维持正常的生理功能，以适应高温逆境，这被称为植物的保护性应激反应（刘易超等，2011；段九菊等，2010）。在温度达到38～40℃时，中华猕猴桃幼苗中CAT活性大幅下降，这可能是温度超过了中华猕猴桃幼苗所能够承受的极限，酶活性也因活性中心被破坏而下降（吴友根等，2009）。研究者通过对高温胁迫下抗氧化酶活性来判断植物耐热性的强弱，发现不同植物的抗氧化酶活性的变化趋势表现不同（李荣华等，2012；朱静等，2012；王进等，2011），耐热性好的植物抗氧化酶活性都明显更高（李荣华等，2012）。

综合对耐热性相关生理指标的比较，毛花猕猴桃幼苗的耐热性优于中华猕猴桃幼苗。毛花猕猴桃幼苗在40℃时综合表现更为优异，所测各项耐热性相关生理指标除叶绿素外均大体上随着温度的升高而增加，并且多项测试指标都表明毛花猕猴桃幼苗可以承受更高温度的高温胁迫。

第三节　高温下毛花猕猴桃光合作用和叶绿素荧光特性的日变化

高温对植物光合作用产生一定的抑制作用，严重时会破坏光合机构，导致气孔关闭，光合作用的相关酶钝化或变性，光合速率降低，碳素代谢失调（Gu，2003）。叶绿素荧光分析技术以光合作用为理论基础，其指标代表光合作用过程中重要的信息，如光能的吸收和转化、能量转运及PSⅡ反应中心的活性等，在植物光合作用与环境关系的研究中起着重要作用。很多学者对植物高温胁迫下光合特性进行了研究，如棉花（吾甫尔·阿不都，2015）、芝麻（卫双玲等，2015）、葡萄（罗海波等，2010）、银杏（陈梅和唐运来，2013）等，目前光合特性研究技术已成为鉴定评价作物抗逆能力的关键技术之一。张文标（2017）等对夏季田间高温环境下毛花猕猴桃'赣猕6号'、中华猕猴桃'红阳''金艳'、美味猕猴桃'金魁'叶片各叶绿素荧光参数、净光合速率、蒸腾速率、胞间CO₂浓度和气孔导度的日变化进行测定，研究猕猴桃在高温环境下光合作用的变化，为猕猴桃抗热栽培及耐热机理研究提供理论依据，并为猕猴桃耐热资源的开发利用提供参考。

一、夏季田间高温下叶片净光合速率和胞间CO_2浓度的日变化

夏季田间高温下，果园中4个猕猴桃品种的净光合速率日变化与胞间CO_2浓度日变化分别如图8-7和图8-8所示。4个猕猴桃品种的叶片净光合速率日变化趋势一致，都是先上升后下降，呈单峰曲线变化，峰值出现在12:00，此时'赣猕6号'净光合速率为20.76μmol/(m²·s)，高于其他品种。8:00~12:00为净光合速率快速上升阶段，12:00后净光合速率下降。'红阳''赣猕6号'的胞间CO_2浓度是8:00较高，12:00最低，傍晚最高。在16:00~18:00，'赣猕6号'积累CO_2最多，其他三个品种胞间CO_2浓度间无显著差异。

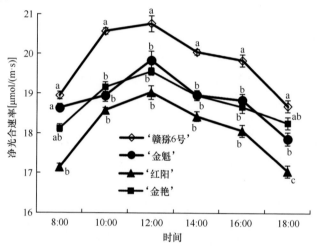

图8-7　猕猴桃叶片净光合速率的日变化

同一时间不同（或不含有相同）小写字母表示不同品种间差异显著（$P<0.05$），本章下同

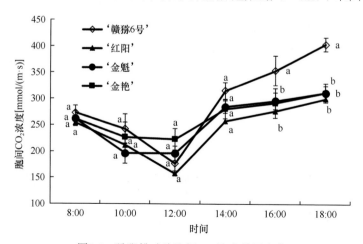

图8-8　猕猴桃叶片胞间CO_2浓度的日变化

二、夏季田间高温下气孔导度和蒸腾速率的日变化

植物叶片通过气孔与外界环境进行换气，气孔导度的变化对植物光合作用有重要影响。处于热胁迫时，气孔导度下降，会加大CO_2进入叶片细胞的阻力，造成光合速率下降（麻明友等，2006）。猕猴桃叶片气孔导度和蒸腾速率在8:00～12:00呈上升趋势，在12:00～18:00呈下降趋势（图8-9，图8-10），原因可能是温度升高导致蒸腾速率加快，植株启动自我保护机制将气孔部分关闭。经历高温后，猕猴桃品种'赣猕6号'气孔导度和蒸腾速率均保持最低，与其他品种有显著差异。

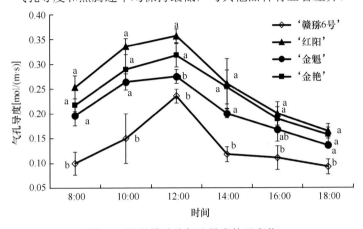

图8-9　猕猴桃叶片气孔导度的日变化

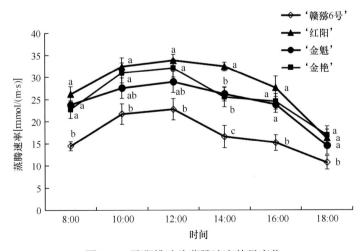

图8-10　猕猴桃叶片蒸腾速率的日变化

三、夏季田间高温下叶片初始荧光值、最大荧光值、PSⅡ最大光能转化速率与PSⅡ潜在活性的日变化

由图8-11可知，猕猴桃叶片的初始荧光值（F_o）随时间的变化呈现先上升后下降的趋势，随着温度的升高，猕猴桃叶片的F_o值会有不同程度的增大，F_o值增大幅度越小，光合结构被破坏的程度也就越小。4个品种叶片的最大荧光值（F_m）变化趋势一致，都在8:00～10:00和14:00～16:00上升，其余阶段基本上下降。'红阳'的F_m变化幅度最大，'金艳'其次，'赣猕6号'变化最平缓。高温胁迫导致叶片PSⅡ反应中心遭到破坏，光合潜力下降。而且F_m降幅越小，PSⅡ反应中心被破坏的程度也越小，说明'赣猕6号'的PSⅡ反应中心被破坏程度最小。F_v/F_m表示PSⅡ最大光能转化速率，F_v/F_o反映PSⅡ潜在活性。4个猕猴桃品种叶片的F_v/F_m和F_v/F_o随时间的变化趋势基本一致，都在8:00～10:00和14:00～16:00上升，在10:00～14:00和16:00～18:00下降。

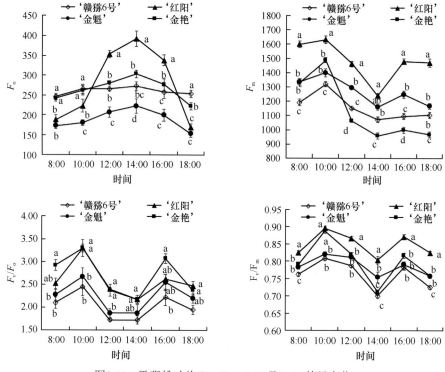

图8-11 猕猴桃叶片F_o、F_m、F_v/F_o及F_v/F_m的日变化

四、夏季田间高温下叶片表观电子传递速率、光化学猝灭系数与非光化学猝灭系数的日变化

4个猕猴桃品种叶片的表观电子传递速率（ETR）随时间的变化趋势一致，都是先上升后降低再上升（图8-12）。'赣猕6号'和'金艳'叶片的ETR随时间的变化较为平缓。在高温胁迫期间（12:00~14:00），'赣猕6号'的光化学猝灭系数（qP）在4个猕猴桃品种中最高，'红阳'最低。'红阳''金艳'叶片的非光化学猝灭系数（qN）在8:00~12:00迅速升高，在14:00~16:00降低，'赣猕6号'和'金魁'变化较平缓。

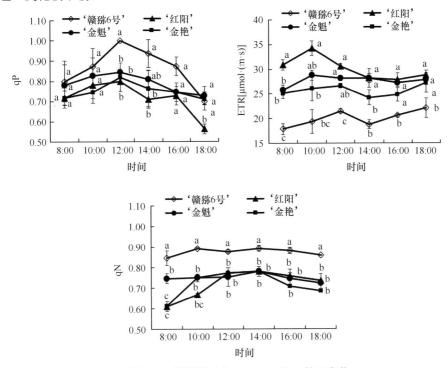

图8-12　猕猴桃叶片qP、ETR及qN的日变化

五、夏季田间高温下叶片光化学途径转化能量、调节性能量耗散量子产额和非调节性能量耗散量子产额的日变化

4个猕猴桃品种叶片的光化学途径转化能量（Yield）随时间变化趋势为先降低后升高，在14:00达到最低，如图8-13所示，其中'赣猕6号'降幅最小；4个猕猴桃品种叶片的调节性能量耗散量子产额 [$Y(NPQ)$] 呈现与Yield相反的变化趋势，在8:00~14:00增加，在14:00~18:00降低，'赣猕6号'变化平缓，其他3种猕猴桃变化幅度较大；4个猕猴桃品种叶片的非调节性能量耗散量子产额 [$Y(NO)$] 较为稳定。

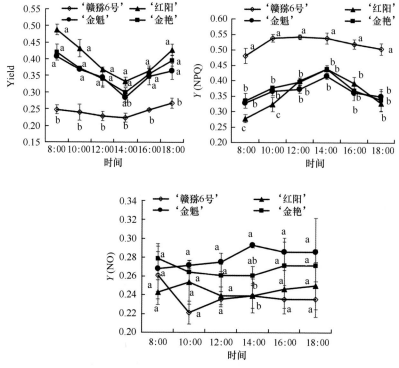

图8-13 猕猴桃叶片的Yield、$Y(NPQ)$及$Y(NO)$的日变化

研究者认为植物净光合速率、胞间CO_2浓度和蒸腾速率显著相关（王美军等，2016）。4个猕猴桃品种净光合速率、气孔导度和蒸腾速率均随着时间的变化，呈单峰曲线变化。上午当温度逐渐升高时，净光合速率加快，气孔开度增大，蒸腾作用增强，叶肉细胞中的二氧化碳被固定，因此胞间CO_2浓度降低。在12:00之后，净光合速率、气孔导度和蒸腾速率均出现下降的趋势，而胞间CO_2浓度升高。在高温胁迫下，气孔开度的限制和叶肉细胞活性下降，这两种非气孔限制原因均会造成植物叶片光合速率降低（徐婷婷等，2015）。净光合速率与胞间CO_2浓度同时降低，说明猕猴桃叶片光合速率降低的原因主要是气孔开度下降。猕猴桃在田间高温下通过提高蒸腾作用来降低植物温度，是对高温胁迫的一种响应机制（郝召君等，2017），但短期的高温可能使猕猴桃植株进入休眠状态，降低净光合速率、气孔导度和蒸腾速率以提高植株在逆境下的生存率，这一结果与前人的研究结果相似（陈兰兰等，2015；陈梅和唐运来，2013）。

叶绿素荧光动力学参数是快速反映叶片光合机构工作情况的有效工具，并广泛应用于高温胁迫的有关研究中（李鹏民和高辉，2005）。试验中38.8℃以上高温可诱导猕猴桃叶片F_o上升，其原因可能是高温迫使PSⅡ反应中心失活，也可能是高温诱导光天线到反应中心之间的能量传递受阻（黄纯倩等，2017）。在非胁迫条件下，不同生态型的植物F_v/F_m最大值保持恒定，在0.832左右（陈梅和唐运来，2013），在高温时段所有猕猴桃品种的F_v/F_m均低于此值，同时F_v/F_o、ETR均有降低现象，在14:00达最低，表明PS II最大光能转换速率下降。另外在较高温度胁迫下，猕猴桃叶片的Yield显著降低，qN和Y(NPQ)上升，说明较高温胁迫下猕猴桃叶片中的光能热耗散增加，有利于猕猴桃叶片耗散过剩的光能，维护PS II的稳定性，适应高温（刘泽彬等，2015）。

高温胁迫导致猕猴桃叶片净光合速率、气孔导度和蒸腾速率降低，胞间CO_2浓度升高，叶绿素荧光特性指标中的F_o、Y(NO)上升，F_m、F_v/F_m、F_v/F_o、ETR、Yield下降，Y(NO)保持稳定。这表明猕猴桃叶片PS II反应中心对高温较为敏感，在高温下受到了一定程度的损伤。就不同品种而言，'赣猕6号'净光合速率、Y(NPQ)、qN值较高，与其他品种有显著差异，表明'赣猕6号'具有较强的利用太阳光的能力；'赣猕6号'气孔导度和蒸腾速率较低，具有相对较低的蒸腾作用，蒸发掉的水分相对较少；F_o、F_m和qN在全天变化幅度最小，说明'赣猕6号'在高温下光合中心较为稳定，与'红阳''金艳'和'金魁'相比耐热性好。

综上所述，高温胁迫导致气孔闭合从而限制了猕猴桃的光合作用，在高温下猕猴桃通过降低蒸腾作用及减少热耗散来进行调节。'赣猕6号'在高温环境中具有较高的光合速率和较低的蒸腾速率，光合中心较为稳定，在4个猕猴桃品种中综合表现最好。植物虽然可以通过自身的调节使受伤害的程度降至最低，实现植株的自我保护，但随着温度持续升高和胁迫时间延长，必将打破其生理平衡，除选育耐热性良好的品种以外，遮阴可能是防止猕猴桃叶片受到热伤害的有效措施。

主要参考文献

陈兰兰, 郭圣茂, 李桂凤, 等. 2015. 干旱胁迫对桔梗光合和叶绿素荧光特性的影响. 江西农业大学学报, 37(5): 867-873.

陈梅, 唐运来. 2013. 高温胁迫下银杏离体枝条叶片的叶绿素荧光特性. 中国南方果树, 42(2): 82-85.

陈香波, 李淑娟, 李毅, 等. 2009. 观赏山楂耐热性及其叶片光合与叶绿素荧光特性研究. 西北植物学报, 29(11): 2294-2300.

陈钰, 郭爱花, 姚延梼. 2007. 自然降温条件下杏品种蛋白质、脯氨酸含量与抗寒性的关系. 山西农业科学, 35(6): 53-55.

豆胜, 马成仓, 陈登科. 2008. 4种常见双子叶植物蒸腾作用与叶温关系的研究. 天津师范大学学报: (自然科学版), 28(2): 11-13.

段九菊, 王云山, 康黎芳, 等. 2010. 高温胁迫对观赏凤梨叶片抗氧化系统和渗透调节物质积累的影响. 中国农学通报, 26(8): 164-169.

谷建田, 范双喜, 张喜春, 等. 2006. 结球莴苣耐热性鉴定方法的研究. 华北农学报, 21(增刊): 99-103.

韩笑冰, 利容千, 王建波. 1997. 热胁迫下萝卜不同耐热性品种细胞组织结构比较. 武汉植物学研究, 15(2): 173-178.

郝召君, 周春华, 刘定. 2017. 高温胁迫对芍药光合作用、叶绿素荧光特性及超微结构的影响. 分子植物育种, 15(6): 2359-2367.

黄纯倩, 朱晓义, 张亮, 等. 2017. 干旱和高温对油菜叶片光合作用和叶绿素荧光特性的影响. 中国油料作物学报, 39(3): 342-350.

李成琼, 宋洪元, 雷建军, 等. 1998. 甘蓝耐热性鉴定研究. 西南农业大学学报, 20(4): 298-301.

李建, 常雅君, 郁继华. 2007. 高温胁迫下黄瓜幼苗的某些光合特性和PSⅡ光化学活性的变化. 植物生理学通讯, 43(12): 1085-1088.

李鹏民, 高辉. 2005. 快速叶绿素荧光诱导动力学分析在光合作用研究中的应用. 植物生理与分子生物学学报, 31(6): 559-566.

李荣华, 郭培国, 张华, 等. 2012. 高温胁迫对不同耐热性菜心材料生理特性的差异研究. 北方园艺, (1): 1-6.

李卫, 孙中海. 1997. 钙与钙调素对柑桔原生质体抗冷性的影响. 植物生理学报, 23(3): 262-266.

刘箭, 庄野真理子. 2001. 小分子热激蛋白基因在番茄花药中的转录. 园艺学报, 28(5): 403-408.

刘书仁, 郭世荣, 孙锦, 等. 2010. 脯氨酸对高温胁迫下黄瓜幼苗活性氧代谢和渗调物质含量的影响. 西北农业学报, 19(4): 127-131.

刘易超, 杨际双, 肖建忠, 等. 2011. 高温胁迫对菊花叶片部分生理参数的影响. 河北农业大学学报, 34(6): 46-49.

刘泽彬, 程瑞梅, 肖文发, 等. 2015. 遮荫对中华蚊母树苗期生长及光合特性的影响. 林业科学, 51(2): 129-136.

罗海波, 马苓, 段伟, 等. 2010. 高温胁迫对'赤霞珠'葡萄光合作用的影响. 中国农业科学, 43(13): 2744-2750.

麻明友, 麻成金, 肖桌柄, 等. 2006. 猕猴桃叶中叶绿素的提取研究. 食品工业科技, 27(6): 140-143.

马德华, 庞金安, 李淑菊. 1999. 高温对辣椒幼苗叶片某些生理作用的影响. 天津农业科学, 5(3): 8-10.

马德华, 庞金安, 温晓刚, 等. 2002. 黄瓜无毛突变体的生理特性研究. 园艺学报, 29(3): 282-284.

马晓娣, 王丽, 汪矛, 等. 2003. 不同耐热性小麦品种在热锻炼和热胁迫下叶片相对电导率及超微结构的差异. 中国农业大学学报, 8(5): 4-8.

潘瑞炽. 2001. 植物生理学. 4版. 北京: 高等教育出版社: 57-66.

庞勇. 2004. 高温胁迫对苹果生理效应及耐热性诱导的研究. 西北农林科技大学硕士学位论文.

彭永宏, 章文才. 1995. 猕猴桃叶片耐热性指标研究. 武汉植物学研究, 13(1): 70-74.

曲复宁, 王云山, 张敏, 等. 2002. 高温胁迫对仙客来根系活力和叶片生化指标的影响. 华北农学报, 17(1): 127-131.

冉茂林, 宋明, 雍小平. 2006. 萝卜耐热性鉴定田间指标的筛选. 中国农学通报, 22(10): 248-253.

任昌福, 陈安和, 刘保国. 1990. 高温影响杂交水稻开花结实的生理生化基础. 西南农业大学学报, 12(5): 440-443.

施正屏, 林玉娟. 2010. 全球暖化与低碳农业发展战略之路径选择. 台湾农业探索, (5): 6-11.

宋丽莉, 赵华强, 张琴, 等. 2011. 水稻幼苗获得性耐热性研究. 安徽农业科学, 39(21): 12 661-12 663.

王冬梅, 许向阳, 李景富, 等. 2004. 热胁迫对番茄叶肉细胞叶绿体超微结构的影响. 园艺学报, 31(6): 820-821.

王飞, 马金玲, 秦丹丹, 等. 2013. 小麦耐热及热敏感基因型在高温胁迫下膜透性及膜质组分的差异. 农业生物技术学报, 21(8): 904-910.

王光耀, 刘俊梅, 张仪, 等. 1999. 菜豆四个不同抗热性品种的气孔特性. 农业生物技术学报, 7(3): 265-268.

王进, 欧毅, 武峥, 等. 2011. 高温胁迫对早熟梨生理效应和早期落叶的影响. 西南农业学报, 24(2): 546-551.

王凯红, 刘向平, 张乐华, 等. 2011. 5种杜鹃幼苗对高温胁迫的生理生化响应及耐热性综合评价. 植物资源与环境学报, 20(3): 29-35.

王美军, 聂松青, 刘昆玉, 等. 2016. 野生刺葡萄资源高接后光合特性的研究. 江西农业大学学报, 38(5): 836-845.

卫双玲, 高桐梅, 吴寅, 等. 2015. 高温胁迫对芝麻光合特性及产量的影响. 西南农业学报, 28(5): 1977-1981.

吾甫尔·阿不都, 巴哈古丽·先木西, 彭华, 等. 2015. 棉种种质资源耐热性鉴定及高温胁迫对光合特性的影响. 中国棉花, 42(2): 32-34.

吴友根, 林尤奋, 李绍鹏, 等. 2009. 热胁迫下菊花生理变化及其耐热性指标的确定. 江苏农业学报, 25(2): 362-365.

项延军, 李新芝, 扶芳藤, 等. 2010. 3种藤本植物耐热性生理生化指标研究. 安徽农业科学, 38(29): 16 138-16 139, 16 146.

辛雅芬, 石玉波, 沈婷, 等. 2011. 4种植物抗热性比较研究. 安徽农业科学, 39(8): 4431-4432, 4501.

徐婷婷, 毕江涛, 马飞, 等. 2015. 高温胁迫对柠条锦鸡儿光合参数和叶绿素荧光特性的影响. 贵州农业科学, 43(9): 38-41.

闫圆圆, 曾爱松, 宋立晓, 等. 2016. 结球甘蓝幼苗耐热性鉴定方法及耐热生理. 江苏农业学报, 32(4): 885-890.

杨传燕, 王翠, 张景霞, 等. 2008. 过表达番茄叶绿体小分子热激蛋白提高植株的耐热性. 山东师范大学学报, 23(4): 106-108.

杨华庚, 颜速亮, 陈慧娟, 等. 2011. 高温胁迫下外源茉莉酸甲酯、钙和水杨酸对蝴蝶兰幼苗耐热性的影响. 中国农学通报, 27(28): 150-157.

杨丽, 杨际双. 2010. 切花菊耐热性鉴定方法研究. 西北林学院学报, 25(3): 32-35.

耶兴元. 2004. 高温胁迫对猕猴桃的生理效应及耐热性诱导研究. 西北农林科技大学硕士学位论文.

张桂莲, 陈立云, 张顺堂, 等. 2008. 高温胁迫对水稻花粉粒性状及花药显微结构的影响. 生态学报, 25(3): 1089-1097.

张佳平, 李丹青, 聂晶晶, 等. 2016. 高温胁迫下芍药的生理生化响应和耐热性评价. 核农学报, 30(9): 1848-1856.

张亚利, 李健, 奉树成. 2014. 5个茶花新品种的耐热性分析. 江西农业学报, 26(1): 32-34, 37.

张指南, 侯志杰. 1999. 中华猕猴桃的引种栽培与利用. 北京: 中国农业出版社.

张志忠, 黄碧琦, 吕柳新. 2001. 蔬菜作物的高温伤害及其耐热性研究进展. 福建农林大学学报, 31(2): 203-207.

赵玉国, 王新忠, 吴沿友, 等. 2012. 高温胁迫对拔节期水稻光合作用和蒸腾速率的影响. 贵州农业科学, 40(1): 41-43.

郑军, 曹福亮, 汪贵斌, 等. 2008. 高温对银杏品种主要生理指标的影响. 林业科技开发, 22(1): 13-16.

周莉娟. 1998. 耐热性不同黄瓜对热激的生理应答及耐热机理的研究. 东南大学硕士学位论文.

朱静, 杨再强, 李永秀, 等. 2012. 高温胁迫对设施番茄和黄瓜光合特性及抗氧化酶活性的影响. 北方园艺, (1): 63-68.

Gu L. 2003.Comment on climate and management contributions to recent trends in U.S. agricultural yields. Science, 299(5609): 1032.

Jones P D, New M, Parker D E, et al. 1999. Surface air temperature and its changes over the past 150 years. Reviews of Geophysics, 37: 173-199.

Pratt W B, Toft D O. 2003. Regulation of signaling protein function and trafficking by the 6sp90/hsp70-based chaperone machinery. Experimental Biology and Medicine, 228 (2): 111-133.

Tewari A K, Tripathy B C. 1998. Temperature-stress-induced impairment of chlorophyll biosynthetic reactions in cucumber and wheat. Plant Physiology, 117: 851-858.

Young J C, Moarefi I, Hart F U. 2001. Hsp90: a specialized but essential protein-folding tool. Journal of Cell Biology, 154(2): 267-274.

Zhou W H, Xue D W, Zhang G P. Identification and physiological characterization of thermo-tolerant rice genotypes. 浙江大学学报(农业与生命科学版), 38(1): 1-9.

第九章　毛花猕猴桃雄性种质花器官与孢粉学评价

第一节　毛花猕猴桃花器官特性研究

一、雄性种质花器官表型的多样性研究

　　毛花猕猴桃雄花的描述性表型性状见图9-1、表9-1、表9-2。由各性状不同类型所占比例，可以看出毛花猕猴桃雄花主要的表型性状特征如下：花瓣内侧主色浅粉红（48.4%），花瓣内侧次色深粉红（64.1%），花瓣内侧次色主要在基部分布（69.2%），单花序上花数2～5朵（49.0%）。表型性状差异较大，说明雄花表型经济性状差异明显，优株选育的潜力较大。所有表型性状变异系数均值为27.96%，其中花瓣内侧次色分布的变异系数最大，达到了35.34%，花瓣内侧次色的变异系数最小（20.61%）。花瓣内侧主色、花丝颜色和单花序上花数的变异系数在24.90%～32.34%，均存在较大变异。这也说明江西省及其周边地区的毛花猕猴桃雄性种质变异差异较大，多样性丰富。

图9-1　不同表型的野生毛花猕猴桃雄花

a～f分别代表不同类型的花

表9-1　毛花猕猴桃雄性种质花器官描述性表型性状赋值

性状	性状数量化代码			
	1	2	3	4
花瓣内侧主色	粉白（11.3%）	浅粉红（48.4%）	深粉红（34.5%）	红（5.8%）
花瓣内侧次色	粉白（2.6%）	浅粉红（33.3%）	深粉红（64.1%）	

续表

性状	性状数量化代码			
	1	2	3	4
花瓣内侧次色分布	边缘（23.8%）	斑点（5.1%）	基部（69.2%）	羽毛（1.8%）
单花序上花数	1朵（3.1%）	2～5朵（49.0%）	6～10朵（44.4%）	10朵以上（3.5%）
花丝颜色	白（8.7%）	粉红（63.3%）	红（28.0%）	

注：括号内数据表示在总样品中所占的比例；因数字修约，比例之和不为100%

表9-2　毛花猕猴桃雄性种质花器官描述性表型性状的多样性

性状	花瓣内侧主色	花瓣内侧次色	花瓣内侧次色分布	单花序上花数	花丝颜色
均值	2.35	2.62	2.49	2.49	2.18
标准差	0.76	0.54	0.88	0.62	0.58
极小值	1	1	1	2	1
极大值	4	4	4	3	3
极差	3	3	3	1	2
变异系数（%）	32.34	20.61	35.34	24.9	26.61

毛花猕猴桃雄性种质花器官的花冠直径、花梗长度、单花雄蕊数、单花花粉量、单花药花粉量、花粉活力等数量性状见表9-3，由表9-3可知，数量性状的变异系数均值为35.635%，其中单花花粉量的变异系数（52.34%）最大，变异幅度为 $2.43 \times 10^5 \sim 4.67 \times 10^6$ 粒；花粉活力变异系数（42.93%）次之，变异幅度为 0%～96.76%；花冠直径变异系数（15.71%）最小，变异幅度为1.94～5.04cm；单花雄蕊数、花梗长度、单花药花粉量变异系数在31.35%～38.58%。

表9-3　毛花猕猴桃雄花数量性状的多样性

性状	花冠直径（cm）	花梗长度（cm）	单花雄蕊数（枚）	单花花粉量（粒）	单花药花粉量（粒）	花粉活力（%）
均值	3.31	1.18	153.77	1.28×10^6	8 293.58	62.96
标准差	0.52	0.37	50.59	6.70×10^5	3 199.82	27.03
极小值	1.94	0.44	60.00	2.43×10^5	800.00	0.00
极大值	5.04	2.75	424.67	4.67×10^6	3 161.00	96.76
极差	3.09	2.31	364.67	4.43×10^6	20 933.33	96.76
变异系数	15.71%	31.35%	32.90%	52.34%	38.58%	42.93%

二、雄性种质居群花器官表型性状的变异特征

性状变异系数反映了不同表型性状在毛花猕猴桃雄性居群间和居群内的变异情况，数值越大，表明表型性状的差异越大（周龙等，2011）。11个野生毛花猕猴桃雄性居群的表型性状变异系数见表9-4。从居群间来看，变异系数最大的居群为麻姑

山居群（33.65%），随后是株良居群（33.01%）和浔溪居群（32.48%）。各个居群间变异系数最小的是五府山居群（23.63%），之后是武功山居群（25.93%）和仁居居群（26.42%），其他居群的变异系数居中。

表9-4　毛花猕猴桃11个居群雄性种质表型性状变异系数

性状	居群变异系数（%）											
	ZL	RJ	JGS	LS	WFS	WGS	WYS	XW	XX	YZA	MGS	平均
单花花粉量	40.10	34.55	39.45	27.89	31.63	30.51	59.03	32.57	23.76	28.16	54.16	36.53
单花药花粉量	43.81	39.78	51.35	52.67	37.32	63.35	32.96	44.87	41.59	44.18	58.78	46.42
单花雄蕊数	24.83	17.57	28.82	49.99	22.63	27.08	30.42	31.14	27.33	27.76	34.86	29.31
花粉活力	84.68	59.15	27.17	22.10	16.67	25.64	54.21	70.86	89.42	73.92	51.27	52.28
花冠直径	16.52	9.11	15.89	9.78	15.34	7.24	19.21	14.77	14.03	8.13	9.22	12.66
花梗长度	20.21	21.17	27.47	28.00	30.73	24.01	36.17	36.90	29.51	14.08	19.75	26.18
花瓣次色	24.55	15.06	20.27	42.86	12.36	22.78	13.23	18.82	17.05	21.65	21.05	20.88
花瓣主色	45.06	43.70	27.21	19.84	22.08	33.36	31.43	34.50	24.11	24.74	24.34	30.03
次色分布	22.40	0.00	41.14	42.86	22.84	31.45	0.00	0.00	51.28	49.49	58.92	29.13
花丝颜色	19.88	28.41	25.27	19.84	21.90	19.76	20.57	36.22	20.88	24.74	17.81	23.21
花序上有效花数	21.02	22.13	23.03	15.79	26.43	0.00	0.00	18.30	18.37	0.00	19.97	15.00
平均	33.01	26.42	29.73	30.15	23.63	25.93	27.02	30.81	32.48	28.80	33.65	29.24

注：ZL. 株良；RJ. 仁居；JGS. 井冈山；LS. 庐山；WFS. 五府山；WGS. 武功山；WYS. 武夷山；XW. 寻乌；XX. 浔溪；YZA. 燕子凹；MGS. 麻姑山，本章下同

在毛花猕猴桃雄性居群表型性状中，变异系数最小的为花冠直径（12.66%），变异系数最大的为花粉活力（52.28%），其次是单花药花粉量、单花花粉量和花瓣主色，说明各居群间雄花花粉活力差异最大，可以从相应的毛花猕猴桃雄性居群中选择花粉活力高、花粉量大的作为授粉品种。此外居群中雄花花瓣颜色丰富的居群，有选育出观赏型品种的潜力。

毛花猕猴桃雄性种质11个表型性状的方差分析结果（表9-5，表9-6）表明，绝大多数的表型性状在不同居群间差异不显著。其中庐山居群的单花雄蕊数、单花花粉量和花冠直径最大，可以从中选出授粉专用型猕猴桃雄性种质。浔溪居群和寻乌居群花粉活力较低，五府山居群的花粉活力较高；就花瓣和花丝颜色来说，仁居居群和寻乌居群颜色较淡，井冈山、武功山和浔溪居群的颜色较深；武功山居群的花梗较短，五府山、寻乌和浔溪居群的花梗较长；麻姑山居群的花序上有效花数相对其他居群较多。

表9-5　毛花猕猴桃雄性居群数量性状

居群	单花药花粉量（粒）	单花花粉量（粒）	单花雄蕊数（枚）	花粉活力（%）	花冠直径（cm）	花瓣长度（cm）
ZL	6 704.44±694.09b	$1.09×10^6±1.32×10^5$b	155.27±10.30b	55.07±8.87cde	3.07±0.13b	1.16±0.06ab
RJ	9 477.41±1 091.44ab	$1.03×10^6±1.36×10^5$b	108.56±6.36b	41.90±8.26def	3.46±0.10ab	1.17±0.08ab
JGS	7 799.05±1 128.92ab	$1.26×10^6±2.24×10^5$b	163.13±16.42b	65.66±8.42abcd	3.15±0.07b	1.12±0.06ab
LS	11 151.52±937.83a	$2.33×10^6±3.69×10^5$a	212.36±32.01a	77.18±5.14ab	3.85±0.11a	1.03±0.09ab
WFS	8 148.61±372.05ab	$1.29×10^6±7.01×10^5$b	158.39±5.12b	79.58±1.91a	3.48±0.07ab	1.36±0.06a
WGS	9 939.13±632.21ab	$1.22×10^6±1.61×10^5$b	118.82±6.71b	55.99±2.99abcde	3.05±0.05b	0.82±0.05b
WYS	9 783.33±2 041.73ab	$1.07×10^6±1.44×10^5$b	120.95±13.91b	65.66±12.58abcd	2.30±0.20b	1.21±0.16ab
XW	9 546.67±802.76ab	$1.28×10^6±1.49×10^5$b	131.01±10.53b	22.74±4.16f	3.25±0.12b	1.38±0.14a
XX	8 192.31±539.96ab	$1.17×10^6±1.34×10^5$b	135.95±8.76b	37.62±7.72de	2.88±0.09b	1.39±0.09a
YZA	7 153.33±1 007.02ab	$1.03×10^6±2.29×10^5$b	140.77±19.54b	51.30±18.96cdef	3.14±0.18b	1.27±0.13ab
MGS	7 547.85±313.88ab	$1.26×10^6±6.83×10^4$b	166.56±5.06b	69.58±2.00abc	3.42±0.06ab	1.09±0.03ab

注：每列不含有相同小写字母表示各居群间差异显著（$P<0.05$），本章下同。

表9-6　毛花猕猴桃雄性居群描述性表型性状赋值

居群	花瓣次色	花瓣主色	次色分布	花丝颜色	花序上有效花数
ZL	2.56±0.16ab	2.12±0.24ab	2.69±0.15a	2.25±0.11abc	2.44±0.13ab
RJ	2.10±0.10b	1.60±0.22bc	3.00±0.00a	1.70±0.15ab	2.33±0.21ab
JGS	2.38±0.12ab	3.00±0.18a	1.62±0.24b	2.69±0.12a	2.57±0.14ab
LS	2.33±0.33ab	2.22±0.15ab	2.33±0.33ab	2.22±0.15abc	2.11±0.11b
WFS	2.86±0.05a	2.38±0.07ab	2.77±0.085b	2.32±0.07ab	2.34±0.08ab
WGS	2.59±0.13ab	2.65±0.18a	2.55±0.17ab	2.56±0.11ab	2.00±0.00b
WYS	2.86±0.14a	2.25±0.25ab	3.00±0.00a	2.25±0.16abc	2.00±0.00b
XW	2.20±0.11ab	1.20±0.11c	3.00±0.00a	1.40±0.13c	2.67±0.13ab
XX	2.71±0.10ab	2.90±0.15a	2.19±0.25b	2.43±0.11ab	2.19±0.09ab
YZA	2.67±0.33ab	2.33±0.33ab	2.33±0.67ab	2.33±0.33ab	2.00±0.00b
MGS	2.62±0.06ab	2.37±0.07ab	2.33±0.10ab	2.01±0.05bc	2.85±0.07a

三、基于花器官表型特征的天然居群的聚类分析

为了研究毛花猕猴桃雄性居群间性状的相似性，根据主要的花器官表型性状对11个居群进行了聚类分析，结果如图9-2所示。由图9-2可知，在遗传距离1.51处，可以分为3组，第一组包括株良、燕子凹、麻姑山、浔溪、井冈山、武功山、武夷山和五府山8个居群，第二组包括仁居、寻乌两个居群，第三组仅有庐山一个居群。各居群中关系最近的是浔溪居群和燕子凹居群，与其他居群关系最远的为庐山居群。

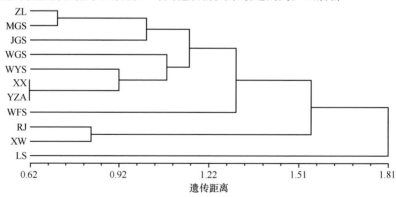

图9-2　野生毛花猕猴桃雄性居群基于主要表型性状的聚类图

四、野生雄性种质花器官表型性状的相关性分析

野生毛花猕猴桃雄性种质花器官表型性状的相关分析矩阵如表9-7所示，分析结果表明，花冠直径与单花花粉量、单花雄蕊数、花粉活力和花梗长度极显著正相关，与单花药花粉量、花序上有效花数显著正相关，说明花冠直径大的雄花有较好的授粉特性（花粉量大、花粉活力高）。

表9-7　毛花猕猴桃雄性种质花器官表型性状的相关分析矩阵

性状	单花药花粉量	单花花粉量	单花雄蕊数	花粉活力	花冠直径	花梗长度	花瓣主色	花瓣次色	次色分布	花丝颜色	花序上有效花数
单花药花粉量	1.000										
单花花粉量	0.717**	1.000									
单花雄蕊数	-0.030	0.662**	1.000								
花粉活力	0.026	0.193**	0.291**	1.000							
花冠直径	0.134*	0.426**	0.472**	0.228**	1.000						
花梗长度	0.005	0.085	0.110	-0.007	0.241**	1.000					
花瓣主色	0.013	0.034	0.071	0.072	-0.004	-0.036	1.000				
花瓣次色	-0.033	-0.089	-0.100	0.137*	-0.084	0.097	-0.030	1.000			
次色分布	0.013	-0.097	-0.171**	-0.053	-0.070	0.061	-0.571**	0.581**	1.000		
花丝颜色	0.003	-0.039	-0.019	0.087	-0.134*	-0.013	0.570**	-0.009	-0.235**	1.000	
花序上有效花数	-0.158*	-0.012	0.166*	0.037	0.149*	0.022	-0.002	-0.017	-0.061	-0.143*	1.000

*表示相关性显著（$P<0.05$）；**表示相关性极显著（$P<0.01$）

毛花猕猴桃的花色由主色和次色构成，次色分布与花瓣主色呈极显著负相关，与花瓣次色呈极显著正相关；花丝颜色与花瓣主色呈极显著正相关。花序上有效花数与单花雄蕊数和花冠直径呈显著正相关，与单花药花粉量和花丝颜色呈显著负相关。

五、表型性状的主成分分析

主成分分析可以简化数据，揭示变量间的相互关系。对调查结果定量化处理之后进行主成分分析，确定野生毛花猕猴桃雄性种质花器官表型性状分类的主要指标，可以使分类结果更加客观。从表9-8可以看出，第1主成分的特征值总和为2.537，它所解释的方差占总方差的比例为23.063%，第2主成分解释的方差占总方差的比例为18.123%。到第5主成分累积贡献率达到76.448%，即这5个主成分反映了11个表型性状的76.448%的信息。

表9-8　主成分分析总方差的分解列表

主成分	特征值			提取后的载荷因子平方和		
	总和	方差占比（%）	累积贡献率（%）	总和	方差占比（%）	累积贡献率（%）
1	2.537	23.063	23.063	2.537	23.063	23.063
2	1.993	18.123	41.186	1.993	18.123	41.186
3	1.478	13.438	54.624	1.478	13.438	54.624
4	1.386	12.600	67.224	1.386	12.600	67.224
5	1.015	9.224	76.448	1.015	9.224	76.448
6	0.766	6.961	83.408			
7	0.643	5.843	89.251			
8	0.549	4.990	94.241			
9	0.457	4.158	98.399			
10	0.150	1.367	99.765			
11	0.026	0.235	100.000			

把计算结果中特征向量值大于1的成分作为主成分，结果（表9-8，表9-9）表明，前5个主成分的累积贡献率达到76.448%，可以代表原始性状的大部分信息。其中第1主成分的累积贡献率为23.063%，此主成分中特征向量绝对值较大的是单花花粉量、单花雄蕊数和花冠直径，它们在一定程度上反映了植株花朵的大小和授粉性状；第2主成分中花瓣主色和次色分布特征向量绝对值较大，可以综合反映花朵整体的色泽；第3主成分中花粉活力和花瓣次色的特征向量绝对值较大；第4主成分中花序上有效花数和第5主成分中花梗长度的特征向量绝对值较大，都在一定程度上反映了毛花猕猴桃雄性种质花器官的性状。

表9-9　雄性种质花器官表型性状的主成分分析

性状	第1主成分	第2主成分	第3主成分	第4主成分	第5主成分
单花药花粉量	0.195	0.135	−0.323	0.364	−0.011
单花花粉量	0.334	0.168	−0.139	0.155	−0.095
单花雄蕊数	0.293	0.098	0.166	−0.172	−0.143
花粉活力	0.120	0.040	0.391	0.179	−0.383
花冠直径	0.261	0.135	0.133	−0.138	0.210
花梗长度	0.057	0.123	0.197	−0.051	0.834
花瓣主色	0.127	−0.361	0.230	0.139	0.075
花瓣次色	−0.140	0.237	0.392	0.256	−0.049
次色分布	−0.187	0.368	0.114	0.188	−0.033
花丝颜色	0.037	−0.297	0.208	0.383	0.103
花序上有效花数	0.033	0.013	0.231	−0.464	−0.222

六、野生雄性种质花器官表型性状多样性与环境的关系

大部分野生植物居群的表型性状由多个基因所控制，这些性状能清楚地揭示环境与植物之间的关系，有助于了解植物适应环境、逐步进化的方式和机制与影响因素。为使居群适应多种环境条件，植物居群存在着不同形式和不同程度的形态变异。植物表型多样性体现了环境多样性和遗传多样性的综合作用，为此可根据表型差异来反映基因型差异（武冲，2013）。居群内和居群间的毛花猕猴桃雄性种质表型性状存在显著差异，说明其遗传结构发生了变异，这种变异为选择适宜不同生长环境的最佳种质提供了前提条件。本研究选择的11个毛花猕猴桃雄性居群分布于海拔124～1030m，跨度极大。从地理分布来看，各居群间呈不连续分布，其表型变异较大，可能是由于地理隔离使得基因交流不频繁，也可能是地理、海拔和气候等因素造成的。

总之，野生毛花猕猴桃雄性种质的花器官表型性状有着丰富的多样性，变异最大的性状为花粉活力，最小的为花冠直径。毛花猕猴桃授粉性状与花冠直径显著正相关，花瓣次色分布与花瓣主色呈极显著负相关，与花瓣次色极显著正相关；花丝颜色与花瓣主色极显著正相关。主成分分析表明，雄花的授粉性状、花色的变化等是引起野生毛花猕猴桃雄性种质居群间性状变异的主要因素。

研究对象中11个野生雄性毛花猕猴桃居群可以分为三个大组，关系最近的是浔溪居群和燕子凹居群，与其他居群关系最远的为庐山居群。表型性状的遗传多样性为选育毛花猕猴桃雄性品种提供了基础。因此，发现具有优良性状的单株，培育与主栽品种相配套、适应性强、花粉量大、花粉活力高或观赏性强的毛花猕猴桃雄性品种，可作为今后研究工作的重点方向之一。

第二节　毛花猕猴桃孢粉学评价

孢粉学研究内容为现代植物孢子花粉和地层中花粉化石形态及其应用建立了基础。对古花粉的研究可用来进行矿产资源勘探、古代植被恢复、气候和环境预测。花粉形态、结构等方面的特点，在现代植物分类、亲缘关系或系统演化研究中发挥了重要的作用（王伟铭，2009）。随着科技的不断发展，电脑和扫描电子显微镜的应用使孢粉分析方法不断更新，花粉形态特征研究得以持续深入进行，目前花粉的形态特态主要包括花粉形状、赤道轴长、极轴长、极赤比（极轴/赤道轴）、萌发孔形态和花粉外壁纹饰等（王国荣和吴府胜，2007）。

花粉形态在长期进化中不断发生变化，携带着大量的进化痕迹。花粉形态的演化规律能为研究植物起源和物种演化提供重要的理论依据。凌裕平（2003）对银杏雄株花粉的研究发现，其极赤比有显著差异，并依据花粉外壁纹饰，将花粉分为光滑型、粗糙型和中间型三种。王国霞等（2010）对古银杏花粉进行研究，发现依据古银杏花粉的纹饰特征、条纹纹饰的细节、微孔的情况和粗糙程度可对银杏雄株进行分类。范建新等（2014）对杨梅花粉形态的研究表明，不同来源的花粉其大小、形状均有显著差异。王振江等（2015）等利用扫描电镜对10个不同倍性广东桑品种的花粉进行观察，发现不同倍性间花粉形态、表面均存在显著差异，这些特征可作为广东桑品种鉴别的依据。臧德奎和马燕（2014）对木瓜及其近缘属的3种植物花粉形态进行研究发现，可以依据花粉外壁纹饰对不同属花粉进行分类，并依据花粉形态编制了分类检索表。

我国是猕猴桃的自然分布中心，研究野生品种的花粉特性对于猕猴桃遗传育种具有重要意义。早在1989年，李洁维等已用光学显微镜对猕猴桃属23个分类群的花粉形态进行了观察，但由于光学显微镜的局限性，仅进行了初步的特征描述，对花粉的表面纹饰并未做详细的表述。康宁和王圣梅（1993）利用扫描电镜和光学显微镜对猕猴桃属9种植物的花粉形态进行了研究，并首次建立了猕猴桃属属下分组的花粉检索表。祝晨蔯等（1995）等对猕猴桃属12种植物的花粉形态进行了研究，为猕猴桃属花粉分类提供了进一步的依据。姜正旺等（2004）研究了猕猴桃属21个种6个变种和4个不同种间杂交F_1代植株的花粉形态，根据花粉形态特征建立了相应的检索表，并提出了花粉大小与果实大小有一定相关性的观点。王柏青（2008）对东北猕猴桃属三个种的植物花粉形态进行了初步研究。宁允叶等（2005）对'红阳'猕猴桃及其变种花粉形态进行了比较研究，发现'红阳'变种花粉形态与'红阳'存在显著差异。通过扫描电镜对野生毛花猕猴桃雄株的花粉进行形态和超微结构的观察，可为野生毛花猕猴桃种质资源的收集与遗传育种提供资料，为研究猕猴桃种质资源多样性提供花粉形态依据。

一、花粉形态评价

（一）花粉形态

钟敏等（2016）在麻姑山毛花猕猴桃雄性种质核心分布区范围随机选取了23份雄性种质材料的花粉，通过扫描电镜进行了花粉形态和超微结构的观察（表9-10～表9-12）。结果表明，野生毛花猕猴桃雄性种质花粉外观形态呈长球形或近超长球形，极面观为三裂圆形；花粉具3条萌发沟，以等间距分布，按NPC分类系统进行分类，应为N3P4C5型。花粉形态特征见表9-10～表9-12。花粉粒中等偏小，极轴长22.42～27.73μm，变异系数为4.75%；赤道轴长12.73～14.31μm，变异系数为3.12%；萌发沟长20.52～24.68μm，变异系数为5.11%；萌发沟脊宽7.29～9.52μm，变异系数为6.78%。

表9-10　花粉大小

编号	极轴长（μm）	赤道轴长（μm）	萌发沟长（μm）	萌发沟脊宽（μm）
1	22.42±1.56a	13.60±0.22bcd	20.60±0.26a	7.29±0.19a
2	25.33±1.11fg	13.38±0.25abcd	21.80±0.18bcdef	8.13±0.25cdef
3	27.11±0.83i	14.27±0.12e	24.50±0.27gh	9.52±0.12g
4	26.87±0.70hi	13.89±0.18bcde	23.90±0.32gh	8.65±0.19f
5	24.53±0.81bcd	13.41±0.17abcd	22.00±0.27bcdef	8.41±0.27def
6	27.73±0.53i	14.31±0.19e	24.60±0.21h	8.69±0.14ef
7	25.38±0.40bcd	14.16±0.15de	21.80±0.23bcdef	8.92±0.19f
8	24.70±0.49bcd	12.73±0.19a	21.40±0.35abcde	8.06±0.17cdef
9	26.33±0.35gh	13.38±0.13abcd	21.50±0.22abcdef	7.57±0.10abcd
10	25.08±0.34bcd	13.02±0.14ab	20.80±0.33abc	7.39±0.10abc
11	25.23±0.24bcd	13.53±0.16bcd	21.50±0.27abcdef	8.09±0.12cdef
12	26.32±0.31fg	13.47±0.24bcd	22.70±0.44def	8.39±0.17def
13	26.71±0.22fgh	13.99±0.15cde	22.60±0.15ef	8.32±0.10def
14	25.78±0.38bcd	13.23±0.23abc	21.80±0.25abcde	7.74±0.21bcde
15	27.15±0.44gh	13.20±0.18abc	23.00±0.31fg	8.06±0.13cdef
16	25.80±0.61bcd	13.34±0.16abcd	22.00±0.32bcdef	7.70±0.10abcd
17	26.34±0.64def	12.94±0.17ab	22.00±0.23bcdef	7.29±0.16ab
18	25.51±0.81bc	13.08±0.15abc	20.80±0.29abcd	8.42±0.20def
19	24.99±0.66ab	13.79±0.20bcde	20.50±0.29ab	8.22±0.19cdef
20	27.31±0.60gh	13.60±0.14bcd	23.10±0.17fg	7.91±0.13cdef

编号	极轴长（μm）	赤道轴长（μm）	萌发沟长（μm）	萌发沟脊宽（μm）
21	27.15±0.89fg	13.56±0.21bcd	22.50±0.37def	7.69±0.16abcd
22	27.02±0.97def	13.56±0.19bcd	22.20±0.32cdef	7.83±0.20bcdef
23	26.72±0.93def	13.36±0.18abc	22.10±0.20cdef	7.58±0.15abcd

注：各列不含有相同小写字母表示各试验材料平均数间差异显著（$P<0.05$）

表9-11 雄株花粉数量性状指标分析

性状指标	极轴长（μm）	赤道轴长（μm）	萌发沟长（μm）	萌发沟脊宽（μm）	极赤比
平均值	25.96	13.52	22.23	8.1	1.92
最大值	27.73	14.31	24.68	9.52	2.06
最小值	22.42	12.73	20.52	7.29	1.65
极差	5.3	1.58	4.16	2.23	0.41
标准差	1.23	0.42	1.14	0.55	0.091
变异系数	4.75%	3.12%	5.11%	6.78%	4.73%

表9-12 花粉的外观形态特征

编号	极面观	赤道面观	大小（μm）	极赤比	表面纹饰	对应图9-3编号
1	三裂圆形	长球形	22.42×13.60	1.65	波纹状	g
2	三裂圆形	长球形	25.33×13.38	1.89	脑纹状	h
3	三裂圆形	长球形	27.11×14.27	1.90	脑纹状	l
4	三裂圆形	长球形	26.87×13.89	1.93	波纹状	g
5	三裂圆形	长球形	24.53×13.41	1.83	波纹状	f
6	三裂圆形	长球形	27.73×14.31	1.94	脑纹状	l
7	三裂圆形	长球形	25.38×14.16	1.79	脑纹状	h
8	三裂圆形	长球形	24.70×12.73	1.94	脑纹状	j
9	三裂圆形	长球形	26.33×13.38	1.97	波纹状	l
10	三裂圆形	长球形	25.08×13.02	1.93	疣状纹	i
11	三裂圆形	长球形	25.23×13.53	1.86	脑纹状	h
12	三裂圆形	长球形	26.32×13.47	1.95	脑纹状	g
13	三裂圆形	长球形	26.71×13.99	1.91	脑纹状	l
14	三裂圆形	长球形	25.78×13.23	1.95	脑纹状	h
15	三裂圆形	近超长球形	27.15×13.20	2.06	脑纹状	j
16	三裂圆形	长球形	25.80×13.34	1.93	波纹状	f
17	三裂圆形	近超长球形	26.34×12.94	2.04	波纹状	e
18	三裂圆形	长球形	25.51×13.08	1.95	脑纹状	h

续表

编号	极面观	赤道面观	大小（μm）	极赤比	表面纹饰	对应图9-3编号
19	三裂圆形	长球形	24.99×13.79	1.81	脑纹状	h
20	三裂圆形	近超长球形	27.31×13.60	2.01	脑纹状	l
21	三裂圆形	长球形	27.15×13.56	2.00	脑纹状	l
22	三裂圆形	长球形	27.02×13.56	1.99	波纹状	e
23	三裂圆形	长球形	26.72×13.36	2.00	脑纹状	k

（二）花粉表面纹饰

　　毛花猕猴桃的外壁纹饰大都具脑纹状纹饰，其扫描电镜图见图9-3e～l。毛花猕猴桃具有外壁纹饰的种群内差异较小，可分为以下三种类型。脑纹状纹饰：由脑纹状的弯曲短条纹组成，轮廓线为清晰的不均匀波浪形。花粉样品中此类型的花粉居多，占65.22%。波纹状纹饰：表面较光滑，由不规则的条带状突起组成，轮廓线为细波浪形。所有样品中此类型的花粉占30.43%。疣状纹饰：表面由较细密的块状突起组成，大小不规则。所有样品中此类型的花粉较少，仅占4.35%。23份野生毛花猕

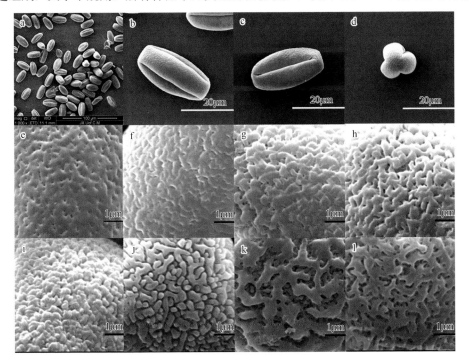

图9-3　花粉电镜图

a. 花粉群体观1000×；b，c. 花粉赤道面观5000×；d. 花粉极面观5000×；e～l. 花粉外壁纹饰15 000×
（e～f为无规则波纹状；h，j，k，l为脑纹状；i为疣状）

猴桃雄株花粉均具3条萌发沟，沿极轴方向延伸，一直延伸至两端，但在极区不联合为合沟，等间距分布。从赤道面可观察到1~2条萌发沟，为梭状，极面可看到3条内陷萌发沟，如图9-3b~d所示。

（三）花粉形态的聚类分析

钟敏等（2016）根据23份雄株花粉极轴长、赤道轴长、萌发沟长、萌发沟脊宽、极赤北5项性状，采用类平均法进行聚类分析，得出图9-4所示结果。从聚类图中可以看出，在遗传距离3.41处，可分为两类，第一类仅有1号一株，其他雄株均聚为另一类。这说明，大部分野生毛花猕猴桃雄株可能源自同一个祖先。在遗传距离为2.55处，聚类结果可分为三类：第一类的花粉最小，仅有1个单株；第二类包括19个单株；第三类的花粉最大，包括3个单株。花粉形态上的差异将三个分类之间的遗传距离拉开。

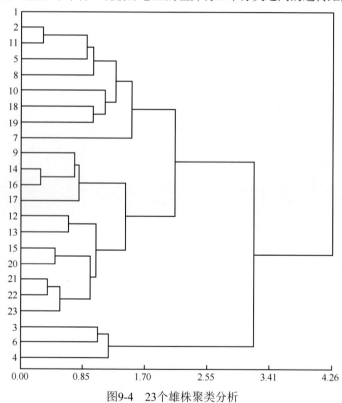

图9-4　23个雄株聚类分析

（四）遗传多样性与亲缘关系

毛花猕猴桃为中国野生猕猴桃种，目前发现的类型均为雌雄异株，在自然条件下通过杂交繁殖，其遗传具有多样性。根据23个野生毛花猕猴桃雄株的花粉特征研究，发现花粉均以单粒形式存在，花粉粒呈长球形或近超长球形，极面观为三裂圆形，赤道面观察到1~2条萌发沟，沟达两端，但不形成合沟，这些结果与姜正旺等（2004）、祝晨蔯等（1995）、康宁和王圣梅（1993）的观察结果是一致的。花粉的极轴长、赤道轴长、萌发沟长、萌发沟脊宽和外壁纹饰的形状在不同品种间都存在一定的差异，这些指标表明毛花猕猴桃具有丰富的遗传多样性。刘娟等（2015）、岁立云等（2013）、汤佳乐（2014）等从分子角度证明了猕猴桃雄株存在遗传多样性。物种花粉形态的变化可能是基因型的差异造成的。雄花采自同一居群，因此大部分猕猴桃可能源于同样的母株，这与聚类分析结果一致。

（五）花粉形态与演化关系

多数学者认为花粉的大小与进化程度有关，花粉粒变小可以减少对树体营养的竞争，因而体积小的花粉为进化程度较高的类型（王美军等，2016；王延秀等，2014）。为了使花粉更容易与外界环境进行物质交换，花粉表面积大小、花粉表面纹饰产生变化。被子植物花粉外壁纹饰为光滑—穴状—条纹的演化方向。毛花猕猴桃大多数花粉属于小型（极轴长20~25μm），部分为中等（极轴长25~50μm），表面纹饰多为较复杂的类型，由此判断毛花猕猴桃为较进化的类型。毛花猕猴桃雄株花粉表面纹饰的变化在一定程度上表现出毛花猕猴桃种群的演变规律和特征。野生毛花猕猴桃花粉形态在花粉大小、表面纹饰上具有丰富的多样性。同时毛花猕猴桃居群具有较稳定的共性特征，表明花粉遗传稳定的特性。根据花粉形态大小，可将23个毛花猕猴桃雄株分为三类，其中大部分聚为一类。根据花粉粒的大小和表面纹饰，在该居群中毛花猕猴桃花粉表面纹饰的演化趋势为：由波纹状向疣状纹和脑纹状进行演化。

二、花粉活力评价

（一）16个野生雄株花粉活力的比较

猕猴桃为雌雄异株植物，正常的授粉受精是雌株正常结果的保证。然而近年来，由于授粉蜜蜂和其他昆虫数量明显不足及花期气候不正常等因素影响，猕猴桃依靠天然授粉很难达到优质高产的目的，故生产中须采用人工授粉。对猕猴桃辅助人工授粉的采粉期、花粉萌发和贮藏条件的研究已有报道（姚春潮等，2005，2010；王郁民和李嘉瑞，1992；王郁民等，1991），但对毛花猕猴桃关于这方面的研究很少。因此，开展了此方面的研究，对提高毛花猕猴桃的结实率、提高人工授粉效率都有重要的指导性意义。

吴寒（2015）对16个野生猕猴桃花粉活力进行了评价，如表9-13所示。处于较大活性值的雄株14、9、8、12，花粉活力均值在80%以上；雄株花粉活力均值处于40%~80%的有雄株13、9、16、4、6、1、2，并且活性依次递减；花粉活力均值在

40%以下的雄株有15、5、11、3、10、7，其中雄株7的花粉活力最弱，低于20%。

表9-13 不同雄株的花粉活力方差分析

编号	花粉活力（%）				方差
	1	2	3	平均	
1	38.56	39.36	49.06	42.33de	5.877358
2	32.56	51.23	39.33	41.00de	9.465199
3	21.33	17.36	30.33	21.76fg	4.617719
4	45.53	70.16	50.70	56.20cd	14.1926
5	34.70	17.50	27.10	26.43efg	8.619358
6	55.10	44.03	49.13	49.40cd	5.556078
7	22.93	6.94	20.30	16.72g	8.546089
8	91.90	88.70	82.80	87.80a	4.616276
9	70.60	38.60	83.86	64.20bc	23.07553
10	32.90	13.00	15.70	20.53g	10.7946
11	27.13	25.50	14.33	22.30fg	6.974238
12	81.90	83.53	82.43	82.80a	0.818535
13	53.33	94.00	80.63	75.96ab	20.74183
14	95.43	76.13	95.13	88.86a	11.05728
15	43.46	34.46	37.06	39.26def	6.14356
16	70.40	50.86	67.93	63.06bc	10.61153

注：花粉活力平均一列中不含有相同小写字母表示各雄株间差异显著（$P<0.05$）

　　如表9-13所示，三次重复平均值中14号、8号和12号花粉活力大体上显著高于其他雄株，花粉活力为80%以上；其次为13号和9号，也高于其他的雄株。花粉活力低于50%为1、2、3、5、6、7、10、11、15号雄株，而花粉活力最弱的是10号、7号，大体上显著低于其他的雄株，分别为20.53%和16.72%。

　　我国对毛花猕猴桃花粉活力方面的研究比较少，而毛花猕猴桃的天然授粉很难达到优质高产，甚至结实率很低，成为现今毛花猕猴桃生产与研究中面临的一个重大问题。碘化钾法能为育种工作提供最基础的花粉存活信息，但并不能反映花粉的全部信息，如授粉后花粉的萌发状况等。因此，通常单独用它作为衡量授粉成功率的指标是不全面的（郝瑞娟等，2008）。然而用一般的花粉萌发率测验的2,3,5-氯化三苯基四氮唑染色法（TTC）法却不能够让毛花猕猴桃的花粉染色，可能原因是其细胞壁太厚而难以染色。因此，我们可以通过染色法掌握花粉的基本存活情况，对筛选出来的雄株花粉进行区域试验，再从中筛选出结实率最高的品种投入实际生产或者其他的研究中。

（二）贮藏时间对花粉萌发的影响

有研究者对中华猕猴桃花粉性状进行了研究，尤其是针对花粉活力（Khan and Perveen，2006a，2006b）。花粉活力的指标主要为萌发率和花粉管生长情况（Sharafi and Bahmani，2011）。由于花期不遇、授粉季节多雨等环境条件的影响，猕猴桃常常坐果困难、产量下降。使用存储花粉进行人工授粉可以提高猕猴桃产量（Abreu and Oliveira，2004）。提前成熟的雄花花粉可以存放在冰箱中，用于人工授粉（Borghezan et al.，2011）。中华猕猴桃和美味猕猴桃的花粉贮藏试验证明，经过一年的存储（−18℃），花粉活力仍高于50%（Bomben et al.，1999）。长期贮存的花粉粒可用于人工授粉和种间杂交（Bhat et al.，2012）。据研究表明，花粉贮藏有利于杂交育种及品种保护，而在贮藏过程中影响花粉活力的主要因素是花粉的存储温度和水分含量（Khan and Perveen，2006a）。花粉低温保存（−20℃）比在室温和4℃下活力降低程度更小（Bhat et al.，2012），枣椰树花粉在−20℃下贮藏效果最佳（Boughediri et al.，1995），在黄秋葵上也得到了相似的结果（Khan and Perveen，2006b）。虽然低温贮藏是保持花粉活力的有效方法，但是对于有些物种，长时间贮藏会导致花粉活力降低。例如，豌豆花粉贮藏在−20℃和−30℃下萌发率较高，但随贮藏时间增加萌发率逐渐降低（Perveen，2007），类似的研究结果也在对梨（Bhat et al.，2012）、番荔枝（Lora et al.，2006）的研究中得到验证。花粉在贮藏期间会因为新陈代谢活动消耗营养物质，导致花粉活力降低甚至丧失。在低温下花粉的代谢速度降低，从而使花粉活力保持较长时间。根据对袋鼠花花粉的研究，在低温下花粉组织中可能形成冰晶体从而降低花粉活力（Sukhvibul and Considine，1993）。同时由于基因型的影响，有些花粉量大的品种因花粉发育不全而花粉活力较低（Sharafi and Bahmani，2011）。已有人对猕猴桃花粉的体外萌发能力和贮藏条件进行了研究（Abreu and Oliveira，2004），结果表明，猕猴桃花粉经过365天的贮藏后，花粉粒完全失去了在体外萌发的能力。

花粉是遗传物质的携带者，在杂交育种中充当重要的角色。在猕猴桃生产中，产量与花粉的质量息息相关，花粉活力与坐果率成正比（Mondal and Ghanta，2012）。江西农业大学猕猴桃研究所对25个野生毛花猕猴桃单株的花粉特性，包括萌发率、花粉管长度及花粉寿命进行了研究，确定了在−20℃下贮藏6个月的花粉活力变化（表9-14）。

表9-14　贮藏6个月后花粉特性指标

基因型	重复数	萌发率（%）	基因型	重复数	花粉管长度（mm）
MH48	4	25.00a	MH74	40	26.22a
MH67	4	26.25a	MH57	40	26.53a

续表

基因型	重复数	萌发率（%）	基因型	重复数	花粉管长度（mm）
MH74	4	37.75ab	MH34	40	32.05ab
MH57	4	39.00abc	MH48	40	32.17ab
MH30	4	44.75abcd	MH72	40	32.66ab
MH26	4	51.00bcde	MH47	40	32.77ab
MH47	4	51.50bcde	MH45	40	35.23abc
MH56	4	52.50bcde	MH67	40	35.46abc
MH31	4	55.00bcde	MH26	40	38.48abcd
MH60	4	56.25bcdef	MH56	40	40.00abcd
MH34	4	56.75bcdef	MH41	40	40.09abcd
MH72	4	56.75bcdef	MH10	40	43.54bcd
MH22	4	57.00bcdef	MH61	40	44.34bcd
MH46	4	57.75bcdef	MH55	40	45.51bcd
MH61	4	62.75cdefg	MH46	40	46.36bcd
MH55	4	65.75defg	MH22	40	48.07cd
MH45	4	68.00defgh	MH60	40	48.44cd
MH71	4	69.25defghi	MH71	40	51.09de
MH70	4	69.75defghi	MH69	40	53.04def
MH69	4	73.00efghi	MH70	40	62.52efg
MH41	4	74.50efghi	MH31	40	65.77fg
MH43	4	79.50fghi	MH30	40	68.08g
MH10	4	82.75ghi	MH43	40	81.30h
MH58	4	89.50hi	MH66	40	86.52h
MH66	4	91.50i	MH58	40	88.95h

注：各列不含有相同小写字母表示各试验材料间差异显著（$P<0.05$）

在-20℃下贮藏6个月后，不同单株花粉萌发率之间存在差异。花粉萌发率在25.00%～91.50%，单株MH48、MH67、MH74、MH57和MH30萌发率较低，均小于50%。花粉管长度在26.22～88.95mm。经过一年时间贮藏后，单株MH10、MH30、MH31、MH34、MH43、MH57、MH58和MH66的花粉萌发率为零，完全失去活力。其余单株萌发率为7.09%～35.74%，花粉管长度在7.50～61.25mm。对贮藏不同时间的花粉萌发率进行比较（表9-15，表9-16），贮藏不同时间后花粉萌发率及花粉管长度发生变化，并显示出差异。

经过长时间低温贮藏后，毛花猕猴桃花粉萌发率及花粉管长度绝大部分有下降的趋势。费约果花粉经过150天贮藏后，其花粉生活力比贮藏90天的显著降低

表9-15　贮藏时间对花粉萌发率的影响

基因型	萌发率（%）		平均值差（%）	萌发率降低百分率（%）
	贮藏6个月	贮藏一年		
MH48	25.00	16.78	−8.22	32.88
MH67	32.05	35.24	3.19	9.95
MH74	37.75	19.08	−18.67	49.46
MH57	39.00	0.00	−39.00	100.00
MH30	44.75	0.00	−44.75	100.00
MH26	51.00	11.84	−39.16	76.78
MH47	51.50	25.48	−26.02	50.52
MH56	52.50	18.47	−34.03	64.82
MH31	55.00	0.00	−55.00	100.00
MH60	56.25	9.50	−46.75	83.11
MH34	56.75	0.00	−56.75	100.00
MH72	56.75	25.86	−30.89	54.43
MH22	57.00	26.41	−30.59	53.67
MH46	57.75	7.09	−50.66	87.72
MH61	62.75	27.19	−35.56	56.67
MH55	65.75	35.74	−30.01	45.64
MH45	68.00	19.21	−48.79	71.75
MH71	69.25	29.98	−39.27	56.71
MH70	69.75	23.22	−46.53	66.71
MH69	73.00	18.53	−54.47	74.62
MH41	74.50	21.44	−53.06	71.22
MH43	79.50	0.00	−79.50	100.00
MH10	82.75	0.00	−82.75	100.00
MH58	89.50	0.00	−89.50	100.00
MH66	91.50	0.00	−91.50	100.00
平均	59.97	14.84	−45.13	72.27

表9-16　贮藏时间对花粉管长度的影响

基因型	花粉管长度（mm）		平均值差（mm）	萌发率降低百分率（%）
	贮藏6个月	贮藏一年		
MH48	26.22	12.25	−13.97	53.28
MH67	26.53	18.25	−8.28	31.21

续表

基因型	花粉管长度（mm）		平均值差（mm）	萌发率降低百分率（%）
	贮藏6个月	贮藏一年		
MH74	32.05	28.50	−3.55	11.08
MH57	32.17	0.00	−32.17	100.00
MH30	32.66	0.00	−32.66	100.00
MH26	32.77	7.50	−25.27	77.11
MH47	35.23	42.25	7.02	19.93
MH56	35.46	49.75	14.29	40.30
MH31	38.48	0.00	−38.48	100.00
MH60	40.00	7.75	−32.25	80.63
MH34	40.09	0.00	−40.09	100.00
MH72	43.54	43.25	−0.29	0.67
MH22	44.34	55.50	11.16	25.17
MH46	45.51	10.25	−35.26	77.48
MH61	46.36	44.00	−2.36	5.09
MH55	48.07	46.75	−1.32	2.75
MH45	48.44	61.25	12.81	26.45
MH71	51.09	51.50	0.41	0.80
MH70	53.04	47.75	−5.29	9.97
MH69	62.52	26.75	−35.77	57.21
MH41	65.77	33.75	−32.02	48.68
MH43	68.08	0.00	−68.08	100.00
MH10	81.30	0.00	−81.30	100.00
MH58	86.52	0.00	−86.52	100.00
MH66	88.95	0.00	−88.95	100.00
平均	48.21	23.48	−24.73	54.71

（Franzon et al.，2005）。单株MH10、MH26、MH30、MH31、MH34、MH41、MH43、MH46、MH48、MH55、MH57、MH58、MH60、MH61、MH66和MH69的花粉经1年贮藏后其花粉萌发率和花粉管长度低于贮藏6个月的花粉，其中多个单株花粉丧失生活力。此差异的产生可能是由于基因型的不同导致的。经过两个不同贮藏时间（6个月和一年）处理后，根据花粉综合特性表现，单株MH22、MH45、MH47、MH169、MH67、MH70、MH71、MH72、MH74、MH41、MH55和MH61的花粉生活力较强。

（三）热胁迫对花粉萌发率的影响

气候对农业有巨大的影响（Tao et al.，2011），在1961~2010年，江西北部每年最高温度持续天数超过30天（Ye et al.，2014）。猕猴桃开花时期温度变化跨度为全年之最，温度上升可能导致某些当地蔬菜和果树生长受限。目前，热胁迫已成为限制植物生产力的主要因素之一（Fu et al.，2015）。研究表明，辣椒花粉在38℃下处理8h后花粉活力大幅降低。此外，在38℃下，处理时间不同对花粉管的生长可产生很大的影响（Kafizadeh et al.，2008）。有研究发现，在4h热处理后，花粉丧失授粉能力（Dupuis and Dumas，1990）。对蚕豆花粉的一项研究表明，热处理（42℃，2h和4h）后花粉活力明显下降（Kumar et al.，2015）。同样热处理会导致英国栎花粉萌发率降低、花粉管生长缓慢（Sever et al.，2012）；使亚麻花的花粉萌发率降低，花粉管无法穿透胚珠完成受精（Kumar et al.，2015；Cross et al.，2003）。

江西农业大学猕猴桃研究所随机选取25个野生毛花猕猴桃的单株进行热胁迫研究，研究结果如下。

经不同温度热处理后，大部分毛花猕猴桃单株间花粉萌发率及花粉管长度存在显著差异（表9-17，表9-18），可将萌发率低的列为敏感型，萌发率高的列为耐受型。

表9-17　热处理后各单株之间花粉萌发率的比较

基因型	萌发率（%）				
	对照	27℃	30℃	33℃	36℃
MH10	82.75ghi	73.50dg	74.25fgh	71.50gj	65.75ef
MH22	57.00bf	87.50g	86.50gh	86.75j	87.75g
MH26	51.00be	53.25cde	44.25be	25.50b	9.75a
MH30	45.75ad	65.75dg	69.75dh	72.75hij	70.25fg
MH31	55.00bf	69.00dg	59.75cg	50.25dg	48.75bcde
MH34	56.75bf	51.50cd	58.25cf	61.00fi	59.25cdef
MH41	74.50ei	60.50def	23.25ab	26.75bc	5.50a
MH43	79.50fi	76.50efg	87.75h	86.25j	60.50cdef
MH45	68.00di	85.00fg	71.50eh	53.25dh	49.50bcde
MH46	57.75cg	52.50cde	61.25ch	76.50ij	77.50fg
MH47	51.50be	72.50dg	58.25cf	47.00cf	49.75bcde
MH48	25.00a	50.25cd	5.00a	2.75a	1.75a
MH55	65.75dh	5.00a	34.50bc	34.50bcd	37.25b
MH56	52.50be	35.75bc	66.00dh	60.75fi	37.75b
MH57	39.00abc	63.25dg	61.25ch	63.50fi	60.50cdef

基因型	萌发率（%）				
	对照	27℃	30℃	33℃	36℃
MH58	89.50hi	79.50fg	77.00fgh	64.00fi	63.25def
MH60	56.25bf	66.50dg	63.00dh	62.00fi	59.50cdef
MH61	62.75dg	25.75b	43.25bcd	47.50cf	50.00bcde
MH66	91.50i	72.75dg	60.50ch	45.00bf	44.50bcd
MH67	26.25a	0.00a	0.00a	0.00a	0.00a
MH69	73.00ei	67.50dg	57.50cf	37.25be	36.50b
MH70	69.75ei	69.00dg	58.75cf	58.00ei	57.75cdef
MH71	69.25di	34.25bc	52.25cf	43.75bf	31.50b
MH72	56.75bf	52.00cde	63.25dh	48.25def	45.75bcde
MH74	37.75ab	48.50cd	55.00cf	47.00cf	42.50bc

注：各列不含有相同小写字母表示各试验材料间差异显著（$P<0.05$）

表9-18　热处理后各单株之间花粉管长度的比较

基因型	花粉管长度（mm）				
	对照	27℃	30℃	33℃	36℃
MH10	57.63fi	43.54efg	35.85bcd	28.34bcd	23.74cde
MH22	48.07bg	61.20i	67.02ghi	57.10hi	67.61m
MH26	38.48ae	34.90cf	43.25de	28.41bcd	18.07bc
MH30	68.08ij	60.91i	57.41fgh	62.20ij	59.60lm
MH31	65.77hij	76.23j	75.46i	63.63ij	56.59lm
MH34	32.05ab	44.07efg	68.30hi	67.38j	60.58lm
MH41	40.09ae	47.39fgh	23.41b	27.44bcd	9.17ab
MH43	81.30jk	44.36efg	57.97fgh	39.66efg	26.61cdef
MH45	35.23ad	40.57dg	77.27i	42.94efg	62.78lm
MH46	46.36bg	12.28ab	38.79cd	44.92fg	37.76fghi
MH47	32.77abc	12.28ab	65.21ghi	39.02efg	52.19jkl
MH48	32.17abc	9.39a	7.89a	7.89a	5.18a
MH55	45.51bf	25.16bc	27.17bc	22.46b	21.78cd
MH56	40.00ae	33.11cde	31.11bcd	25.73bcd	28.85cdefg
MH57	26.53a	40.82dg	60.88gh	56.77hi	39.48ghi
MH58	88.95k	32.88cde	64.11ghi	36.37def	54.70kl
MH60	48.44cg	51.38ghi	44.25def	45.68fg	43.35ijk
MH61	44.34bf	30.15cd	39.13cd	25.79bcd	62.87lm

基因型	花粉管长度（mm）				
	对照	27℃	30℃	33℃	36℃
MH66	86.52k	60.11hi	54.18eh	49.26gh	41.61hij
MH67	35.46ad	0.00a	0.00a	0.00a	0.00a
MH69	53.04ei	61.82i	53.29efg	33.12be	44.59ijk
MH70	62.52ghi	43.87efg	42.34de	41.11efg	40.87hij
MH71	51.09dh	60.35hi	59.71gh	34.29cde	57.58lm
MH72	32.66abc	53.15ghi	68.16hi	27.79bcd	35.27efghi
MH74	26.22a	42.96dg	42.02de	24.04bc	30.49defgh

注：各列不含有相同小写字母表示各试验材料间差异显著（$P < 0.05$）

未处理的毛花猕猴桃花粉萌发率在25.00%～91.50%，花粉管长度在26.22～88.95mm。MH66、MH58和MH10为耐受性较强的单株，MH48、MH67、MH57和MH74为温度敏感型单株。

27℃处理后毛花猕猴桃花粉萌发率在0.00%～87.50%，花粉管长度在0.00～76.23mm。MH22为耐受性最佳的单株，萌发率达87.50%，而花粉管长度较低。MH31花粉管长度最大，而萌发率较低。综合表现较好的单株有MH69和MH30。MH61和MH55为敏感型单株。

30℃处理后毛花猕猴桃花粉萌发率在0.00%～87.75%，花粉管长度在0.00～77.27mm。MH43、MH58和MH22为耐受性较高的单株，MH48、MH41和MH55为敏感型单株。

33℃处理后毛花猕猴桃花粉萌发率在0.00%～86.75%，花粉管长度在0.00～67.38mm。MH22和MH43为耐受性较高的单株，MH10、MH30、MH46为耐受性较好的单株；MH48为敏感型单株。

36℃处理后毛花猕猴桃花粉萌发率在0.00%～87.75%，花粉管长度在0.00～67.61mm。MH22为耐受性最高的单株，MH41、MH26和MH48为敏感型单株。

综上所述，25个毛花猕猴桃单株花粉萌发率存在差异，未经热处理的花粉萌发率较其他处理要高，表明热处理通常会使花粉萌发率降低。MH67在热处理后萌发率为0%。花粉管生长对温度变化的反应是不稳定的，有些单株花粉在不同处理下萌发率与花粉生长呈相反的变化。在热处理后，花粉分别表现出温度耐受和温度敏感的特性。MH30、MH58、MH22为温度耐受型单株，而MH67和MH48为较敏感的单株。不同单株经热处理后萌发率与花粉管长度变化无显著相关性。

对玉米花粉进行高温处理后，不同基因型的花粉萌发率和花粉管长度有显著差异。优株对高温处理具有很好的耐受性，可用于遗传育种（Naveed et al.，2014）。对花生的研究表明，不同温度处理下其花粉的萌发率及花粉管长度有显著差异（Kakani et al.，2002）。在开花期间接受7天的高温处理后，水稻的产量明显下降（Luo et al.，2005）。两个豆类品种的花粉萌发率在热处理后下降（Lahlali et al.，2014）。

不同毛花猕猴桃雄株花粉热胁迫处理后其花粉萌发率和花粉管长度有差异，综合各因素，MH30、MH58、MH22为温度耐受型单株，而MH67和MH48为较敏感的单株。此研究为选育温度耐受型授粉雄株提供了基础资料。

三、花粉直感效应评价

花粉直感是父本花粉对当年形成的果实或种子性状的影响（戚行江等，2017），在果树生产方面，花粉直感现象表现在对果实外观及内在品质的影响（张静茹等，2017；戚行江等，2017；杨芩等，2015；杨鲁琼，2015；石磊，2008），包括单果重、果实形态、颜色、含糖量、含酸量和维生素C含量等（刘军禄，2017；成红梅，2017）。除此以外，有研究者认为花粉直感效应影响果实的贮藏性能（杨鲁琼等，2015）、成熟期（杨立峰等，2002）、种子成熟（李红斌，2010）、种子品质（如种子数和种子含油量）（肖艺等，2013）等，因此要达到高产优质，必须选择适宜的花粉。由于雄株不能结果和产生经济效益，常被砍伐或高接换种，种质资源在逐渐减少。因为猕猴桃自然授粉效率较低，目前猕猴桃生产上多用人工授粉，但由于对雄株研究的忽视，生产上并无固定的适配雄株。

江西农业大学猕猴桃研究所为进一步利用野生毛花猕猴桃雄性种质，基于对274份猕猴桃属雄性种质花器官的相关研究，从中选出来自庐山的最高花粉量毛花猕猴桃雄株'L7'，来自麻姑山的最高花粉活力的毛花猕猴桃雄株'M16'，2015年高接于奉新猕猴桃种质资源圃，其花粉活力与花粉量见表9-19。2016年采花粉，贮藏备用。2017年4~5月对'红阳''金果''金魁''金艳''赣猕6号'5个应用于商业栽培的品种猕猴桃雌株进行授粉，以自然授粉为对照，建立10个授粉组合并对猕猴桃花粉直感效应进行研究。

表9-19　授粉雄株花粉活力及花粉量统计

授粉品种	花粉活力（%）	单花花粉量（粒）	隶属种	倍性
'L7'	68.07±5.02	$4.07×10^6±16\ 542$	毛花猕猴桃	二倍体
'M16'	74.06±1.87	$2.03×10^6±13\ 427$	毛花猕猴桃	二倍体

（一）花粉对不同品种坐果结实的影响

坐果率是影响猕猴桃产量的主要因素之一，以两种雄性花粉授于5个雌性品种，与自然授粉（CK）相比，各授粉组合坐果率均显著提高（表9-20），说明人工授粉坐果效果优于自然授粉。其中所有授粉组合中，'红阳'ב M16'组合相对于自然授粉坐果率提升最为显著，而'金果'ב M16'组合提升最少。

表9-20　各授粉组合坐果率与自然授粉比较

雌株	雄株	花朵数（朵）	坐果数（颗）	坐果率（%）
	'L7'	80	77	96.00a
'红阳'	'M16'	80	80	100.00a
	CK	80	12	15.00b
	'L7'	80	70	86.67a
'金艳'	'M16'	80	74	93.33a
	CK	80	52	65.00b
	'L7'	80	48	60.00a
'金果'	'M16'	80	32	40.00b
	CK	80	16	20.00c
	'L7'	80	80	100.00a
'金魁'	'M16'	80	80	100.00a
	CK	80	15	18.75b
	'L7'	80	80	100.00a
'赣猕6号'	'M16'	80	80	100.00a
	CK	80	38	47.50b

注：各组合坐果率不同（或不含有相同）小写字母代表差异显著（$P<0.05$），本章下同

　　不同雌株品种坐果率不同。使用毛花猕猴桃花粉对不同品种进行授粉，'金魁'和'赣猕6号'坐果率达100%，'金果'坐果率最低。不同的花粉对'红阳''赣猕6号''金艳'和'金魁'坐果率的影响无显著差异。对'金果'来说'L7'的授粉效果优于'M16'。

　　通过人工授粉的猕猴桃坐果率显著高于自然授粉的坐果率（李亮等，2015）。不同雄性花粉授于同一雌株，坐果率各不相同；相同雄性花粉授于不同雌株，坐果率也有较大差异。用毛花猕猴桃雄株为毛花猕猴桃（'赣猕6号'）、中华猕猴桃（'红阳''金艳'）和美味猕猴桃（'金魁'）授粉，均能表现出高坐果率，而授于中华猕猴桃（'金果'）则表现出较低的坐果率。贾爱平等（2010）在研究猕猴桃种内和种间杂交亲和性时发现，中华猕猴桃和美味猕猴桃种间的杂交亲和性强，而狗枣猕猴桃与美味猕猴桃和中华猕猴桃种间的杂交亲和性弱。彭晓莉等（2015）认为，在人工授粉条件下，父本花粉活力、花粉与柱头的亲和性等因素对坐果率的影响十分显著。'金果'的坐果率整体表现较差，但授粉雄株花粉活力并无显著差异，因此坐果率低可能是品种间不亲和的表现。

（二）授粉组合对果实外观性状的影响

1. 花粉直感对果实形状及单果重的影响

就雌性品种而言，'金魁''金艳''红阳'和'赣猕6号'的果实均表现出花粉直感效应，各性状均出现差异，'金果'花粉直感效应差异不显著（表9-21）。

从各品种果实外观性状来看，授粉对猕猴桃侧径的影响较小。雌株'金魁''金果''红阳'各授粉组合的侧径与对照并无显著差异，雌株'金艳'和'赣猕6号'各授粉组合与对照仅有较小差异。不同父本授粉对果实横径、纵径和果形指数有一定影响，'L7'授粉'金魁''金艳''红阳'和'赣猕6号'均使果实横径和纵径显著增大；'M16'授粉'赣猕6号'使果实横径和纵径显著增大，授粉'金艳''红阳'使果实纵径显著增大；其他授粉组合均与自然授粉无显著差异。果形指数与果实的纵径与横径相关，果形指数越大，果实形状越长。'L7'授粉'金魁'、'M16'授粉'金魁''金艳''红阳'均使果形指数显著增大。

母本对单果重影响较大，猕猴桃果实在自然状态下，5个品种的单果质量为'金果'＞'金魁'＞'红阳'＞'金艳'＞'赣猕6号'。在控制授粉状态下，除'金果'外，其他品种平均单果重均显著大于自然授粉处理，其中'金魁'×'L7'组合单果重达113.85g，相较自然授粉增加了42.96g。处理与对照的差异尤为明显，说明猕猴桃果实单果质量存在花粉直感效应。

2. 各授粉组合对果肉色泽的影响

不同父本对果肉中叶绿素和胡萝卜素含量有一定影响（表9-22）。相较自然授粉，授粉组合'L7'×'金艳'和'L7'×'金果'果肉中叶绿素含量均显著增加；'L7'×'金魁''M16'×'金魁''L7'×'赣猕6号'和'M16'×'赣猕6号'果肉中叶绿素含量均显著降低；其他授粉组合果肉中叶绿素含量无显著变化。授粉组合'L7'×'金艳'和'M16'×'金艳'果肉胡萝卜素含量均显著增加；'M16'×'金魁''L7'×'红阳''L7'×'金果''M16'×'金果''L7'×'赣猕6号'和'M16'×'赣猕6号'授粉组合果肉中类胡萝卜素含量均显著降低；其他组合果肉类胡萝卜素含量无显著变化。

表9-21 各授粉组合对果实外观品质的影响

授粉组合 雌株	雄株	侧径（mm）	横径（mm）	纵径（mm）	果形指数	果柄长（mm）	单果重（g）
'金魁'	'L7'	43.32±4.21a	58.17±7.83a	66.34±4.40a	1.15±0.12a	60.23±3.31a	113.85±30.11c
	'M16'	43.22±2.09a	52.99±3.36bc	62.82±4.24ab	1.19±0.07a	67.01±4.50a	95.29±17.50b
	CK	42.76±2.24a	49.57±2.21c	52.67±3.04b	1.06±0.06b	58.93±7.82a	70.89±7.50a
'金艳'	'L7'	42.85±2.46a	44.95±1.67b	59.11±4.56a	1.32±0.13b	28.16±2.29ab	75.05±10.05a
	'M16'	40.85±0.94ab	42.55±2.02ab	61.13±1.96a	1.44±0.02a	22.47±3.06a	69.08±4.40a
	CK	38.22±2.19b	39.48±2.09a	51.35±3.54b	1.30±0.08b	25.03±5.79ab	51.86±7.03b
'金果'	'L7'	44.25±2.18a	52.52±7.06a	69.51±9.23a	1.33±0.19a	46.83±7.47a	96.2±23.88a
	'M16'	42.58±3.06a	48.51±2.75a	67.51±7.87a	1.39±0.09a	47.84±7.43a	83.11±17.79a
	CK	44.07±1.73a	50.58±1.70a	72.55±4.52a	1.44±0.12a	42.70±3.36a	94.14±6.40a
'红阳'	'L7'	43.51±4.77a	54.26±5.71a	60.03±6.35a	1.11±0.09b	21.20±3.77a	94.70±25.77a
	'M16'	43.27±2.33a	52.24±5.08ab	61.74±4.88a	1.19±0.11a	23.75±4.29a	92.34±16.72a
	CK	40.79±2.69a	49.20±4.38b	52.97±4.25b	1.08±0.09b	31.02±5.92b	68.23±13.10b
'赣猕6号'	'L7'	27.18±2.17ab	28.33±1.45a	56.30±4.61a	1.99±0.11a	14.00±2.45a	27.49±6.09a
	'M16'	28.26±1.92a	30.66±2.28a	54.56±3.94a	1.79±0.15b	13.09±1.23a	29.23±4.90a
	CK	24.86±0.12b	25.6±0.63b	48.11±0.43b	1.88±0.03ab	13.73±0.70a	19.93±1.49b

表9-22　花粉直感对果肉色素含量的影响

授粉组合		叶绿素含量（mg/g）	变异系数（%）	类胡萝卜素含量（mg/g）	变异系数（%）
雌株	雄株				
'金魁'	CK	1.08±0.02a		0.35±0.001a	
	'L7'	0.98±0.03b	24.72	0.35±0.01a	19.35
	'M16'	0.61±0.01c		0.23±0.001b	
'金艳'	CK	0.19±0.04b		0.32±0.001b	
	'L7'	0.34±0.06a	29.17	0.40±0.01a	14.28
	'M16'	0.22±0.04b		0.40±0.01a	
'红阳'	CK	1.23±0.09a		0.52±0.01a	
	'L7'	1.22±0.14a	10.00	0.46±0.03b	6.00
	'M16'	1.15±0.14a		0.51±0.01a	
'金果'	CK	0.05±0.01b		0.28±0.01a	
	'L7'	0.23±0.10a	71.43	0.23±0.01b	17.39
	'M16'	0.14±0.03ab		0.19±0.001c	
'赣猕6号'	CK	7.44±0.29a		2.03±0.07a	
	'L7'	4.76±0.05b	25.42	1.38±0.01b	21.25
	'M16'	4.08±0.11c		1.22±0.03c	

（三）各授粉组合对果实内在品质的影响

1. 各授粉组合对果肉可溶性糖含量的影响

不同父本对猕猴桃果肉含糖量有影响（表9-23），以'红阳'为母本的组合中果肉可溶性糖含量最高。'赣猕6号'为母本的授粉组合中果肉可溶性糖含量的变异系数最大（33.08%）。母本为'金艳'的各授粉组合果肉可溶性糖含量均显著高于自然授粉，而母本为'红阳'的果肉可溶性糖含量均低于自然授粉。授粉组合'L7'×'金果''L7'×'红阳''L7'×'赣猕6号''L7'×'金魁''M16'×'金魁''M16'×'赣猕6号'果肉可溶性糖含量低于自然授粉。

表9-23　花粉直感对果肉可溶性糖含量的影响

授粉组合		可溶性糖含量（%）	平均值（%）	变异系数（%）
雌株	雄株			
'金魁'	CK	7.43±0.77a		
	'L7'	7.42±1.50a	7.24	14.36
	'M16'	6.67±0.99a		

授粉组合		可溶性糖含量（%）	平均值（%）	变异系数（%）
雌株	雄株			
'金艳'	CK	5.33±0.50b	7.09	19.74
	'L7'	8.44±1.19a		
	'M16'	7.50±1.20a		
'红阳'	CK	12.1±0.38a	10.64	12.97
	'L7'	10.26±1.43ab		
	'M16'	9.55±0.46b		
'金果'	CK	8.41±1.05b	8.94	13.65
	'L7'	8.34±1.17b		
	'M16'	10.06±0.81a		
'赣猕6号'	CK	7.00±0.77a	5.32	33.08
	'L7'	5.24±1.74a		
	'M16'	3.05±0.49b		

2. 各授粉组合对果肉可溶性固形物含量的影响

各授粉组合果肉中可溶性固形物含量表现出花粉直感效应，与自然授粉相比大体上具有显著差异（表9-24）。授粉组合可溶性固形物含量为9.53%~15.93%，以'赣猕6号'为母本的授粉组合果肉可溶性固形物含量变化最大（变异系数为24.91%）。母本为'金魁'的授粉组合果肉可溶性固形物含量均显著高于自然授粉，而母本为'赣猕6号'的均显著低于自然授粉。授粉组合'L7'דred阳'果肉可溶性固形物含量显著低于自然授粉。

表9-24 花粉直感对果肉可溶性固形物含量的影响

授粉组合		可溶性固形物含量（%）	平均值（%）	变异系数（%）
雌株	雄株			
'金魁'	CK	13.93±0.51b	14.99	5.74
	'L7'	15.57±0.21a		
	'M16'	15.47±0.32a		
'金艳'	CK	12.60±0.20c	14.29	10.07
	'L7'	15.90±0.17a		
	'M16'	14.37±0.25b		
'红阳'	CK	15.47±1.01a	13.51	14.43
	'L7'	11.40±1.22b		
	'M16'	13.67±0.49a		

授粉组合		可溶性固形物含量（%）	平均值（%）	变异系数（%）
雌株	雄株			
'金果'	CK	14.17±0.32a		
	'L7'	12.87±0.35a	14.32	13.41
	'M16'	15.93±2.72a		
'赣猕6号'	CK	15.47±1.01a		
	'L7'	9.53±1.02b	11.72	24.91
	'M16'	10.17±0.35b		

3. 各授粉组合对果肉干物质含量的影响

授粉组合果肉干物质含量在11.69%～16.98%（表9-25），不同父本授粉对品种'金艳''红阳''金果'果肉干物质含量有较明显的影响，以'金果'为母本的授粉组合变化最大（变异系数为18.19%）。与自然授粉相比，父本'L7'与母本'金艳''红阳''金果'，父本'M16'与母本'金果'组合果肉干物质含量均显著增加，其他组合与对照无显著差异。

表9-25　花粉直感对果肉干物质含量的影响

授粉组合		干物质含量（%）	平均值（%）	变异系数（%）
雌株	雄株			
'金魁'	CK	14.57±0.37a		
	'L7'	14.60±0.64a	13.99	8.51
	'M16'	12.81±1.41a		
'金艳'	CK	12.98±0.87b		
	'L7'	14.51±0.28a	13.35	8.39
	'M16'	12.54±0.98b		
'红阳'	CK	13.04±0.20b		
	'L7'	15.22±1.48a	14.20	9.15
	'M16'	14.33±0.95b		
'金果'	CK	11.69±0.07b		
	'L7'	16.98±2.14a	14.07	18.19
	'M16'	14.71±0.10a		
'赣猕6号'	CK	13.04±0.20a		
	'L7'	13.50±1.10a	12.78	8.45
	'M16'	11.80±1.05a		

4. 各授粉组合对果肉维生素C含量的影响

授粉组合果肉维生素C含量在0.54～7.17mg/g，不同父本授粉对'金魁''金艳''赣猕6号'果肉维生素C含量影响明显（表9-26）。5个品种中，'赣猕6号'果肉维生素C含量最高，平均值为6.34mg/g。所有组合中，以'金艳'为母本的授粉组合变化最大（变异系数为29.07%）。相比自然授粉，以'金魁'为母本的授粉组合和'L7'×'金艳''M16'×'赣猕6号'组合果肉维生素C含量均显著提高。

表9-26　花粉直感对果肉维生素C含量的影响

授粉组合		维生素C含量（mg/g）	平均值（mg/g）	变异系数（%）
雌株	雄株			
'金魁'	CK	0.68±0.04b		
	'L7'	0.83±0.001a	0.77	9.09
	'M16'	0.81±0.02a		
'金艳'	CK	0.54±0.05b		
	'L7'	1.09±0.01a	0.76	29.07
	'M16'	0.64±0.03b		
'红阳'	CK	0.97±0.02a		
	'L7'	1.02±0.02a	1.00	4.00
	'M16'	1.01±0.07a		
'金果'	CK	0.63±0.03a		
	'L7'	0.54±0.03a	0.61	11.48
	'M16'	0.66±0.09a		
'赣猕6号'	CK	5.78±0.16b		
	'L7'	6.06±0.52b	6.34	16.41
	'M16'	7.17±0.20a		

5. 各授粉组合对果肉可滴定酸含量的影响

不同花粉对猕猴桃果肉可滴定酸的含量影响较小，所有组合均未发现显著差异（表9-27），说明在果肉可滴定酸含量方面花粉直感效应不明显。

表9-27　花粉直感对果肉可滴定酸含量的影响

授粉组合		可滴定酸含量（%）	平均值（%）	变异系数（%）
雌株	雄株			
'金魁'	CK	1.28±0.09a		
	'L7'	1.32±0.13a	1.33	7.52
	'M16'	1.40±0.07a		

授粉组合		可滴定酸含量（%）	平均值（%）	变异系数（%）
雌株	雄株			
'金艳'	CK	1.09±0.13a		
	'L7'	1.29±0.19a	1.13	16.76
	'M16'	1.02±0.20a		
'红阳'	CK	1.24±0.32a		
	'L7'	0.97±0.17a	1.04	24.04
	'M16'	0.89±0.15a		
'金果'	CK	0.88±0.15a		
	'L7'	0.80±0.01a	0.89	15.73
	'M16'	0.99±0.16a		
'赣猕6号'	CK	1.06±0.01a		
	'L7'	0.93±0.23a	1.00	13.00
	'M16'	1.03±0.08a		

　　用不同雄性花粉对5种雌性品种（其中'金魁''金艳''红阳''金果'为主栽品种）进行授粉，发现不同授粉雄株的花粉对猕猴桃果实的坐果率、外观性状、果实干物质含量、可溶性固形物含量、果肉色素含量、可溶性糖含量及维生素C含量大体上均具有显著影响，这点与陈庆红等（1996）和齐秀娟等（2007）的研究结果相符。

　　毛花猕猴桃花粉授粉对5种猕猴桃果实大小和形状等外观性状有正向效应的影响，大体上表现为平均单果重增加，果实纵径、横径增加，侧径和果形指数也有一定的改善。这与于立洋等（2017）的研究结果一致。猕猴桃果肉丰富多样，其色泽形成主要与果肉内叶绿素与类胡萝卜素含量相关（陈楚佳等，2016；黄春辉等，2012）。结果表明，毛花猕猴桃（绿肉品种）为父本时，黄肉品种（'金艳''金果'）果肉叶绿素含量均出现上升，而绿肉品种（'金魁''赣猕6号'）果肉叶绿素含量下降；黄肉品种'金艳'果肉中类胡萝卜素增加，'金魁''金果''赣猕6号'果肉中类胡萝卜素含量下降。这表明猕猴桃在果肉色泽上存在花粉直感效应，这与Seal等（2013）的研究结果一致。

　　综上所述，通过不同授粉组合处理后，果实各项内在品质均发生了较大的变化。猕猴桃果肉可溶性固形物含量、干物质含量、可溶性糖含量及维生素C含量存在明显的花粉直感效应，但不同品种的花粉直感效应存在差异，反映为在不同指标上的效应强弱不同。父本'L7'的多个组合果肉干物质含量和可溶性糖含量等方面表现出显著差异，而父本'M16'提高了'金魁''金艳''金果''红阳''赣猕6号'果肉维生素C含量，这与张旭辉等（2016）的研究结果一致。与李亮等（2015）

研究结果不同的是，各授粉组合对果肉可滴定酸含量的花粉直感效应不明显。另外陈庆红等（1996）认为不同品种雄株授粉对猕猴桃果实的贮藏期有影响，毛花猕猴桃雄株对不同猕猴桃果实成熟期及贮藏期是否具有明显效应还需进一步研究。从不同雄株来看，父本'L7'授粉'金魁''金艳''赣猕6号'后果实外观内质均有一定的改善；父本'M16'授粉'金魁''金艳''赣猕6号'后在果实外观上有一定的正向效应，但果实内质指标的表现并没有一致性的影响。如要应用于生产，还需进一步扩大试验规模来验证试验结果。

花粉直感效应在李（陆致成等，2015）、苹果（于立洋等，2017）、石榴（薛辉等，2016）、枸杞（何军等，2013）、火龙果（刘友接等，2017）、杨梅（戚行江等，2017）等园艺植物上均有研究。对猕猴桃花粉直感效应的研究主要侧重于不同雄性花粉对猕猴桃果实外观及内在品质的影响。花粉直感存在两面性，可能朝优于亲本的方向发展，也可能使品质退化。由于自然授粉效率较低，猕猴桃在生产上需人工授粉来保证产量。近年来商品花粉的推广与应用逐渐兴起，花粉质量、授粉效果及果实品质受到广泛关注。目前，商品花粉多为混合花粉，随着贮藏时间的延长及贮藏温度的影响，花粉活力逐渐降低，将成为影响授粉效果及果实品质的重要因素。故筛选花粉性状优良、亲和性高、与雌株同期开花或花期较早的雄株进行合理配置，对提高产量、改善果实品质、提高果实商品性乃至优化整个猕猴桃产业具有重要意义。

江西农业大学猕猴桃研究所通过研究两种毛花猕猴桃雄性优株花粉授粉对5种雌性品种（其中'金魁''金艳''红阳''金果'为主栽品种）坐果率和果实品质的影响发现，毛花猕猴桃与'金果'亲和力差，不适宜授粉；毛花猕猴桃花粉授粉对5种猕猴桃果实大小和形状等外观性状有正向效应的影响，大体上表现为平均单果重、果实纵径及横径增加；果实各项内在品质均发生了较大的变化，果实可溶性固形物含量、干物质含量、可溶性糖含量和维生素C含量存在明显的花粉直感效应，但不同品种的花粉直感效应不用，反映为在不同指标上的效应强弱不同；'L7'的授粉效果优于'M16'。

主要参考文献

陈楚佳, 黄春辉, 陶俊杰, 等. 2016. 毛花猕猴桃'赣猕6号'果实发育期间色素变化及呈色分析. 果树学报, 33(11): 1424-1430.

陈庆红, 张忠慧, 秦仲麒, 等. 1996. 金魁猕猴桃的雄株选配及其花粉直感研究. 中国果树, (2): 23-24.

成红梅. 2017. '脐红'猕猴桃花粉直感效应的试验研究. 西北农林科技大学硕士学位论文.

范建新, 邓仁菊, 刘涛, 等. 2014. 杨梅雄株花序形态特征及花粉活力观察. 西南农业学报, 27(4): 1667-1671.

郝瑞娟, 王周锋, 穆鼎. 2008. 不同百合花粉活力的测定方法比较. 北方园艺, (11): 95-97

何军, 李晓莺, 焦恩宁, 等. 2013. 三个枸杞品种花粉直感效应研究. 北方园艺, (9): 178-180.

黄春辉, 葛翠莲, 曲雪艳, 等. 2012. 黄肉猕猴桃果实发育期间主要色素变化及DGE分析. 果树学报, 41(4): 207-218.

贾爱平, 王飞, 姚春潮, 等. 2010. 猕猴桃种间及种内杂交亲和性研究. 西北植物学报, 30(9): 1809-1814.

姜正旺, 王圣梅, 张忠慧, 等. 2004. 猕猴桃属花粉形态及其系统学意义. 植物分类学报, 42(3): 245-260.

康宁, 王圣梅. 1993. 猕猴桃属9种植物的花粉形态研究. 植物科学学报, 11(2): 111-116.

李红斌. 2010. 西瓜花粉直感效应对其果实的影响. 安徽农业科学, 10(2): 632-633.

李洁维, 李瑞高. 1989. 猕猴桃属花粉形态研究简报. 广西植物, 9(4): 335-339.

李亮, 雷玉山, 李永武, 等. 2015. '华优'猕猴桃花粉直感效应研究. 陕西农业科学, 61(9): 34-36.

凌裕平. 2003. 银杏雄株花粉形态特征及超微结构观察. 园艺学报, 30(6): 712-714.

刘娟, 廖明安, 谢玥, 等. 2015. 猕猴桃属16个雄性材料遗传多样性的ISSR分析. 植物遗传资源学报, 16(3): 618-623.

刘军禄. 2017. '农大猕香'和'农大郁香'生物学特征及花粉直感效应的观察研究. 西北农林科技大学硕士学位论文.

刘友接, 熊月明, 黄雄峰, 等. 2017. 授粉品种对'富贵红'火龙果果实主要性状的影响. 福建农业学报, 32(8): 859-863.

陆致成, 孙海龙, 张静茹, 等. 2015. 5个李品种花粉直感效应研究. 中国南方果树, 44(1): 73-76.

宁允叶, 熊庆娥, 曾伟光. 2005. '红阳'猕猴桃全红型芽变(86-3)的果实品质及花粉形态研究. 园艺学报, 32(3): 486-488.

彭晓莉, 廖康, 贾杨, 等. 2015. 9个新疆杏品种间杂交亲和性研究. 果树学报, 32(2): 192-199.

戚行江, 郑锡良, 任海英, 等. 2017. 花粉直感对杨梅果实品质及不同蔗糖代谢酶活性的影响. 果树学报, 34(7): 861-867.

齐秀娟, 韩礼星, 李明, 等. 2007. 3个猕猴桃品种花粉直感效应研究. 果树学报, 24(6): 774-777.

石磊. 2008. 花粉直感对罗汉果果实品质的影响及优质授粉雄株的选择. 广西大学硕士学位论文.

岁立云, 刘义飞, 黄宏文. 2013. 红肉猕猴桃种质资源果实性状及AFLP遗传多样性分析. 园艺学报, 40(5): 859-868.

汤佳乐. 2014. 野生毛花猕猴桃遗传多样性及AsA含量与SSR的关联分析. 江西农业大学硕士学位论文.

王柏青. 2008. 东北猕猴桃属花粉形态的初步研究. 吉林工程技术师范学院学报, 24(11): 92-94.

王国荣, 吴府胜. 2007. 果树种质资源研究及孢粉学应用研究进展. 山东林业科技, (4): 84-86.

王国霞, 曹福亮, 方炎明. 2010. 古银杏雄株花粉超微形态特征类型. 浙江农林大学学报, 27(3): 474-477.

王美军, 聂松青, 刘昆玉, 等. 2016. 野生刺葡萄资源高接后光合特性的研究. 江西农业大学学报, 38(5): 836-845.

王伟铭. 2009. 中国孢粉学的研究进展与展望. 古生物学报, 48(3): 338-346.

王延秀, 陈佰鸿, 王淑华, 等. 2014. 11个观赏海棠品种花粉形态扫描电镜观察. 植物研究, 34(6): 751-757.

王郁民, 李嘉瑞. 1992. 猕猴桃花粉的有机溶剂保存. 落叶果树, (2): 1-7.

王郁民, 任小林, 李嘉瑞. 1991. 中华猕猴桃花粉萌发的磁生物学效应. 落叶果树, (1): 1-2.

王振江, 罗国庆, 戴凡炜, 等. 2015. 不同倍性广东桑的花粉形态. 林业科学, 51(4): 71-77.

吴寒. 2015. 毛花猕猴桃果实抗坏血酸合成酶相关基因的克隆及定量表达分析. 江西农业大学硕士学位论文.

武冲. 2013. 麻楝种质资源遗传多样性研究. 中国林业科学研究院博士学位论文.

肖艺, 何凯霞, 刘世彪, 等. 2013. 花粉直感对湘吉无籽猕猴桃坐果和果实品质的影响. 湖南农业科学, (19): 100-102.

薛辉, 曹尚银, 牛娟, 等. 2016. 花粉直感对'突尼斯'石榴坐果及果实品质的影响. 果树学报, 33(2): 196-201.

杨立峰, 姚连芳, 周秀梅, 等. 2002. 仰韶和贵妃杏花粉直感研究. 果树学报, 19(4): 275-277.

杨鲁琼, 常路伟, 张慧琴, 等. 2015. 猕猴桃花粉直感现象的研究进展. 安徽农业科学, 43(9): 26-27, 66.

杨鲁琼. 2015. 花粉直感对'布鲁诺'、'华特'猕猴桃果实品质影响的研究. 浙江师范大学硕士学位论文.

杨芩, 李性苑, 田鑫, 等. 2015. 花粉直感对"杰兔"兔眼蓝莓着果率和果实品质的影响. 中国南方果树, 44(4): 70-72.

姚春潮, 龙周侠, 刘旭峰, 等. 2010. 不同干燥及贮藏方法对猕猴桃花粉活力的影响. 北方园艺, (20): 37-39.

姚春潮, 张朝红, 刘旭锋, 等. 2005. 猕猴桃花粉萌发动态及培养基成分对花粉萌发的影响. 中国南方果树, 34(2): 50-51.

于立洋, 左力辉, 张军, 等. 2017. 花粉直感对4个新疆野苹果优系果实品质的影响. 分子植物育种, 15(9): 3667-3675.

臧德奎, 马燕. 2014. 木瓜属及其近缘属的花粉形态及系统学意义(英文). 南京林业大学学报(自然科学版), (s1): 13-16.

张静茹, 孙海龙, 陆致成, 等. 2017. 花粉直感效应对欧洲李果实品质的影响. 中国果树, (6): 37-39.

张旭辉, 袁德义, 邹锋, 等. 2016. 锥栗花粉直感效应研究. 园艺学报, 43(1): 61-70.

钟敏, 谢敏, 张文标, 等. 2016. 野生毛花猕猴桃雄株居群花粉形态观察. 果树学报, 33(10): 1251-1258.

周龙, 胡建芳, 许正, 等. 2011. 野生樱桃李天然群体表型多样性研究. 新疆农业大学学报, 34(3): 222-225.

祝晨蔯, 徐国钧, 徐珞珊, 等. 1995. 猕猴桃属12种植物花粉形态研究. 中国药科大学学报, 28(3): 139-143.

Abreu I, Oliveira M. 2004. Fruit production in kiwifruit (*Actinidia deliciosa*) using preserved pollen. Australian Journal of Agricultural Research, 55: 565-569.

Bhat Z A, Dhillon W S, Shafi R H S, et al. 2012. Influence of storage temperature on viability and *in vitro* germination capacity of pear (*Pyrus* spp.) pollen. India Journal of Agricultural Science, 4(11): 128-137.

Bomben C, Malossini C, Cipriani G, et al. 1999. Long term storage of kiwifruit pollen. International Symposium on Kiwifruit, 498: 105-110.

Borghezan M, Clauman A D, Steinmacher D A, et al. 2011. *In vitro* viability and preservation of pollen grain of kiwi (*Actinidia chinensis* var. *deliciosa* (A. Chev.) A. Chev). Crop Breeding and Applied Biotechnology, 11: 338-344.

Boughediri L, Cerceau-Larrival M T, Doré J C. 1995. Significance of freeze-drying in long term storage of date palm pollen. France Grana, 34: 408-412.

Cross R H, McKay S A B, McHughen A, et al. 2003. Heat-stress effects on reproduction and seed set in *Linum usitatissimum* L. (flax). Plant, Cell and Environment, 26(7): 1013-1020.

Dupuis I, Dumas C. 1990. Influence of temperature stress on *in vitro* fertilization and heat shock protein synthesis in Maize (*Zea mays* L.) reproductive tissues. Plant Physiol, 94(2): 665-670.

Franzon R C, Corrêa E R, Raseira M d C B. 2005. *In vitro* pollen germination of feijoa (*Acca sellowiana* (Berg) Burret). Brazil Crop Breeding and Applied Biotechnology, 5: 229-233.

Fu G, Zhang C, Yang Y, et al. 2015. Male parent plays more important role in heat tolerance in three-line hybrid rice. Rice Science, 22(3): 116-122.

Kafizadeh N, Carapetian J, Kalantari K M. 2008. Effects of heat stress on pollen viability and pollen tube growth in pepper. Research Journal of Biological Sciences, 3: 1159-1162.

Kakani V, Prasad P, Craufurd P, et al. 2002. Response of *in vitro* pollen germination and pollen tube growth of groundnut (*Arachis hypogaea* L.) genotypes to temperature. Plant, Cell and Environment, 25: 1651-1661.

Khan S A, Perveen A. 2006a. Germination capacity of stored pollen of *Solanum melongena* L, (Solanaceae) and their maintenance. Pakistan Pakistan Journal of Botany, 38(4): 917-920.

Khan S A, Perveen A. 2006b. Germination capacity of stored pollen of *Abelmoschus esculentus* L. (Malvaceae) and their maintenance. Pakistan Pakistan Journal of Botany, 38(2): 233-236.

Kumar R, Singh A K, Lavania D, et al. 2015. Expression analysis of *ClpB/Hsp100* gene in faba bean (*Vicia faba* L.) plants in response to heat stress. Saudi Journal of Biological Sciences, 23(2): 243-247.

Lahlali R, Jiang Y, Kumar S, et al. 2014. ATR-FTIR spectroscopy reveals involvement of lipids and proteins of intact pea pollen grains to heat stress tolerance. Frontiers in Plant Science, 5: 747.

Lora J, Pérez de Oteyza M A, Fuentetaja P, et al. 2006. Low temperature storage and *in vitro* germination of cherimoya (*Annona cherimola* Mill.) pollen. Pollen Scientia Horticulture, 108: 91-94.

Luo L, Liu G, Xiao Y, et al. 2005. Influences of high-temperature stress on the fertility of pollen, spikelet and grain-weight in rice. Journal of Hunan Agricultural University (Natural Sciences), 31(6): 1007-1032.

Mondal S, Ghanta R. 2012. Studies on *in vitro* pollen germination of *Helicteres isora* Linn. Indian Journal of Plant Sciences, 1(1): 25-29.

Naveed S, Aslam M, Maqbool M A, et al. 2014. Physiology of high temperature stress tolerance at reproductive stages in maize. The Journal of Animal and Plant Sciences, 24(4): 1141-1145.

Perveen A. 2007. Pollen germination capacity, viability and maintanence of *Pisium sativum* L. (Papilionaceae). Pakistan Middle-East Journal of Scientific Research, 2(2): 79-81.

Seal A G, Dunn J K, Silva H N D, et al. 2013. Choice of pollen parent affects red flesh colour in seedlings of diploid *Actinidia chinensis* (kiwifruit). New Zealand Journal of Crop & Horticultural Science, 41(4): 207-218.

Sever K, Škvorc Ž, Bogdan S, et al. 2012. *In vitro* pollen germination and pollen tube growth differences among *Quercus robur* L. clones in response to meteorological conditions. Grana, 51(1): 25-34.

Sharafi Y, Bahmani A. 2011. Pollen germination, tube growth and longevity in some cultivars of *Vitis vinifera* L. Iran African Journal of Microbiology Research, 5(9): 1102-1107.

Sukhvibul N, Considine J A. 1993. Medium and long term storage of *Anigozanthos manglesii* (D. Don) pollen. Australia New Zealand Journal of Crop and Horticultural Science, 21: 343-347.

Tao S, Xu Y, Liu K, et al. 2011. Research progress in agricultural vulnerability to climate change. Advances in Climate Change Research, 2(4): 203-210.

Ye D, Yin J, Chen Z, et al. 2014. Spatial and temporal variations of heat waves in China from 1961 to 2010. Advances in Climate Change Research, 5(2): 66-73.

第十章　毛花猕猴桃雌雄种质创新与品种（系）选育

　　毛花猕猴桃作为江西省的地方特色浆果，其野生种质资源十分丰富。随着人们生活水平的不断提高，人们对果实品质的要求越来越高，市场对猕猴桃果品的要求逐渐向高品质、多样化、特异性方向发展，不仅要求果品营养价值高、口感好，而且要求果实果型美观、色泽鲜艳。果实品质是果树栽培与育种的中心目标，只有品质优良、特色突出，才能提升果品在市场上的竞争力。针对目前江西省猕猴桃产业中可利用的优异种质稀少、自主特色品种缺乏，以及主栽品种单一且无突出性状等严重制约猕猴桃商品化生产的突出问题，及时开展猕猴桃优异种质创新及应用研究。以江西省丰富的毛花猕猴桃遗传资源为研究对象，创新特异资源选育技术和方法，重点开展毛花猕猴桃种间及种内优良品种杂交组合、倍性育种与野生群体实生选种，开发毛花猕猴桃重要农艺性状相关的分子标记；筛选和创新毛花猕猴桃多抗优质特异种质，选育出具有自主知识产权的毛花猕猴桃特色优异新品种（系）及其配套授粉雄性品种（系）；构建毛花猕猴桃特异种质创新与新品种选育技术体系。

　　自2006年秋季开始，江西农业大学猕猴桃研究所对江西省境内各大山区的野生猕猴桃种质资源进行了细致调查与资源搜集，并按照图10-1进行种质创新与新品种（系）选育，通过连续十余年的资源普查，共定位观察野生毛花猕猴桃种质资源609份，系统评价及搜集保存野生毛花猕猴桃雌雄种质392份，在江西省奉新县和信丰县

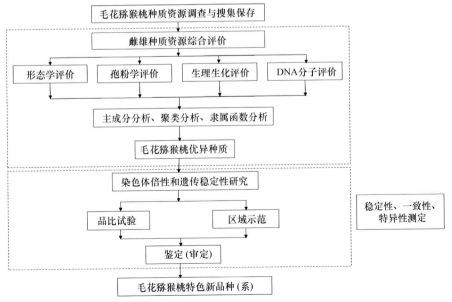

图10-1　毛花猕猴桃种质创新与品种（系）选育技术路线

建立了毛花猕猴桃种质资源圃，其中雌性种质118份，雄性种质274份，发掘有重要利用价值的优异种质11份。

第一节　毛花猕猴桃品种选育现状

目前毛花猕猴桃品种绝大部分来源于实生选种，通过芽变选种、杂交育种、胚乳培养新技术也获得了一些毛花猕猴桃优良品种（系）及育种材料。丰产、抗逆性强、耐贮性强是当前选育的主要经济性状。许多科研工作者利用杂交育种技术培育出许多表现优异的毛花猕猴桃优株。熊治廷等（1987）用中华猕猴桃和毛花猕猴桃为材料进行种间杂交试验，初步结果表明，两物种间具有一定程度的杂交亲和性。钟彩虹等（2009）进行了以中华猕猴桃和毛花猕猴桃为主的14个组合的种间远缘杂交试验，探索了克服花期不遇的新方法，合理地选配杂交组合，有效地提高了杂交种结实率，缩短了育种年限，选育出自然界中罕见的猕猴桃新品种、新类型。

从20世纪80年代就有毛花猕猴桃优良品种选育的报道，目前选育的毛花猕猴桃品种、株系和优良单株主要有'沙农18号'（黄宏文，2001）、'安章毛花2号'（张洁，1994）、'华特'（谢鸣等，2008）、'赣猕6号'（徐小彪等，2015），其中1980年由福建省沙县农业局选育出的'沙农18号'适应性强，单果重61g，维生素C含量8.13mg/g；'安章毛花2号'为脱毛型株系，单果重48.7g，最大果重72g；'华特'的单果重82～94g，最大果重132g，维生素C含量6.28mg/g，适应性强；'赣猕6号'果实中大，平均单果重72.5g，最大单果重96g，维生素C含量7.23mg/g。同时，毛花猕猴桃也是猕猴桃杂交育种中一个重要的亲本材料，选育出一系列优良的杂交品种。武汉植物园钟彩虹等（2015）以中华猕猴桃为父本，毛花猕猴桃为母本进行杂交，培育出杂交雌性新品种'金艳'，'金艳'果实具有果肉金黄色、维生素C含量高、耐储等优良特性；以中华猕猴桃'武植3号'为母本、以毛花猕猴桃为父本进行杂交，选育出观赏雌性新品种'江山娇'，'江山娇'花药黄色、花丝玫瑰红色、花香浓郁，是一种很好的蜜源植物；以果实较大的毛花猕猴桃优良单株作母本，以中华猕猴桃添加少量的毛花猕猴桃花粉作父本进行杂交，选育出观赏雄性新品种'超红'，与母本相比，其具有花色更艳丽、花量更多、花期延长等优良特性。钟彩虹等（2009）研究发现，在中华猕猴桃×毛花猕猴桃为亲本的杂交试验中，F_1代有明显的杂交种优势，生长量是亲本的5倍，花色增多，有些植株的果实维生素C、氨基酸和可溶性固形物含量大大提高，风味浓、果心小、可食率增加、耐储性普遍增强。选择合适的杂交亲本组合，不仅可以缩短杂交育种年限，还可以利用亲本性状互补，将亲本的优良性状转移到同一个个体上。杂交种后代的遗传倾向研究对提高育种效率有重要意义，同时杂交种后代优良性状的遗传稳定性也是我们需要研究的一个方向。

第二节　毛花猕猴桃种质资源选育方法

毛花猕猴桃种质资源选育方法主要是通过实生选种手段，除此之外还有芽变育种、杂交育种、胚乳培养育种、生物新技术育种等。在毛花猕猴桃上通过实生选种方式已经选育出许多适应强的品种，如'沙农18号'（黄宏文，2001）、'华特'（谢鸣等，2008）、'赣猕6号'（徐小彪等，2015）、'玉玲珑'（张慧琴等，2015）等；毛花猕猴桃在芽变育种、杂交育种、胚乳培养育种、生物新技术育种方式上的研究较少，其中在杂交育种方面，熊治廷等（1987）研究表明，中华猕猴桃与毛花猕猴桃种间具有一定程度的杂交亲和性，以毛花猕猴桃品系6113为母本，中华猕猴桃'金桃'为父本杂交而来的品种'金艳'已在全国推广种植（钟彩虹等，2015）。

一、实生选种

实生选种是指在果树育种中对实生繁殖的变异群体进行选择，从而改进群体的遗传组成或将优异单株经无性繁殖建立营养系品种。毛花猕猴桃长期处于野生状态，种类交错分布，加上毛花猕猴桃异花授粉的缘故，在自然条件下其遗传变异极其丰富，为毛花猕猴桃实生选种提供了先决条件。实生选种分为对野生种和半野生种的单株进行选择，以及人为的实生后代的选择，前一种与其他果树的选种程序相同，经过报优—初选—复选的程序。

报优是指到毛花猕猴桃的集中产区，向当地群众宣传访问，记录下报优人的姓名和植株所在地。

初选是指与报优人前往单株所在地进行实地考察，最好在花期和果实成熟季节观察，根据初选标准，确定是否入选，对可入选的单株作详细的记录，并采集枝条进行繁殖。

复选是指对初选单株每年进行观察，对其经济性状，如产量、维生素C含量做详细分析，同时对初选单株的无性后代进行观察鉴定，优中选优。将复选出的优良单株进行多点比较试验，通过对母株、无性繁殖及多点试验的多年结果进行评价，经过有关部门鉴定和审定后，优良者命名为品种，可在生产中推广。

毛花猕猴桃优株的标准如下。

雌株：果形好看，整齐美观；平均单果重达50g；果肉颜色为翠绿色；维生素C含量高，达6.00mg/g；丰产，稳产，以短果枝结果为主；易剥皮；抗逆性强，果实耐贮藏。

雄株：花药数多，花粉量大，花粉萌发率高，与配套雌株花期一致。

观赏型植株：花形好看，花期长，花的颜色较艳丽，花序多，长势中庸，抗逆性强。

在以后的实生选种工作中应注意以下问题。第一，雌雄株的配套选种。目前，我国在果树上选育的优良品种绝大多数为雌株，而对雄株的选育没有引起重视。因此，在毛花猕猴桃选育中，要加强雄性的品种配套选择，使每个雌性品种具有其最佳的雄性授粉品种，达到高产优质；第二，果树野生单株经过人工栽培后，果实有变大的趋势。例如，江苏扬州市邗江区红桥引种的中华猕猴桃优良单株‘庐山香’，最大单果重由原来的175g增至226g。这与人工栽培后，授粉条件得到改善及肥水管理更能满足果实的生长发育有关。

二、杂交育种

杂交育种指不同种群、不同基因型个体间进行杂交，并在其杂交种后代中通过选择育成纯合品种的方法。杂交可以使双亲的基因重新组合，形成各种不同的类型，为选择提供丰富的材料；基因重组可以将双亲控制不同性状的优良基因结合于一体，或将双亲中控制同一性状的不同微效基因积累起来，产生性状上超过亲本的类型。正确选择亲本并予以合理组配是杂交育种成功的关键。猕猴桃杂交育种具有以下有利方面：一是猕猴桃种子多，平均每果有500粒左右的种子，杂交的效率较高；二是雌雄异株，并且雌花的雄蕊败育，自交无结实能力。因此，杂交时不必考虑去雄，比较省时。不利方面是，雌雄异株的特性为后代的选择、鉴定增加了麻烦；同时，无法通过常规方法进行雌性品种间的杂交。更重要的是，雄株对后代果实性状的影响无法在亲本中窥视出来，杂交时选择亲本具有较大的盲目性。

在进行杂交育种时要依次进行以下步骤。

花粉采集。为克服雌雄株花期不遇困难，可以将花粉贮藏在-20℃以下的干燥器内。此外，在山区的还可以利用海拔差异，将花期较早的亲本栽在海拔高的地方，使两者花期基本达到同步。

花粉量和花粉萌发率的测定。授粉前要进行发芽率的测定，测定花粉发芽能力。

授粉套袋。猕猴桃开花时间以早上为主，在人工授粉杂交时，应选择大蕾期的花苞，在花开前进行。随后进行套袋以防昆虫传粉。

果实取种。果实成熟采收后，放置一段时间使其充分软熟。然后，连同果肉一齐挤出，装入纱布袋中揉碎搓烂，压尽果汁，取出种子。将种子放在水盆中淘洗，慢慢漂出杂质和空粒。种子洗净后用纱布滤尽水分，把种子放在报纸上摊开晾干，切记在阳光下暴晒。晾干后的种子装入布袋，贮藏于通风干燥处。

播种与移栽。种子播种前沙藏100天，其出苗率与干藏相比可由0.14%提高到43.9%（湖南园艺研究所）。播种前再用45℃温水浸泡1~2h。随后，播种于细砂中。幼苗长到5~6片真叶时移栽为比较适宜的时期。过早移栽（2~4片真叶）难以成活。

种间杂交的不亲和性和胚胎抢救。已有的杂交工作证明，猕猴桃的有些种间杂交，存在一定程度的不亲和问题。例如，中国科学院植物研究所安和祥等用美味猕猴桃与毛花猕猴桃杂交，F_1代雄株花粉育性很低，花粉无活力。梁铁兵和母锡金（1995）进行的美味猕猴桃与软枣猕猴桃杂交，只有约30%的胚珠能够受精，约70%或更多的表现不育或者败育，有时甚至较难获得大量种子，种间杂交正常种子只有20%～30%，而对照（种内杂交）为95%。有些组合如美味猕猴桃×黑蕊猕猴桃，即使是受精，胚胎也会夭折。在胚胎败育前，可进行胚培养得到两个种的杂交后代。

性状遗传及鉴定。猕猴桃的有性杂交工作刚起步，一些主要性状的遗传规律还不清楚，从已有的一些报道可以看出，果皮绿色对褐色为显性遗传。中国科学院植物研究所及抚顺市农业科学院分别从美味猕猴桃（褐色）×软枣猕猴桃（绿色）杂交中观察到这一现象，F_1代果皮均为绿色。无毛类型与有毛类型杂交后代趋向于无毛。一些研究中还观察到，无毛类型童期较短。

三、芽变选种

芽变选种是指从由芽变发生的变异中进行选择，从而选育成新品种的选择育种方法。随着对猕猴桃的大量调查和引种，一方面自然界中的变异逐渐被发掘；另一方面，生产上推广五行系品种，也为芽变选择育种等其他育种途径提供了基础。就芽变选种而言，已有实例。例如，'Wilkins Super'就是新西兰海沃德的自然芽变品种。其果实较长，果实形状更加圆整，易于采收，其他性状与母树相似。在海沃德品种中还发现果毛很细或者无毛的芽变。雄株中还发现有个别挂果的变异。而在毛花猕猴桃上，还没有进行芽变选择育种相关的研究。

从其他果树的育种研究中看出，芽变选择育种技术特别适合改良个别性状，通过芽变育种比较容易获得无核、短枝、矮化类型。在以后的矮化类型选育中，这一途径值得尝试，毛花猕猴桃的芽变育种也极具研究前景。

四、其他生物新技术育种

近些年发展起来的原生质体再生和融合技术，在未来品种改良中的作用是不容忽视的。中国科学院植物研究所从原生质体再生的群体中，发现了矮生猕猴桃类型及其他体细胞无性系变异，通过胚培养获得的中华猕猴桃优良单株为三倍体，种子70～80粒/果，可溶性固形物达20.5%。

总体而言，猕猴桃的选育主要通过实生选种、杂交育种及芽变选种，实生选种与杂交育种已有较为成熟的品种体系和优株鉴定标准。对于毛花猕猴桃，在选育方面主要以实生选种为主，由于其野生种质资源和野生近缘种资源较为丰富，后期可以尝试利用生物新技术进行优良单株的选育。

第三节　毛花猕猴桃雄性种质创新与品种（系）选育

一、观赏授粉兼用型雄株——'赣雄1号'

【所属树种】毛花猕猴桃*Actinidia eriantha* Bench

【品种俗称】MG15'

【生境信息】来源于江西省抚州市南城县麻姑山，野生于旷野中坡地，土壤为原始森林土壤，土壤类型为砂壤土。现异位高接于江西省奉新县与信丰县猕猴桃种质资源圃。

【生物学性状】植株嫩枝表面密被灰白色绒毛，一年生枝条阳面灰白色，皮孔长椭圆形或圆形，淡黄色，量少。老枝褐色，皮孔不明显，淡黄褐色。叶互生，幼叶叶尖渐尖，叶基浅重叠；成熟叶片广卵形，正面深绿色，波皱弱，无绒毛，背面浅绿色，叶脉明显，密被白色短绒毛；叶长平均为13.58cm，叶宽平均为11.95cm，成熟叶叶柄长平均为3.12cm；叶柄处有白色短绒毛，嫩枝生长点与成熟叶叶柄处均无花青素着色。该优株花粉萌发率高达80%，单花花粉量达$8.57×10^4$粒。假双歧聚伞花序，每花序10～15朵花，每个春梢开花26～46朵，花枝率为80%以上。花冠直径

2.90cm，花单瓣，花瓣深红色，花瓣靠近萼片处花青素着色深，顶端颜色稍淡，单花花瓣数5～6片，基部叠状重合；花丝粉红色，花药黄色，背着式着生，单花雄蕊数125～155枚；花萼浅绿色，2～3裂，具均匀白色短绒毛。

【物候期】生长势强健。在原产地江西南城地区，2月中下旬树液开始流动，3月中旬萌芽，3月下旬展叶，4月上旬新梢开始生长，4月初至下旬现蕾，始花期在5月上旬，盛花期4～5天，终花期在5月中旬，花期15天。

【品种评价】花瓣深红色，花粉量大，花粉活力高，为授粉观赏兼用型雄株。

二、高花粉量授粉型雄株——'赣雄2号'

【所属树种】毛花猕猴桃*Actinidia eriantha* Bench

【品种俗称】赣雄2号'

【生境信息】来源于江西省抚州市南城县麻姑山，野生于旷野中15°的坡地，土壤为原始森林土壤，土壤类型为砂壤土，树龄12年。异位高接于江西省奉新县种质资源圃中。

【生物学性状】植株嫩枝表面密被灰白色绒毛，一年生枝条阳面灰白色，皮孔长椭圆形或圆形，淡黄色，量少。老枝褐色，皮孔不明显，淡黄褐色。叶互生，幼叶叶尖渐尖，叶基浅重叠；成熟叶片卵圆形，成叶正面深绿色，波皱弱，无绒毛，背面浅绿色，叶脉明显，密被白色短绒毛。叶长14.07cm，叶宽9.57cm，叶柄

长2.48cm，叶柄处有白色短绒毛，嫩枝生长点与成叶叶柄处均无花青素着色。假双歧聚伞花序，每花序7～11朵花，每个春梢开花30～40朵，花枝率为85%以上。花冠直径3.73cm，花单瓣，花瓣深红色，花瓣靠近萼片处花青素着色深，顶端颜色淡，单花花瓣数5～6片，相接或叠生；花丝粉红色，花药背着式着生，单花雄蕊数217～253枚；花萼浅绿色，2～3裂，具均匀白色短绒毛。该优株花粉萌发率高达90%以上，单花花粉量达9.5×10⁴粒。

【物候期】生长势强健。在原产地江西南城地区，2月中下旬树液开始流动，3月中旬萌芽，3月下旬展叶，4月上旬新梢开始生长，4月初至4月下旬现蕾，始花期在5月中旬，盛花期4～5天，终花期在5月下旬，花期15～20天。

【品种评价】花瓣深红色，花粉量大，花粉活力高，花期长，为中、晚花授粉专用型雄株。

三、早花型授粉雄株——'赣雄3号'

【所属树种】毛花猕猴桃*Actinidia eriantha* Bench

【品种俗称】WG-7'

【生境信息】来源于江西省萍乡市武功山境内，野生于路边的坡地，该土地为10°的丘陵缓坡地，土壤类型为砂壤土。异位高接于江西省奉新县猕猴桃种质资源圃。

【生物学性状】植株嫩枝表面密被灰白色绒毛，一年生枝条阳面暗褐色，皮孔以短梭形为主，淡黄色，数量中等。老枝灰褐色，皮孔以短梭形为主，黄褐色，数量中等。叶互生，幼叶叶尖渐尖，叶基广开。成熟叶片卵圆形，成叶正面深绿色，有弱波皱，无绒毛，背面浅绿色，叶脉明显，密被白色短绒毛，叶片平均长13.34cm、宽9.04cm，叶柄平均长1.86cm。嫩枝生长点与成叶叶柄处均无花青素着色。该优株花粉萌发率高达74.36%，单花花粉量达2.38×10⁶粒。假双歧聚伞花序，每花序7～13朵花，每个春梢开花46～84朵，花枝率为90%以上。花冠直径4.04cm，花单瓣，粉红色，花瓣靠近萼片处花青素着色深，顶端颜色稍淡，单花花瓣数5～6片，相接或叠生；花丝粉红色，花药黄色，背着式着生，单花雄蕊数193～265枚；花萼浅绿色，2～3裂，具均匀白色短绒毛。

【物候期】生长势强健。在江西奉新地区，2月中下旬树液开始流动，3月中旬萌芽，3月下旬展叶，4月上旬新梢开始生长，4月初至4月下旬现蕾，始花期在5月上旬，终花期在5月中下旬，花期18～20天。'赣雄3号'属早花型，在江西省奉新地区5月2～3日开花，花期长达18～20天，可覆盖毛花猕猴桃雌性种质花期。

【品种评价】开花时间早，花粉量大，花粉活力高，为早、中、晚花授粉型雄株。

四、高花粉活力雄株——'赣雄4号'

【**所属树种**】毛花猕猴桃*Actinidia eriantha* Bench

【**品种俗称**】赣雄4号'

【**生境信息**】来源于江西省吉安市井冈山，野生于路边的15°坡地，土壤为原始森林土壤，土壤类型为红壤土。树龄15年，高接保存于江西省奉新县猕猴桃种质资源圃。

【**生物学性状**】植株嫩枝表面密被灰白色绒毛，一年生枝条阳面棕褐色，皮孔以点状与短梭形为主，淡黄色，数量中等。老枝灰棕褐色，皮孔以短梭形为主，黄褐色，数量中等。叶互生，幼叶叶尖渐尖，叶基广开。成熟叶片卵圆形，成叶正面深绿色，波皱弱，无绒毛，背面浅绿色，叶脉明显，密被白色短绒毛，叶片平均长12.98cm、宽7.27cm，叶柄平均长1.17cm。嫩枝生长点与成叶叶柄处均无花青素着色。双歧聚伞花序，每花序3～7朵花，花冠直径2.92cm，花单瓣，粉红色，单花花瓣数5～6片，相接或叠生；花丝粉红色，花药黄色，背着式着生，单花雄蕊数141～175枚；花萼浅绿色，2～3裂，具均匀白色短绒毛。该优株花粉萌发率高达90%以上，单花花粉量达$2.4×10^6$粒。

【**物候期**】生长势强健。在江西吉安地区，2月中下旬树液开始流动，3月中旬萌芽，3月下旬展叶，4月上旬新梢开始生长，4月中旬至5月上旬现蕾，始花期在5月

中下旬，盛花期持续4～5天，终花期在5月下旬，花期持续10天左右。

【品种评价】花粉量大，花粉活力高，为中、晚花授粉专用型雄株。

五、超红型雄株——'赣雄6号'

【所属树种】毛花猕猴桃*Actinidia eriantha* Bench

【品种俗称】赣雄6号'

【生境信息】来源于江西省萍乡市武功山，野生于路边的坡地，该土地为10°的丘陵缓坡地，土壤类型为砂壤土，树龄12年。

【生物学性状】植株嫩枝表面密被灰白色绒毛，一年生枝条阳面灰褐色，皮孔以长梭形为主，有短梭形，淡黄色，数量中等。老枝灰棕褐色，皮孔以短梭形为主，黄褐色，数量中等。叶互生，幼叶叶尖渐尖，叶基广开。成熟叶片卵圆形，成叶正面深绿色，波皱弱，无绒毛，背面浅绿色，叶脉明显，密被白色短绒毛，叶片平均长15.86cm、宽9.40cm，叶柄平均长1.05cm。嫩枝生长点与成叶叶柄处均无花青素着色。双歧聚伞花序，每花序3～5朵花，花冠直径2.99cm，花单瓣，紫红色，单花花瓣数5～6片，相接或叠生；花丝深红色，花药黄色，背着式着生，单花雄蕊数95～120枚；花萼浅绿色，2～3裂，具均匀白色短绒毛。

【物候期】生长势强健。在江西萍乡地区，2月中下旬树液开始流动，3月中旬萌芽，3月下旬展叶，4月上旬新梢开始生长，4月初至4月下旬现蕾，始花期在5月中旬，盛花期4～5天，终花期在5月中下旬，花期10天左右。

【品种评价】花瓣颜色艳丽，可为观赏型雄株。

第四节　毛花猕猴桃雌性种质创新与品种（系）选育

一、易剥皮型——'赣猕6号'

　　【所属树种】毛花猕猴桃*Actinidia eriantha* Bench
　　【品种俗称】赣猕6号'
　　【生境信息】来源于江西省宜春市奉新县赤岸镇山口村，栽植于坡度为10°的丘陵地，土壤类型为红壤土。
　　【生物学性状】植株生长势较强，新梢密被短绒毛，一年生枝阳面颜色灰白色，表皮光滑，密被白色短绒毛，平均粗度0.82cm，节间平均长度5.32cm，芽座微突呈垂直状，被白色短绒毛；多年生枝灰褐色，皮孔长椭圆形或圆形，呈淡黄色，数量少。伞房花序，单花序中的有效花数为3朵，中心花花梗平均长度为1.79cm，侧花花梗平均长度为0.76cm；花冠直径为3.27cm；花萼2~3裂，平均花萼2.8枚，花萼白色，密被绒毛；花瓣粉红色，花瓣基部萼裂处部分叠合，花青素着色程度深，5~7片，花瓣顶部无波皱，较平展，近卵圆形；花柱直立，平均花柱44.8枚，白色；花丝淡绿色，约130枚；花药椭圆形，黄色；子房杯状。
　　【果实性状】果实长圆柱形，果皮绿褐色，果面密被白色短绒毛。果柄中等，

平均果柄长2.52cm。果实中大，平均单果重72.5g，最大单果重96.0g。果实纵径为6.28cm，横径为2.98cm，果形指数为2.11。果顶微钝突，果肩方形。果肉（中果皮及内果皮）墨绿色，果心淡黄色，髓射线明显。种子紫褐色，种子纵径为0.187cm，种子横径为0.115cm，种形指数为1.63。果实横截面种子数为15.4粒，平均单果种子数为403粒，千粒重约0.76g。果实可溶性固形物含量13.6%、可溶性糖含量6.30%、可滴定酸含量0.87%、干物质含量17.3%、维生素C含量7.23mg/g。果实后熟达到食用状态时易剥皮，肉质细嫩清香，风味酸甜适度。果实生育期165天，果实成熟期为10月下旬。

【物候期】萌芽率高达87.5%，连续结果能力强，徒长枝及多年生枝均可成为结果母枝，坐果率高达95%，落花落果少，果实成熟期为10月下旬，果实生育期165天。丰产性好，异位高接子一代第二年平均株产5.5kg，第四年平均株产21.0kg。耐热性强，抗湿性好，田间未发现溃疡病危害。

【品种评价】易剥皮，红花，果肉墨绿色，高维生素C含量，甜酸适度，耐贮藏，适应性强。该品种适宜江西省产区及生态条件相近区域种植，选择土壤疏松肥沃、灌溉方便、海拔50～1000m的地块建园。

二、香甜型——'赣绿1号'

【所属树种】毛花猕猴桃*Actinidia eriantha* Bench

【品种俗称】MM 24'

【生境信息】来源于江西省抚州市南城县麻姑山，野生于旷野中坡度为45°的坡地，土壤为原始森林土壤，土壤类型为砂壤土。

【生物学性状】一年生枝灰褐色，表面密被灰白色绒毛，结果母枝和老枝褐色，结果母枝上皮孔多为点状或短梭形，数量中等，淡黄褐色。叶片斜生，先端渐尖，基部浅心形至心形；幼叶浅绿色，表面密集灰白色绒毛；成熟叶椭圆形，正面深绿色，背面绿色，叶脉明显。伞房花序，每花序3～5朵花；花瓣浅红色，6～8片；花丝浅红色，靠近基部花青素着色较深，花药黄色，背着式着生；萼片宿存。

【果实性状】果实长圆柱形，果皮绿褐色，果面密被白色短绒毛。果柄平均长1.99cm。果实中等，平均单果重46.5g，最大单果重57.3g。果实纵径2.60cm，横径2.44cm，果形指数为1.07。果喙微钝凸，果肩斜。果肉翠绿色，果心淡黄色，髓射线明显。种子黑色，种子纵径0.19cm，横径0.11cm，种形指数为1.73。果实横截面种子数24.6粒，平均单果种子数521.5粒，千粒重约0.96g。果实可溶性固形物含量

17.6%～19.4%、可溶性糖含量9.01%、可滴定酸含量0.94%、干物质含量18.76%、维生素C含量6.59mg/g。

【物候期】成枝率高（91.5%），连续结果能力强，正常生长的营养枝均可成为翌年的结果母枝。坐果率高达95%以上，落花落果少。在宜春地区，2月下旬树液开始流动，3月中旬萌芽，3月下旬展叶，4月初到4月下旬现蕾，花期在5月上旬，果实成熟期为10月下旬，果实生育期165天。丰产性好，异位高接子一代第二年平均株产4.5kg，第四年平均株产19.5kg。耐热性、抗旱性强，田间未发现溃疡病危害。

【品种评价】高产，优质，酸甜适度，易剥皮，耐贮藏，绿肉品种，晚熟，适应性强。

三、早熟型——'赣绿2号'

【所属树种】毛花猕猴桃*Actinidia eriantha* Bench

【品种俗称】MM10'

【生境信息】来源于江西省抚州市宜黄县南源乡，野生于旷野中坡度为45°的坡地，土壤为原始森林土壤，土壤类型为砂壤土。

【生物学性状】新梢密被短绒毛，一年生枝阳面灰白色，表皮光滑，密被白色短绒毛，平均粗度0.82cm，节间平均长度5.32cm，芽座微突呈垂直状；多年生枝灰褐色，皮孔长椭圆形或圆形，呈淡黄色，数量少。伞房花序，单花序中的有效花数为3朵，中心花花梗平均长度为1.79cm，侧花花梗平均长度为0.76cm；花冠直径为3.27cm；花萼2～3裂，平均花萼2.8枚，花萼白色，密被绒毛；花瓣粉红色，花瓣基部萼裂处部分叠合，花青素着色程度深，5～7片，花瓣顶部无波皱，较平展，近卵圆形；花柱直立，平均花柱44.8枚，白色；花丝淡绿色，约130枚；花药椭圆形，黄色；子房杯状。

【果实性状】果实近圆柱形，果皮绿褐色，密被白色短绒毛。平均果柄长度2.52cm。平均单果重38.5g，最大单果重46.5g。果实纵径5.27cm，横径2.29cm，果形指数2.30。果顶微钝凸。果肉（中果皮及内果皮）墨绿色，果心淡黄色，髓射线明显。种子紫褐色，种子纵径0.187cm，横径0.115cm，种形指数1.63。果实可溶性固形物含量16.0%、干物质含量17.3%、可滴定酸含量0.90%、可溶性糖含量8.2%。果实后熟期维生素C含量为460.3mg/100g。果实耐贮藏，常温下可贮藏40天。果实易剥皮，肉质细嫩清香，酸甜适度，品质优。

【物候期】结果枝占总枝条的87.0%，以长果枝结果为主，每结果枝可坐果4～6个。三年生嫁接树平均株产15.0kg，连续结果能力强，丰产，稳产。在抚州地区，2月下旬树液开始流动，3月中旬萌芽，3月下旬展叶，4月初至4月下旬现蕾，4月底至5月上旬始花，盛花期4～5天。果实生育期145天，10月上旬果实成熟，11月下旬至12月初落叶。

【品种评价】易剥皮，早熟，果肉墨绿色，甜酸适度，耐贮藏。

四、低酚型——'D6'

【所属树种】毛花猕猴桃*Actinidia eriantha* Bench

【品种俗称】江猕129'

【生境信息】来源于江西省抚州市南城县麻姑山，野生于旷野中坡度为45°的坡地，土壤为原始森林土壤，土壤类型为砂壤土。

【生物学性状】一年生枝灰白色，表面密被灰白色绒毛，老枝和结果母枝褐色，皮孔多为点状或短梭形，数量中等，淡黄褐色。幼叶浅绿色，表面密集灰白色绒毛；成熟叶椭圆形，正面绿色，背面浅绿色，被密度中等短绒毛，叶脉明显。聚伞花序，每花序4～7朵花；花瓣淡红色，6～7片；花丝浅红色，花药黄色，背着式着生。

【果实性状】果实中等，单果重35～45g。果实圆柱形，花萼环明显，果肩圆形，果皮绿褐色，密集灰白色长绒毛，不易脱落。果肉绿色，髓射线明显，肉质细腻，香甜，品质上等。果实可溶性固形物含量为14.7%，维生素C含量为

760mg/100g。果实常温下可贮藏35～55天。

　　【物候期】生长势健壮，萌芽率42%，成枝率51%，果枝率26%。在江西省南城地区，2月下旬树液开始流动，3月中旬萌芽，3月下旬展叶，4月初到4月下旬现蕾，始花期在5月初，花期4～5天。11月上旬果实成熟，12月上中旬落叶。

　　【品种评价】丰产，微酸，易剥皮，抗性强，耐贮藏，绿肉品种，晚熟。

五、长果型——'XX128'

　　【所属树种】毛花猕猴桃 *Actinidia eriantha* Bench

　　【品种俗称】麻毛132'

　　【生境信息】来源于江西省抚州市南城县麻姑山，野生于旷野中坡度为40°的坡地，土壤为原始森林土壤，土壤类型为砂质红壤土，树龄18年。

　　【生物学性状】一年生枝灰褐色，表面密被灰白色绒毛，结果母枝褐色，皮孔短梭形，淡黄褐色。叶片斜生，先端锐尖，基部浅心形；幼叶浅绿色，表面密集灰白色绒毛；成熟叶卵圆形，正面深绿色，背面绿色，叶脉明显。聚伞花序，每花序3～5朵花；花瓣粉红色，6～8片，花丝粉红色，靠近基部花青素着色更深；花药黄色，背着式着生。

　　【果实性状】果实中等，单果重22～37g。果实圆柱形，花萼环明显，果肩圆形，果喙端微钝凸，萼片宿存；果皮绿褐色，密被灰白色长绒毛，不易脱落。果肉绿色，髓射线明显，肉质细腻，酸甜适度，品质上等。果实可溶性固形物含量为14.5%，维生素C含量为763mg/100g。果实耐贮藏，果实常温下可贮藏40～60天。

　　【物候期】生长势健壮，萌芽率44%，成枝率55%，果枝率27%。在江西省南城地区，2月下旬树液开始流动，3月中旬萌芽，3月下旬展叶，4月初至4月下旬现蕾，

始花期在5月初，花期7～9天。4月上旬新梢开始生长，6月中下旬新梢第一次停止生长，11月上旬果实成熟，12月上中旬落叶。

【品种评价】微酸，有香气，易剥皮，抗性强，绿肉品种，晚熟。

六、大果型——'戈滩8号'

【所属树种】猕猴桃*Actinidia eriantha* Bench

【品种俗称】麻毛134'

【生境信息】来源于江西省抚州市南城县株良镇睦安村，野生于旷野中坡度为35°的坡地，土壤为原始森林土壤，土壤类型为砂质红壤土，树龄15年。

【生物学性状】一年生枝灰白色，表面密被灰白色绒毛，老枝和结果母枝褐色，皮孔多为点状或短梭形，淡黄褐色。幼叶浅绿色，表面密被灰白色绒毛；成熟叶卵圆形，正面绿色，背面浅绿色，被密度中等短绒毛，叶脉明显。聚伞花序，每花序3～5朵花；花瓣淡红色，6～8片；花丝浅红色，花药黄色，背着式着生。

【果实性状】果实大，单果重35～65g。果实短圆柱形，花萼环明显，果肩圆形，果喙端微钝凸，花萼宿存；果皮绿褐色，少被灰白色绒毛，易脱落。果肉绿色，髓射线明显，肉质细腻，香甜，品质上等。果实可溶性固形物含量为13.9%，维生素C含量为618mg/100g。果实耐贮藏，常温下可贮藏45～75天。

【物候期】生长势健壮，萌芽率44%，成枝率51%，果枝率29%。在江西省南城地区，2月下旬树液开始流动，3月中旬萌芽，3月下旬展叶，4月初至4月下旬现蕾，

　　始花期在5月初，花期9～10天，11月上旬果实成熟，12月上中旬落叶。

　　【品种评价】酸甜可口，易剥皮，抗逆性较强，耐贮藏，绿肉品种，晚熟。

主要参考文献

黄宏文. 2001. 猕猴桃高效栽培. 北京: 金盾出版社.

梁铁兵, 母锡金. 1995. 美味猕猴桃和软枣猕猴桃种间杂交花粉管行为和早期胚胎发生的观察. 植物学报, 37(8): 607-612.

谢鸣, 吴延军, 蒋桂华, 等. 2008. 大果毛花猕猴桃新品种'华特'. 园艺学报, 35(10): 1555, 1561.

熊治廷, 王圣梅, 黄仁煌. 1987. 中华猕猴桃与毛花猕猴桃种间杂交初步研究. 武汉植物学研究, 5(4): 9-16.

徐小彪, 黄春辉, 曲雪艳, 等. 2015. 毛花猕猴桃新品种'赣猕6号'. 园艺学报, 42(12): 2539-2540.

张慧琴, 谢鸣, 张庆朝, 等. 2015. 毛花猕猴桃新品种'玉玲珑'. 园艺学报, 42(S2): 2841-2842.

张洁. 1994. 植物资源开发与利用(一): 猕猴桃属植物资源开发利用的研究. 植物学通报, 11(1): 53-54.

钟彩虹, 龚俊杰, 姜正旺, 等. 2009. 2个猕猴桃观赏新品种选育和生物学特性. 中国果树, (3): 5-7, 图版1.

钟彩虹, 张鹏, 韩飞, 等. 2015. 猕猴桃种间杂交新品种'金艳'的果实发育特征. 果树学报, 32(6): 1152-1160.